JN441598

메주와 대두국의 과학

정 동 효 편저

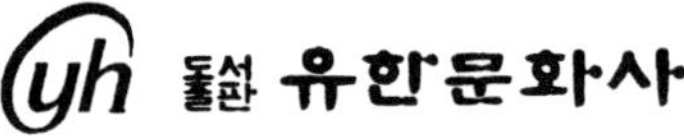

머 리 말

메주는 장류 제조의 원료이다. 삶은 콩 또는 삶은 콩에 밀가루 등 전분질을 첨가한 것에 메주 곰팡이(황국균)를 접종, 배양하여 만든 미생물 효소제제이다.

장(醬)을 만주말로 「미순」이라고 하는데, 이 말은 오래 전부터 우리나라에 전해진 것으로 추측된다. 12세기에 간행된 『계림유사(鷄林類事)』에 장왈밀저(醬曰蜜沮)라 하여 메주라는 말이 나오고 있는데 이때의 메주는 지금의 메주나 장(醬)을 함께 일컫는 말이었다. 그러다가 한문이 많이 쓰이면서 메주 즙만을 장(醬)이라 하여 메조와 구분하게 된 것으로 추정된다. 일본어의 미소(味噌)는 된장을 말하는데 「미순, 메조」 등에서 유래된 것으로 추정된다.

『해동역사(海東繹史)』에서는 신당서(新唐書)를 인용하여 발해의 명산물로시 책성(柵城)의 시(豉)를 들고 있다. 시(豉)는 『설문해자(說文解字)』에 의하면 배염유숙(配塩幽菽), 즉 콩을 소금과 함께 어두운 곳에서 발효시킨 메주인 것이다. 발해는 고구려 유목인이 세운 나라인데 고구려는 발효식품이 발달한 나라였고 또 콩의 원산지이기도 하다. 구체적인 기록으로는 『삼국사기(三國史記)』에 밀장시(蜜醬豉)라는 말이 있어 통일신라시대에 이미 간장과 된장이 있었으므로 그 원료인 메주도 이와 비슷한 역사를 가졌을 것으로 추정되고 있다.

재래식 메주 제조방법은 콩을 삶아 으깬 것을 덩이로 만들어 2～3일 건조시킨 다음 큰 용기에 짚을 깔고 그 위에 메주덩이를 넣고 뚜껑을 덮은 다음 27～28℃에서 2주간 숙성시킨다. 이것을 햇볕에 말려 다시 용기에 넣고 발효하여 말린다. 한편 개량식 메주 제조방법은 1960년대 이후부터 실시되었다.

재래식 메주는 콩만으로 만들고 간장과 된장 겸용으로 쓰이지만, 개량식 메주는 간장과 된장용을 구분하여 별도로 만든다. 재래식 메주는 야생잡균이 많이 번식하여 특유한 향을 내며 숙성과정이 미비하여 발효 숙성이 불완전하나, 개량식 메주의 경우에는 발효 숙성이 양호하여 효소 역가가 높고 불쾌한 냄새도 적다. 그러나 품질이 불균일하여 과거에는 집집마다 독특한 장맛을 내지 못하였다.

지금은 생활양식의 변화로 집에서 메주를 쓰는 것이 점차 줄어들고 있으며 메주의 모습도 사라지고 있다. 그러나 전통 간장·된장을 선호하는 사람도 많아서 과거 재래식 메주제조 시에 순수한 종균을 혼합 접종하여 누룩을 제조하기도 한다. 메주는 제조방법에 따라 메주덩이에 미생물이 증식하여 분비하는 효소들이 다르게 된다.

이상과 같이 메주에 관한 기초연구가 체계적이고 종합적으로 연구한 것이 적어 콩 발효식품의 의의와 우리나라 고전 속의 메주를 정리하면서 한편으로는 일본 대두국(大豆麴) 그리고 중국의 대두국(大豆麴)의 제조방법을 비교 연구하고, 한편으로는 최근 메주국균의 분자생물학적인 연구결과를 아는 것이 우리나라 대두발효식품의 발전에 도움이 될 것으로 생각하여 이 책을 편집하게 되었다.

이 책이 장류를 공부하는 학생, 장류공장 종사자 그리고 대두발효식품을 연구하시는 분들에게 조금이라도 도움이 된다면 다시없는 영광으로 생각하겠다. 끝으로 이 책의 출판을 맡아주신 유한문화사 천승배 사장님 그리고 직원 여러분께 깊은 감사를 드리는 바이다.

2012년 4월

편저자 정 동 효

차 례

제 I 편 한국의 메주 / 11

제1장 콩 발효식품과 특성 / 13

1. 한국의 콩 발효식품 의의 ······ 13
2. 콩 발효식품의 특성 ······ 14

제2장 고전 속의 메주와 메주 종류 / 15

1. 삼국시대의 콩의 종류와 메주 ······ 15
2. 고려시대의 장류(메주) 문화 ······ 16
3. 조선시대의 장류(메주) 문화 ······ 16
   3.1 조선시대 초엽의 장류(메주) 문화 ······ 16
   3.2 조선시대 중엽의 장류(메주) 문화 ······ 16
   3.3 조선시대 말엽의 장류(메주) 문화 ······ 16

제3장 현대 개량메주의 제조와 종류 / 31

1. 「식품공전」상의 메주 제조 ······ 31
   1.1 전통메주(재래식 메주) 제조 ······ 31
   1.2 개량메주 제조 ······ 32
2. 간장메주 제조 ······ 33
   2.1 한식간장 메주(재래식 전통간장 메주) ······ 33
3. 된장메주 제조 ······ 44
   3.1 재래식 전통 된장메주 ······ 44
   3.2 개량식 된장메주(대두국) ······ 44
4. 재래식 전통 간장메주와 된장메주의 미생물상 ······ 45
   4.1 미생물상 ······ 45
5. 청국장 메주 제조 ······ 50

5.1 전통 청국장 메주 ···· 50
5.2 개량식 청국장 메주 ···· 50

제4장 현대 메주의 규격 / 51

1. 「식품공전」상의 메주의 종류와 용어 정의 ···· 51

제 II 편 일본의 대두국 / 55

제1장 일본 대두국 제국법 / 57

1. 일본 된장국[미소국(味噌麴), Miso koji] ···· 57
1.1 연구 소사 ···· 57
1.2 일본 된장용 종국 ···· 59
1.3 쌀(보리) 처리 ···· 59
1.4 제 국 ···· 60
2. 일본 간장국[장유국(醬油麴), Shoyu koji] ···· 65
2.1 제국시설의 발달 ···· 65
2.2 국개(麴蓋 : 국 상자, koji tray) ···· 65
2.3 국실(麴室) ···· 67
2.4 개국(蓋麴)의 제조 ···· 70
2.5 표면통풍식(측풍 조정형) 제국 ···· 76
2.6 대두국의 양부 판정 ···· 82
3. 일본 된장 덩이 국(味噌玉麴) ···· 86
3.1 일본 된장 덩이 국(味噌玉麴)의 역사 ···· 86
3.2 일본 된장 덩이 국의 제법 ···· 87

제2장 대두국의 효소 생성 / 93

1. 일본 된장국(味噌麴) ···· 93
1.1 효소의 생성과 기능 ···· 93
1.2 미국 protease의 증강법 ···· 94
1.3 Amylase의 활성과 protease 활성의 균형 ···· 94
1.4 Glutaminase ···· 95
1.5 지방질 가수분해효소와 esterase화 효소 ···· 96

1.6 Phytase ······ 96
1.7 Tyrosinase ······ 96
1.8 Hemicellulase ······ 96

2. 일본 간장국(醬油麴) ······ 97
2.1 일본 간장 국균 효소의 다양성 ······ 97
2.2 효소 생성량의 목표 ······ 102
2.3 원료배합과 효소생성 ······ 108
2.4 효소의 균체 내외의 분포 ······ 109

3. 일본 된장 덩이 국(味噌玉麴) ······ 110
3.1 Protease ······ 110
3.2 Protease 역가 ······ 112
3.3 Protease의 분포 ······ 114

제 3 장 대두국 성분 / 115

1. 일본 된장국(미소국, 味噌麴 : Miso koji) ······ 115
2. 일본 간장국(장유국, 醬油麴) ······ 116
3. 일본 된장 덩이 국(味噌玉麴) ······ 123

제 4 장 대두국 유래의 이상 / 127

1. 간장의 화입(살균)앙금 ······ 127
1.1 화입앙금의 유래 ······ 127
1.2 국 효소의 간장 덧 중의 변화 ······ 129
1.3 앙금의 응집에 대한 국균 여러 효소의 기여 ······ 130
1.4 앙금질의 문제점 ······ 132

제 III 편 중국의 대두국 / 135

제 1 장 중국 발효식품의 미생물 / 137

1. 미생물(微生物)의 분류 ······ 137
1.1 진균(眞菌) ······ 139
1.2 중국에서 사용되고 있는 곰팡이(mold) ······ 150
1.3 내염성(耐鹽性) 효모와 유산균 ······ 153

2. 미생물의 발효관리 …… 157
2.1 곰팡이의 작용 …… 158
2.2 국(麴)의 효소와 생성조건 …… 158
2.3 발효관리 …… 160

제 2 장 특색 있는 중국의 국(麴) / 167

1. 국(麴)의 종류 …… 167
1.1 천연국[天然麴(麯)]과 인공국[人工麴(麯)] …… 168
1.2 대국[大麴(麯)] …… 170
1.3 소국[小麴(麯)] …… 174
1.4 두국[豆麴(麯)] …… 183
1.5 잠두국[蠶豆麴(麯)] …… 186
1.6 면국[麵麴(麯), 小麥麴(麯)] …… 187
1.7 장유국[醬油麴(麯)] …… 187

2. 종국(種麴)의 제조법 …… 188
2.1 보존사면배지(保存斜面培地)의 조제 …… 188
2.2 삼각플라스크 확대배양 …… 189
2.3 종국(種麴)의 제조법 …… 189
2.4 종국(種麴)의 품질검사 …… 191

3. 장유국(醬油麴)의 단축제국법 …… 192
3.1 원료처리 …… 192
3.2 제국장치 …… 193
3.3 제국공정 중의 국의 생육상태와 변화 …… 196
3.4 제국조건 …… 197

4. 홍국(紅麴 : *Monascus* koji) …… 198
4.1 홍국(紅麴)의 역사 …… 199
4.2 홍국균의 분리 …… 199
4.3 홍국균(紅麴菌)의 종류와 성질 …… 202
4.4 홍국(紅麴) 제조의 요점 …… 203

5. 종국(種麴)의 제조 …… 205
5.1 현미 종국(種麴)의 제조 …… 205
5.2 국공조[麴(麯)公糟]의 제조 …… 205
5.3 국공장[麴(麯)公醬]에 의한 제국법 …… 205

6. 홍국(紅麴)의 제조 ………… 206
6.1 토홍국[土紅麴(麯)]의 전통적 제조법 ………… 206
6.2 쌀의 고압처리에 의한 토홍국[土紅麴(麯)]의 제조 ………… 207
6.3 옥수수 홍국(紅麴)의 제조 ………… 208
6.4 물 분무에 의한 온도, 습도의 단계적 제어의 제국(製麴) ………… 209
6.5 통풍제국법 ………… 212

7. 홍국(紅麴)의 조미료의 이용 ………… 213
7.1 홍국 색소의 이용 ………… 213
7.2 증육미분(蒸肉米粉) ………… 213
7.3 홍부유(紅腐乳)의 제조 ………… 213
7.4 장유(醬油), 두판장(豆瓣醬), 두시(豆豉)에 이용 ………… 214

제 IV 편 메주와 대두국균의 분자생물학 / 217

제 1 장 된장양조에 있어서 국의 역할과 지질 가수분해효소의 유전자 해석 / 219

1. 된장양조에 있어서 지질 가수분해효소의 작용 ………… 220
2. 국균이 생산하는 지질 가수분해효소 ………… 221
2.1 Cutinase ………… 223
2.2 Mono 그리고 diglyceride 가수분해효소 ………… 225
2.3 Triglyceride 가수분해효소 ………… 227
3. 지질 가수분해효소의 상호관계 ………… 228

제 2 장 간장용 국균의 분자생물학적 해석 / 231

1. Proteinase 유전자 ………… 231
2. Peptidase 유전자 ………… 232
3. Glutaminase 유전자 ………… 233
4. Glutamate decarboxylase 유전자 ………… 234
5. Amylase 유전자 ………… 234
6. Pectinase 유전자 ………… 235
7. Cellulase 유전자 ………… 235
8. Xylanase 유전자 ………… 235
9. Lipase 유전자 ………… 236

10. Ferulate esterate 유전자 ······ 237
11. Phytase 유전자 ······ 237
12. 전사 조절유전자 ······ 237
13. Carpain 같은 유전자 ······ 238
14. 단백질 diusulfide 교환효소 유전자 ······ 238
15. 분생자 관련 유전자 ······ 238
16. 세포분열 관련 유전자 ······ 239
17. Chitin 대사효소 유전자 ······ 239
18. 액포형성 관련 유전자 ······ 240
19. Carmodulin 유전자 ······ 240
20. 고체배양에서 특이적으로 발현하는 유전자 ······ 240
21. 당 수송계 유전자 ······ 241
22. Aflatoxin 생합성 유전자 ······ 241

제 3 장 Cellulase 고생산성 유전자 재조합의 간장 국균의 이용 / 243

1. 간장용 endo-glucanase 유전자 해석 ······ 243
2. Taka amylase A 유전자 promoter를 사용한 endo-glucanase 유전자의 고발현 ······ 245
3. Cellulase 고생산 유전자 재조합 국균의 간장용 양조에 이용 ······ 247

제 4 장 간장 국균의 xylan 가수분해효소와 pectin 가수분해효소의 분자생물학적 해석 / 251

1. 간장 국균의 xylanase 유전자 해석 ······ 252
2. 간장 국균의 xylosidase 유전자 해석 ······ 253
3. Xylan 가수분해효소 저생산 간장 국균의 분자 육종 ······ 254
4. 간장 국균의 pectin 가수분해효소 유전자 해석 ······ 256
5. Pectin 가수분해효소 고생산 간장 국균의 분자 육종 ······ 257

찾아보기 ······ 261
Index ······ 265

제 I 편

한국의 메주

제 1 장

콩 발효식품과 특성

1. 한국의 콩 발효식품 의의

동양의 주요 식량자원으로 이용되어 온 콩은 오랜 역사와 함께 그 용도가 다양하게 개발되어 왔다. 우리나라의 콩의 이용 역사는 1,300년으로 콩의 재배와 함께 한반도에서는 다양한 방법으로 콩이 이용되었을 것으로 추정할 수 있다.

조선시대 1492년에 발간된 『금양잡록(衿陽雜錄)』에는 8종의 콩이 수록되어 있고, 그 후 1655년 『농가집성(農歌集成)』, 1711년 『고사신서(攷事新書)』, 1803년 『농정회요(農政會要)』에도 같은 내용이 기술되어 있다. 그리고 1799년 『해동농서(海東農書)』에는 8종, 1842년 『임원경제지(林園經濟志)』에는 12종의 콩이 상세히 수록되어 있다.

현재 우리나라의 콩 총생산량은 118천 톤(2009년), 수입량은 1,354천 톤에 이르고 있다. 콩의 이용 형태를 보면 식품과 사료용으로 구분할 수 있으며, 동양에서는 사료보다는 중요한 식량자원으로 이용하여 왔다. 우리나라 콩의 소비량으로 볼 때 증자하여 이용하는 경우가 많고 상당량 콩나물로도 이용되고 있으며, 콩기름은 주로 수입 콩을 이용하고 있는 것이 현실이다.

증자하여 이용하는 경우에는 메주나 국(麴 : koji)의 형태가 많고 곰팡이나 세균을 이용하여 콩 단백질의 주된 단백질인 글로블린(globulin)에 속하는 glycinin 등을 분해시켜 수용성 peptide 아미노산으로 만들어 감칠맛을 내게 한다.

현재까지 콩의 이용방법을 보면 직접 이용하는 방법과 발효를 거쳐 콩의 주성분 중의 하나인 단백질의 분해과정을 거치는 것으로 나눌 수 있는데 이것이 조미용으로 일찍부터 발전되었다. 우리나라 콩 발효제품은 거의 대부분이 장류로 분류되어 간장, 된장, 담뿍 장, 찍음 장 등과 같은 청국장을 들 수 있으며, 감히 콩 발효식품은 장류식품이라 통칭할 수 있을 것이다.

2. 콩 발효식품의 특성

콩의 주성분은 단백질(30～50%)과 지방(14～24%)으로 식물성 식품 중 단백질이 가장 많이 함유되어 있다. 콩 단백질 중 총 63～90%는 글로불린(globulin)에 속하는 glycinin이고, phaeolinin(약 17%), legumelin의 순으로 구성되어 있다. 비수용성 단백질로의 염류용액에서 가용성이며 특별한 지미는 없다.

단백질을 구성하고 있는 이미노산은 함황 필수아미노산이 제한인자로 되어 있으나 곡류 단백질에 부족한 lysine이 풍부하여 곡류와 같이 식용할 때 상호 보완작용으로 균형 영양섭취에 도움을 주고 있다. 콩 단백질은 그 자체로는 맛을 내는 성분이 없으나 단백질이 분해하여 아미노산이나 peptide 형태로 되는 경우에는 각종 감칠맛을 내어 여러 조미 자원으로 될 수 있다.

콩을 증자한 다음 각종 곰팡이나 세균을 접종하여 발효시키는 과정은 이들 미생물이 분비하는 단백질 분해효소를 이용하여 콩 단백질을 분해하므로 분해산물인 아미노산과 peptide를 얻어 맛을 내고자 함이다. 전통 메주의 역할은 콩에서 잘 증식될 수 있는 각종 미생물을 자연적으로 끌어들여 증식시킴으로써 이들이 생산하는 효소를 이용하여 콩 단백질을 분해하자는 것이다. 따라서 메주의 발효경과는 곧바로 장류의 품질과 밀접한 관계가 있으며, 발생한 미생물의 종류에 따라서 생성되는 물질과 향미도 달라져 장류의 맛에 영향을 미치게 된다.

콩 단백질을 분해하는 과정은 단순한 단백질 가수분해효소(protease)를 첨가하여도 아미노산을 얻을 수 있으나 굳이 복잡하게 미생물을 이용하여 발효하는 이유는 메주 혹은 국(麴) 발효에 관여하는 미생물이 단일 균주가 아니고 복잡한 미생물이며, 각기 다른 미생물이 발효과정에서 여러 종류의 물질을 만들어 실로 다양한 맛과 향미를 내는 물질을 생성하기 때문이다.

간장과 된장만 하더라도 황국균의 단백질 분해력과 효모에 의한 알코올 발효, 그리고 유산균 등에 의한 유산생성 등으로 맛의 조화와 함께 독특하고 우수한 향미가 생성되고 있다. 메주의 자연발효에는 이들 균들이 복합적으로 증식되어 자연발효 양상을 갖게 되나 현재 장류공장에서는 순수분리 균주로 발효 관리를 하나 단일 균으로는 전체 발효 관리를 하지 않고 몇 가지 균주를 병용하는 이유가 여기에 있다.

근래 콩 발효식품에서 새로이 밝혀지고 있는 것은 건강기능성분이 많이 생성된다는 것이다. 콩 발효식품과 마찬가지로 다른 발효식품도 발효기술을 통하여 새로운 식품을 창조할 뿐만 아니라 기능을 달리한 예술과 마술이다.

제 2 장

고전 속의 메주와 메주 종류

1. 삼국시대의 콩의 종류와 메주

우리나라 농서(農書)의 고문헌 기록에 따르면 삼국시대까지의 콩의 종류는 황두, 흑두(검정콩), 백두(흰콩), 도두(작두콩)를 비롯하여 소두(팥) 등에 이르고 있었고, 이들 콩류들이 양산되고 있었음을 알 수 있다. 그렇다면 장류 중 된장용 메주는 어떤 기록이 있는지를 찾아내면 장류 뿌리를 알 수 있을 것이다.

▶ 『삼국사기(三國史記)』, 김부식(金富軾)에서 보면 신문왕(神文王) 3년(683년)에 왕이 일길찬(一吉飡) 김흠운의 딸을 맞아들이는 절차에 관한 이야기 속에 다음의 이야기가 나온다.

「대아찬(大阿飡) 지상(知常)을 시켜 납채하니 폐백이 15수레, 그밖에 폐백음식으로서 쌀(米), 술(酒), 기름(油), 꿀(蜜), 옥포(脯), 젓갈(醢)과 함께 장(醬)과 시(豉) 등이 135수레에 조(租)가 150수레라 하였다」에서 주목되는 것은 폐백음식으로 장(醬)과 시(豉)가 등장하고 있었다는 사실이다.

그렇다면 이들은 술, 젓갈과 함께 신문왕 이전에 이미 생활화되고 있었던 바 발효식품군의 전부가 분명하거니와 상대(上代) 이래 생활화되고 있었던 범위의 음식물임이 분명하다. 여기에서 시(豉)는 메주 또는 특수한 된장 이를 테면 전국장(戰國醬)류를 말한다.

▶ 『해동역사(海東繹史)』[한치윤(漢致奫), 1765~1814년]에서 말하기를 「생각컨대 시(豉)라는 것은 설문(說文)에 따르면 배염유숙(配塩幽菽)일 것이다」라고 한 바 있다. 여하간 시(豉)는 유숙(幽菽)을 말하거니와 유숙(幽菽)은 콩으로 만든

메주에 해당하는 중국계 낱말이고 보면 삼국시대의 메주는 콩으로 만들었다는 것이다.

2. 고려시대의 장류(메주) 문화

고려시대에 들어와서도 장(醬)과 시(豉)로 이루어진 장류가 그대로 계승되고 있었다. 특히 시(豉)는 메주를 대신하는 낱말로 사용되면서 콩 위주의 속성 세균메주를 뜻하기도 하였으나 이로부터 우리나라의 고유 된장인 전국장(戰國醬)을 대신하는 낱말로 사용되어 왔다.

▶ 고려 태조(太祖) 10년에서 성종(成宗) 8년까지 생존하였던 최승로(崔承老 : 927~989년)의 상시무서(常時務書)에서도 확인된다. 이에 따르면 「성상께서 장(醬)과 시(豉)와 갱(羹)으로서 길가는 사람에서 포시(布施)하였다」라고 한 임금님께 올리는 글월에서도 장(醬)과 시(豉)가 나온다.

▶ 문종(文宗) 6년(1052년)에는 개경의 흉년으로 굶주리고 있는 백성 3만여 명에게 미(米), 조(粟), 시(豉)를 갖추어 베풀었던 사례도 있다. 여기에서 시(豉)는 된장일 것이다.

▶ 고려시대에도 시(豉)를 메주라는 한자표기로 이용되고 있었다는 것은 이미 설명하였으나 우리나라 고유의 낱말로 메주를 말장(末醬)이라 하고 있었다. 메주가 대응한자로 말장(末醬)이라 하기 시작된 상한은 정확히 밝혀지지 않고 있으나 송나라 손목(孫穆)이 그의 『계림유사(鷄林類事)』에서 말하기를 「장왈밀조(醬曰密祖), 즉 장을 메주라 한다」고 말한 바 있다.

3. 조선시대의 장류(메주) 문화

3.1 조선시대 초엽의 장류(메주) 문화(표 2-1)

3.2 조선시대 중엽의 장류(메주) 문화(표 2-2 ~ 2-4)

3.3 조선시대 말엽의 장류(메주) 문화(표 2-5 ~ 2-7)

표 2-1. 조선시대 초엽의 장류와 관련된 낱말(계속)

출 전	종류와 관련 낱말
사시찬요초(四時纂要抄) (1469년, 맹희맹 편찬)	장(醬), 포장(泡醬), 즙저(汁菹)
난종실록(端宗實錄)(1452년)	진장(陳醬)
훈몽자회(訓蒙字會) (1527년, 최세진 편찬)	장(醬), 첨장(甛醬), 단장, 장유(醬油), 전국시(戰國豉), 두시(豆豉, 전국장)
구황촬요(救荒撮要) (1554년, 이 택 편찬)	포장(泡醬), 태각장(太殼長), 태엽장(太葉醬), 도실장(棕實醬), 청장(淸醬, 간장), 말장(末醬, 메조, 메죄)
미암일기(眉巖日記) (1569년, 류희춘 편찬)	간장(艮醬), 감장(甘醬), 태장(太醬), 말장(末醬), 즙저(汁菹)
쇄미록(瑣尾錄) (1591년, 오희문 편찬)	감장(甘醬), 간장(艮醬), 즙장(汁醬), 포장(苞醬), 비지장(比之醬), 난상(卵醬), 말장(末醬)
동의보감(東醫寶鑑) (1611년 허 준 편찬)	장(醬), 두장(豆醬), 소맥장(小麥醬), 육장(肉醬), 어장(魚醬), 시(豉, 된장류, 전국장), 황증(黃蒸, 날메주)

출전 : 한국음식대관(제4권), p. 23, 한국문화재보호재단(2000년).

표 2-2. 조선시대 중엽의 장류

출 전	장류의 종류
도문대작(屠門大爵) (1611년, 허 균 편찬)	초시(椒豉)
구황보유방(救荒補遺方) (1660년, 신 숙 편찬)	급조청장(急造淸醬), 태맥장(太麥醬), 태국장(太麴醬), 태엽장(太葉醬), 저령, 청장(淸醬), 진감장(陳甘醬), 묵은 장
규곤시의방(閨壼是議方) (1670년경, 석계부인, 안동 장씨)	청쟝, 지령, 전지령(진간장), 단지령, 된쟝, 간쟝, 전국장.
주방문(酒方文) (1600년 말, 하생원 편찬)	즙지히, 와쟝, 육쟝, 급히 쓰는 쟝, 물근쟝, 햇장, 므근쟝
색경(穡經) (1676년, 박세당 편찬)	소두장(小豆醬), 즙저(汁菹, 즙장 : 汁醬)
산중일기(山中日記)	청장(淸醬), 감장(甘醬), 간장(艮醬), 전청장(煎淸醬), 전장(煎漿), 전장(煎醬). 감장(甘醬)

(계속)

출 전	장류의 종류
산림경제(山林經濟) (1715년, 홍만선 편찬)	생황장(生黃醬), 숙황장(熟黃醬), 면장(麪醬), 대맥장(大麥醬), 유인장(楡仁醬), 동인장(東人醬), 포장(泡醬), 해장(蟹醬), 난장(卵醬), 대하장(大蝦醬), 우육장(牛肉醬), 수육장(獸肉醬)
증보산림경제(增補山林經濟) (1766년, 유중림 편찬)	장(醬)[전통장, 조시법(造豉法), 침장법(沈醬法), 취청장법(取淸醬法)], 포장(泡醬), 해장(蟹醬), 하장(蝦醬), 우육정(牛肉醬), 두부장(豆腐醬), 어육장(魚肉醬), 생황장(生黃醬), 숙환장(熟黃醬), 면장(麪醬), 대맥장(大麥醬), 유인장(楡仁醬), 소두장(小豆醬), 청태장(靑太醬), 급조장(急造醬), 태맥장(太麥醬), 태국장(太麴醬), 급조청장(急造淸醬), 석화해청장(石花醢淸醬), 만초장(蠻椒醬), 급조만초장(急造蠻椒醬), 즙장류(汁醬類)[즙장국법(汁醬麯法), 즙장곡별법(汁醬麯別法), 칠월망후즙장법(七月望后汁醬法), 전주즙장법(全州汁醬法), 하절즙장법(夏節汁醬法), 말장즙장법(末醬汁醬法), 시류(豉類)[전시장(煎豉醬), 전국장(戰國醬), 청태전시장(靑太煎豉醬), 수시장(水豉醬), 직석전국장(直席戰國醬), 간편전국장(簡便戰國醬)], 계란장(鷄卵醬), 계란장별법(鷄卵醬別法), 초장(炒醬), 적장(炙醬), 담수장(淡水醬), 천리장(千里醬), 수육장(獸肉醬)
영조실록(英祖實錄)	고초장(苦椒醬)
고사신서(攷事新書) (1771년, 서명응 편찬)	생황장(生黃醬), 황숙장(黃熟醬), 면장(麪醬), 대맥장(大麥醬), 유인장(楡仁醬), 동국장(東國醬), 포장(泡醬), 난장(卵醬), 대하장(大蝦醬), 해장(蟹醬), 우육장(牛肉醬), 수육장(獸肉醬), 시(豉)
해동농서(海東農書) (1799년, 서호수 편찬)	생황장(生黃醬), 숙황장(熟黃醬), 면장(麵醬), 대맥장(大麥醬), 유인장(楡仁醬), 동인장(東人醬), 포장(泡醬), 해장(蟹醬), 대하장(大蝦醬), 난장(卵醬), 우육장(牛肉醬), 수육장(獸肉醬), 시(豉)

출전 : 한국음식대관(제4권), p. 44 한국문화재보호재단(2000년)

표 2-3. 조선시대 중엽의 메주와 관련된 낱말

출 전	종류와 관련된 낱말
구황보유방(救荒補遺方) (1660년, 신 숙 편찬)	말장(末醬), 며조
색경(穡經) (1676년, 박세당 편찬)	황자(黃子)
증보신림경제(增補山林經濟) (1766년, 유중림 편찬)	말장(末醬), 훈조(燻造), 시(豉)
고사신서(攷事新書) (1771년, 서명응 편찬)	말장(末醬), 황증(黃蒸), 황자(黃子)
재물보(才物譜) (1807년, 이만영 편찬)	말도(末醏), 장황(醬黃), 유숙(幽菽), 훈조(燻造), 말장(末醬), 며조
해동농서(海東農書) (1799년, 서호수 편찬)	말장(末醬), 황증(黃蒸), 황자(黃子)

출전 : 한국음식대관(제4권), p. 45 한국문화재보호재단(2000년)

표 2-4. 조선시대 중엽의 메주의 크기와 그 성상

출 전	장 류	메주 크기	메주의 성상
산림경제(山林經濟) (1715년, 홍만선 편찬)	동인장	주먹 크기의 덩어리	황의(黃衣 : 누런 옷을 입힌다)
	대맥장	반죽하여 잘라낸 큰 편	황의(黃衣 : 누런 옷을 입힌다)
	면 장	손가락 두께의 편	황의(黃衣 : 누런 옷을 입힌다)
	유인장	손가락 두께의 편	황의(黃衣 : 누런 옷을 입힌다)
증보신림경제 (增補山林經濟) (1766년, 유중림 편찬)	말 장	중 수박 크기의 덩어리를 잘라 두 쪽을 내고 매 편마다 옆으로 저민 반달형	상의(上衣 : 옷을 입힌다)
	소두장	떡만한 덩어리	황의(黃衣 : 누런 옷을 입힌다)
	청태장	칼자루만한 크기	황의(黃衣 : 누런 옷을 입힌다)
	즙 장	손으로 쥐어 단단한 덩어리	황의(黃衣 : 누런 옷을 입힌다)
	7월말 후 즙장	칼자루 모양의 덩어리	백의(白衣 : 흰옷을 입힌다)
	전주즙장	호두 크기의 덩어리	황백의(黃白衣 : 누렇고 흰옷)
	전국장	삶은 콩	사생(絲生, 실이 생긴다)
고사신서(攷事新書) (1771년, 서명응 편찬)	동국장	주먹 크기의 덩어리	황의(黃衣 : 누런 옷을 입힌다)
해동농서(海東農書) (1799년, 서호수 편찬)	동인장	주먹 크기의 덩어리	황의(黃衣 : 누런 옷을 입힌다)

출전 : 한국음식대관(제4권), p. 45 한국문화재보호재단(2000년)

표 2-5. 조선시대 말엽의 장류(메주)

출 전	장류의 종류
규합총서(閨閤叢書) (1815년, 빙허각 이씨 편찬)	장(醬), 어육장(魚肉醬), 청태장(靑太醬), 급조청장(急造淸醬) 고추장(苦椒醬), 청육장(淸肉醬), 즙지히(汁菹), 즙장(汁醬), 두부장(豆腐醬), 집메조장
임원십육지(林園十六志) (1830년, 서유구 편찬)	동국장(東國醬), 포장(泡醬), 장(蟹醬), 하장(蝦醬), 우육장(牛肉醬), 청두장(靑豆醬), 남초장(南椒醬), 순일장(旬日醬), 준순장(逡巡醬), 담수장(淡水醬), 즙장류(汁醬類)[즙장국법(汁醬麴法 Ⅰ, Ⅱ, 칠월망후즙장(七月望后汁醬), 태부즙장(太麩汁醬), 전주즙장(全州汁醬), 하절즙장(夏節汁醬), 말장즙장(末醬汁醬)], 감저장(甘藷醬), 생황장(生黃醬), 소두장(小豆醬), 소맥장(小麥醬), 유인장(楡仁醬), 시류(豉類)[담시(淡豉), 함시(鹹豉), 금산사시(金山寺豉), 성도부시(成都府豉)]
오주연문장전산고 (五洲衍文長箋散稿) (1935년, 이규경 편찬)	상실장(橡實醬), 대두엽장(大豆葉醬), 대두각장(大豆角醬), 사삼길경장(沙蔘吉更醬), 다취청장(多取淸醬), 칠일장(七日醬), 합장류(合醬類)[포장(泡醬), 해장(蟹醬), 급조초장(急造椒醬), 초장(椒醬), 즙장류(汁醬類)[하절즙장(夏節汁醬), 전주부즙장(全州府汁醬), 즙장(汁醬), 칠월망후즙장(七月望後汁醬)], 장엄란류(醬醃卵類)[계란장(鷄卵醬), 압란장(鴨卵醬)], 시류(豉類)[전시장(煎豉醬), 금산산시(金山寺豉), 성도부시즙(成都府豉汁), 함두시(鹹豆豉), 담두시(淡豆豉), 부시(麩豉), 과시(瓜豉)], 숙황장(熟黃醬), 생황장(生黃醬), 소두장(小豆醬), 면장(麪醬), 완두장(豌豆醬), 유인장(楡仁醬), 부맥장(麩麥醬), 육장(肉醬), 감저장(甘藷醬)
농정회요(農政會要) (1830년, 최한기 편찬)	장(醬), 침장물료잡장(沈醬物料雜醬)[포장(泡醬), 하장(蝦醬), 해장(蟹醬), 우육장(牛肉醬), 두부장(豆腐醬). 난장(卵醬], 어육장(魚肉醬), 유인장(楡仁醬), 소두장(小豆醬), 청태장(靑太醬), 급조장(急造醬), 급조청장(急造淸醬), 만초장(蠻椒醬), 급조만초장(急造蠻椒醬), 즙장류(汁醬類)[칠원망후즙장(七月望后汁醬), 전주부즙장(全州府汁醬), 하절즙장(夏節汁醬)], 시류(豉類)[전시장(煎豉醬), 청태전시장(靑太煎豉醬), 수시장(水豉醬)], 계란장(鷄卵醬), 초장(椒醬), 적장(炙醬), 담시장(淡豉醬), 천리장(千里醬), 소맥부장(小麥麩醬), 육장(肉醬)

(계속)

출 전	장류의 종류
군학회등(群鶴會騰) (1800년대 중엽)	훈조법(燻造法), 어육장(魚肉醬), 생황장(生黃醬), 숙황장(熟黃醬), 면장(麪醬), 대맥장(大麥粧), 소두장(小豆醬), 청태장(靑太醬), 유인장(楡仁醬), 동국장(東國醬), 급조장(急造醬), 급조청장(急造淸醬), 만포장(蠻椒醬), 급조만초장(急造蠻椒醬), 소맥부장(小麥麩醬), 즙장류(汁醬類)[즙장국법(汁醬麴法) Ⅰ, Ⅱ, 칠월망후즙장(七月望后汁醬), 전주즙장(全州汁醬), 하절즙장(夏節汁醬)], 시류(豉類)[전시장(煎豉醬), 수시장(水豉醬)], 천리장(千里醬), 계란장(鷄卵醬), 초장(椒醬), 적장(炙醬)
시의전서(是義全書) (1800년 말엽, 편찬자 미상)	간장(艮醬), 진장(眞醬), 약고쵸장, 즙장(汁醬), 담수장(淡水醬 : 담뿍장), 청국장(淸國醬)
조선무쌍신식요리제법 (朝鮮無雙新式料理製法) (1930년, 이용기 편찬)	장(간장), 콩장(大豆醬), 팥장(小豆醬), 대맥장(大麥醬), 즙장류(汁醬類)[즙장(汁醬) 칠월망후즙장(七月望後汁醬), 칠원즙장(七月汁醬), 전주즙장(全州汁醬), 하절즙장(夏節汁醬), 말장즙장(末醬汁醬), 가즙장(假汁醬)], 물장(淡水醬), 어장(魚醬), 육장(肉醬), 청태장(靑太醬), 급속장(旬日醬), 급속청장(急速淸醬), 고초장(苦草醬),
조선무쌍신식요리제법 (朝鮮無雙新式料理製法) (1930년, 이용기 편찬)	급조고초장(急造苦草醬), 팥고초장(小豆苦草醬), 벼락장, 두부장(豆腐醬), 비지장, 잡장(雜醬), 된장(豉), 싱거운 된장[담시(淡豉)], 짠된장[함시(鹹豉)]

출전 : 한국음식대관(제4권), p. 70 한국문화재보호재단(2000년)

표 2-6. 조선시대 말엽의 메주 낱말과 그 성상

출 전	메주 낱말	메주의 성상
규합총서(閨閤叢書) (1815년, 빙허각 이씨 편찬)	며조, 며도	장메주 : 빛이 푸르고 잘고 단단한 것. 청태장 : 누른 옷을 입힌다. 즙장류 : 누렇고 흰곰팡이 입게 한다. 청육장 : 3, 4일 만에 실이 생긴다.
임원십육지(林園十六志) (1830년, 서유구 편찬)	말장(末醬), 황자(黃子)	장메주 : 누른 옷을 입힌다. 총두장 : 누른 옷을 입힌다. 남초장 : 누른 옷을 입힌다. 수광장 : 누른 옷을 입힌다. 생황장 : 누른 옷을 입힌다. 대맥장 : 누른 옷을 입힌다. 함 시 : 누른 옷을 입힌다.
오주연문장전산고 (五洲衍文長箋散稿) (1935년, 이규경 편찬)	훈조(熏造), 밀장(末醬), 황자(黃子), 장국(醬麴) 시(豉), 두황(豆黃)	상실장 : 누른 옷을 입힌다. 칠일장 : 누른 옷을 입힌다. 급조청장 : 실이 생긴다. 전주즙지 : 누렇고 흰옷을 입힌다 즙 장 : 흰옷을 입힌다. 전국장 : 실이 생긴다. 금신사시 : 누른 옷을 입힌다. 면 장 : 누른 옷을 입힌다. 부맥장 : 누른 옷을 입힌다.
농정회요(農政會要) (1830년, 최한기 편찬)	말장(末醬), 시(豉), 며조, 황자(黃子), 즙장국(汁醬麴)	장메주 : 옷을 입힌다(上衣). 생황장 : 누른 옷을 입힌다. 숙황장 : 누른 옷을 입힌다. 면 장 : 누렇고 흰옷을 입힌다. 대맥장 : 누른 옷을 입힌다. 소두장 : 누른 옷을 입힌다. 청태장 : 누른 옷을 입힌다. 급장류 : 누른 옷을 입힌다. 흰옷을 입힌다. 전국장 : 실이 생긴다. 수시장 : 실이 생긴다.
시의전서(是義全書) (1800년 말엽, 편찬자 미상)	며조, 며주	

(계속)

출 전	메주 낱말	메주의 성상
조선무쌍신식요리제법(朝鮮無雙新式料理製法)(1930년, 이용기 편찬)	며주, 말장(末醬), 훈조(燻造), 황자(黃子), 즙장누룩	집메주 : 옷을 입힌다. 대맥장 : 누른 옷을 입힌다. 고추장 : 누른 옷을 입힌다. 싱거운 된장 : 누른 옷을 입힌다. 짠 된장 : 누른 옷을 입힌다. 금산사시 : 누른 옷을 입힌다.

출전 : 한국음식대관(제4권), p. 71 한국문화재보호재단(2000년)

표 2-7. 조선시대 말엽의 메주의 크기와 형상

출 전	장 류	메주의 크기와 형상
규합총서(閨閤叢書)(1815년, 빙허각 이씨 편찬)	장메주 청태장 고추장 즙지히 즙 장	메주를 보시기만큼 하되 넓적하게 만든다. 메주를 칼자루 크기로 만든다. 메주를 줌안에 들게 적게 쥔다. 메주를 줌안에 들게 단단히 쥔다. 메주 크기를 호두처럼 만든다.
임원십육지(林園十六志)(1816년, 서유구 편찬)	장메주 청태장 남초장 생황장 수두장 대맥장	作團如拳(주먹 크기로 덩어리 짓는다) 刀柄形(칼자루 크기로 만든다) 作小團如小兒拳(작은 덩어리를 만들되 어린이 주먹 크기로 만든다) 切片子(말발굽에 붙이는 쇠조각 크기로 자른다) 作團子(작은 덩어리를 만든다) 切作大片(큰 반대기로 잘라 만든다)
오주연문장전산고(五洲衍文長箋散稿)(1835년, 이규경 편찬)	상실장 전주즙장 즙 장 면 장 부맥장	作塊如拳(주먹 크기로 덩어리 짓는다) 作團如芦胡桃大(호두 크기로 덩어리 짓는다) 作團刀柄(칼자루 크기로 덩어리 짓는다) 切作一指厚片子(손가락 두께의 반대기로 자른다) 切作大片(큰 반대기 조각으로 자른다)
농정회요(農政會要)(1830년, 최한기 편찬)	장메주 면 장 대맥장 소두장	中西瓜 以大刀劈 分兩片 每片又刀橫切如半月原一寸(중 수박 크기로 빚어 칼로 두 쪽을 내고 매 쪽을 옆으로 잘라 1치 두께로 반달형으로 만든다) 切作一指厚片子(손가락 두께의 반대기로 자른다) 切作大片(큰 반대기형으로 잘라 낸다) 團成餠(덩어리 짓되 떡 크기로 만든다)

(계속)

출 전	장 류	메주의 크기와 형상
(계속)	즙 장 담수장 소맥부장	團作刀柄樣 作團胡桃大(덩어리 짓되 칼자루 모양 또는 호두 크기로 덩어리 짓는다) 團團 作塊(둥글둥글 하게 덩어리 짓는다.) 作片如手掌大(손바닥 크기의 편을 만든다)
시의전서(是義全書) (1800년 말엽, 편찬자 미상)	진 장 담뿍장 고추장	고추장 메주같이 뭉친다. 고추장 메주처럼 쥐어 만든다. 줌안에 들게 만든다.
조선무쌍신식요리제법 (朝鮮無雙新式料理製法) (1930년, 이용기 편찬)	장메주 즙 장 물 장 고추장 팥고추장	중 수박 크기로 만들어 쪼개고 가로로 베어 반달 같이 만든다. 또는 네모지고 납작하게 1치 두께로 만든다. 칼자루처럼 어린아이 주먹 크기, 호두알 보다 크게 잘게 만든다. 잘게 만든다. 어린이 주먹만큼 만든다. 도금 조금씩 만든다.

출전 : 한국음식대관(제4권), p. 71 한국문화재보호재단(2000년)

이상 고려시대의 누룩의 역사와 조선시대의 초기, 중기, 말기로 나누어 고서 중의 메주를 확인하였으나 메주제조에 관한 것은 많지 않았다. 각종 장류 속에 메주에 관련된 낱말, 메주의 크기와 형상만을 본문 안에서 언급하고 있었으므로 표 2-1～표 2-7에 이것만을 발췌하여 나타내었다.

1) 임원십육지(林園十六志) [서유구 편찬, 1830년]

『임원십육지』의 시(豉)는 『석명(釋名)』에서 기(嗜)라고 한다. 오미의 조화에는 반드시 있어야만 단맛을 즐길 수 있게 된다. 중국 사람들은 이것으로 반찬을 만들고 음식에 꼭 필요한 것이라 하였다. 우리나라 사람들은 마단 약에 넣어 먹을 뿐이다. 싱겁고 짠맛이 여러 종류인데 그 중에서 짠 것을 『설해문자(說解文字)』에서는 배염유숙(配塩幽菽 : 소금을 짝지어 콩을 띠운다)이라 하였다. 이 책에서는 메주 만드는 법은 나오지 않는다.

2) 증보 산림경제 조시법(增補山林經濟 造豉法) [유중림 편찬, 1766년]

이 책에서 조시법(造豉法)은 속칭 말장(末醬)이라 하고, 훈조(燻造)라고도 하니 곧 지금의 메주를 말한다. 그 내용은 아래 문헌으로 소개한다. 즉 『조선무쌍신식요리제법(朝鮮無雙新式料理製法)』의 메주 만드는 법과 같다.

3) 조선무쌍신식요리제법(朝鮮無雙新式料理製法) [이용기 편찬, 1930년]

▶ 메주 만드는 법[말장(末醬), 훈조(燻造)]

메주를 만들 때는 먼저 높고 마른땅에 긴 개천을 파되 말먹이 구유 통과 같이 만들되 한 자(약 23 cm) 길이 되게 한다. 개천 사면에 나누어 수로를 내고 그 위에 공석(벼를 담지 않는 섬)이나 삿자리를 펴놓은 후에 콩을 얼마든지 가불러 물에 담가 일어 모래를 없이 하고 담가 둔다.

하루 만에 건져 큰 가마에 붓고 물을 부어 무르도록 삶는다. 하룻밤 지난 후에 삶은 콩을 퍼 건져 물 빠지거든 절구에 붓고 깍지가 없도록 찧는다. 손으로 주물러 둥글게 하되 중간 크기의 수박과 같이 만든다. 튼 칼로 둘로 쪼개어 또 가로 베면 반달같이 둘레를 다듬어 모두 한 치(약 3 cm) 두께쯤 만든다.

이왕 파 놓았던 개천에다가 비늘 재듯하게 놓고 공석 삿자리로 두껍게 덮은 후에 다시 용마름으로 얹어서 비가 오면 흘러 수로로 나가게 한다. 바람이 들어오지 않게 메주 조각이 저절로 떠서 옷을 입는다. 뚜껑을 열고 한 번 뒤져 놓고 뚜껑을 도로 얹어 이렇게 하기를 여덟, 아홉 번 하면 자연히 수십 일이 되어 거의 다 마르면 꺼내어 바싹 말린다.

장을 법대로 담그면 오래 묵혀도 맛이 좋으니 이것이 서울에서 만드는 메주법이다. 매년 3월에 시작하여 5월이면 나라에 진상을 하므로 서울에서 장 담그는 것이 늘 5월 그믐 전이 되는데 이것을 절메주라 한다. 옛날에는 아마 절에서 많이 만들고 잘 하는 것이 많았던 모양이다.

요사이 절메주라는 것은 무계동이나 자작골이나 그 등지에서 만든 것이 워낙 많은 이유 때문인지 삶은 콩을 절구에 찧지 않고 베버선을 하여 신고 발로 밟아 할뿐더러 밟는 사람의 땀이 비 오듯 하여 떨어진다. 그러므로 이 메주를 장 빛이 진하다 하여 담그기는 하나 산사람은 부득이 먹고 조상이나 신령에게는 집에서 반 한 덩이까지 만드니 인경같이 만들어 짚으로 열십자 모양으로 매달고 겨울을 지낸다. 그 메주가 속이 곯고 온갖 냄새가 방 속에서 모두 빨아드리고 띄울 때 가시는 방에 떨어지나 나중에 가시가 변하여 좀찌(벌레)가 되어 사람에게 오르면 가렵고 괴롭다. 그런 메주는 고추장을 담그기는커녕 장을 담가도 그 장맛이 어찌 좋기를 바랄까? 이렇게 변통 없이 만든 것을 애석하게 여긴다.

4) 일본 학술지에 발표된 재래메주 제조 [1926～1927년]

콩을 삶아서 식기 전에 으깨서 구형 또는 입방형의 덩어리를 만들고 2～3일간 건조하여 균열이 생기면 이것을 큰 용기에 짚을 깔고 그 위에 서로 닿지 않을 정도로 놓고 그 위에 다시 짚으로 잘 덮은 후 뚜껑을 덮고 27～28℃에서 2주간 방치하면 균류가 번식하여 표면이 곰팡이로 덮인다.

이것을 꺼내어 햇볕에 말리고 나서 용기에 다시 넣어 짚을 깔고 전술한 조작을 되풀이 한다. 이것을 건조하여 만든 제품은 외면은 회색이고, 내면은 흑갈색으로 특이한 냄새를 낸다. 즉 조선시대 콩과 밀가루를 사용하던 것이 콩만을 사용하고 짚 등의 야생 균이 접종되어 자연발효가 되었으며, 용기 내에 넣어 온도와 습도를 유지하였다.

근대의 제조방법이 과학화된 것은 1960년대에 들어 와서는 자연발효에 의존하지 않고 국균을 접종하고 콩 이외에 전분질인 보리 등을 가미하여 재래식 메주 전통방법이 개선 개량되었다. 상세한 것은 다음 항에서 설명할 것이다.

5) 가정에서 메주 만들기 [1920～1930년]

장류 제조과정에서 원료인 메주콩을 알맞게 적절히 처리하는 일이 무엇보다 중요하다. 콩을 삶거나 찌는 방법으로 익히게 되는데 이때 익히는 정도에 따라 장의 품질에 많은 영향을 미치게 된다. 메주를 쓰는 날은 대개 입동(24절기 중 19번째, 음력 10월의 절기로서 양력 11월 8일경 정도)이다.

재료의 분량은 콩 한 말(16 kg), 물 적당량 준비한 다음 햇 메주콩을 골라 잘 씻어 일어서 콩의 3배 정도의 물을 붓고 12시간 이상 불린다. 이때 불린 콩은 원두의 2～2.5배의 중량이다. 솥에 불린 콩을 물과 함께 넣고 삶는데 처음에는 센 불로 끓이다가 끓으면 불을 약하게 줄여 콩이 약간 붉은 빛이 돌 때까지 삶는다. 콩의 양과 도구에 따라 다르나 2시간 정도 삶는다.

삶은 콩을 소쿠리에 건져 물기를 빼고 뜨거울 때 절구나 분쇄기에 넣어 곱게 찧어서 베보자기를 깐 메주고지에 넣어서 네모지게 만들거나 또는 원추형으로 단단하게 만든다. 메주콩 한 말이면 메주 덩이 3개 정도를 만든다. 햇빛이 잘 들고 바람이 잘 통하는 곳에 볏짚을 깔고 그 위에 메주덩이를 놓고 7～10일 정도 꾸덕꾸덕하게 말린다. 메주 겉 표면이 마르지 않는 상태에서 뜨면 유해한 곰팡이가 번식할 수 있다.

메주의 겉면이 말랐으면 가마니나 상자에 짚을 깔고 서로 붙지 않게 켜켜로 메주와 짚을 깔고 덮어서 따뜻한 온돌방이나 보일러실에서 띄운다. 25～28℃의 따뜻한

방에서 약 2주일 정도면 하얀 곰팡이나 노란곰팡이가 피는 것이 좋다. 온도가 지나치게 높거나 습기가 많으면 잡균이 번식하여 장맛을 나쁘게 되기 때문에 주의가 필요하다. 메주가 알맞게 뜨면 볏짚을 이용하여 십자로 묶고 짚으로 새끼를 꼬아 끈을 만들어 겨울 내 방안 또는 선반에 매달아 두었다가 이른 봄이 되어 장 담그는 시기가 오면 햇볕에 쬐어 말린다.

좋은 메주는 ① 메주 겉은 단단하고 속은 말랑한 것이 좋다. ② 곰팡이는 흰색, 노란 색을 띠어야 좋은 것이며, 검은 색이나 푸른빛이 도는 것은 잡균이 번식한 것이다. ③ 메주색은 붉은 빛이 도는 황색, 즉 밝은 갈색이 나게 뜬 것이 좋다.

6) 간편 조선요리제법(簡便 朝鮮料理製法) [이석만(李奭萬) 저, 1934년]

장 만들기 전에 먼저 메주 뜨는 법을 설명한다. 메주는 10월이나 동짓달에 쑤어서 정월에 담근 것인데 메주는 절메주와 집메주의 두 가지가 있다. 절메주는 집에서 만들기 어려우므로 생략하고, 집메주 만드는 법은 다음과 같다.

① 흰콩을 반날 동안쯤 훨씬 불려서 일어 건져 가지고 시루에 안쳐서 떡 찌듯이 찌는데 반일 동안이나 찐다. 확실하게 물러지도록 잘 쪄가지고 뜨거운 채로 절구에 찧되 콩 쪽이 보이지 않기까지 찧어서 둥글납작하게 뭉친다. 가운데는 손가락으로 구멍을 뚫어 새끼에 꿰기 좋게 뭉쳐서 하루 동안 공기 잘 통하는 곳에 벌려 놓아 겉이 꾸덕꾸덕 마르게 한다.

② 섬이나 혹은 독에 담아 짚을 한 겹 깔고 메주 한 겹 펴고, 또 짚 한 겹 펴고 메주 한 겹 담는다. 이와 같이 다 담은 후 더운 구석 같은 데에 두었다가 한 이래쯤 되거든 내어 하루 동안 바람을 쏘이고 말려서 다시 섬 닫지 않게 독에 전과 같은 방법으로 담아 둔다. 다시 한 1주일 만에 꺼내어 말려 다시 말려서 독에 넣고 또 1주일 만에 꺼내어 새끼로 꾀여 엮어 매달아 속까지 단단히 정하게 만들어 두었다가 정월에 장 담을 때 솔로 곰팡이와 먼지를 정하게 닦아서 쓴다.

7) 조선요리법(朝鮮料理法) [조자호(趙慈鎬) 저, 1939년]

흰콩을 일어서 솥에 붓고 물을 콩 위로 충분히 붓고 불을 땐다. 조금 있다가 은근히 불을 넣어 준다. 한 나절이 되면 밑에 콩은 다 퍼지지 못하니까 주걱으로 한번 휘저어 놓고 물을 보아 젖을 정도면 조금 더 붓고 불을 땐다. 다 퍼져서 흐물흐물하게 되거든 소쿠리에 건져 대강 물을 뺀 후에 절구에 붓고 힘 있게 찧는다.

다 찧어지면 메주를 만드는데 말 메주라고 한 말을 두 장씩 사방이 반뜻하게 만들기도 하고, 목침 덩이만큼씩 한 말을 네 개씩도 만든다. 간장 메주는 고추장 메주처럼 둥글게 만들면 못쓴다. 다 만들어서 짚을 깔고 늘어놓아 물기가 걷고 꾸덕꾸덕하면 짚으로 꼭 싸서 방 한 구석에다가 매달아 띄운다. 방이 덥고 춥기에 따라 시일이 걸리는데 보통 시월에 쑤면 정월에는 뜨게 될 것이다.

그때 다 되어 뜨면 볕에 바싹 말린다. 메주는 시월이나 동짓달에 쑤어야지 섣달에는 잘 안 쑨다. 메주를 독에 띄우는 경우에는 실패하기가 쉽다. 물이 괴어서 뜨기 전에 썩기 쉽고 구더기가 나기 쉽다. 그리고 장 메주는 고추장 메주와 달라 거풍을 안 시켜도 잘 된다.

8) **개정 증보 조선요리제법**(改訂 增補 朝鮮料理製法) [방신영(方信榮) 저, 1942년]

메주는 시월이나 동짓달에 쑤어서 정월에 담그는 것인데 메주에는 절메주와 집메주 두 가지가 있다. 절메주는 집에서 담그기 어려운 것이므로 제해놓고 집메주 만드는 법은 흰콩을 반날쯤 훨씬 불려서 일어 건져가지고 시루에 안쳐서 떡 찌듯 찐다.

반날 동안이나 쪄서 뜨거운 그대로 절구에 쏟아 넣고 콩짜개가 조금도 없도록 곱게 찧어서 보시기만큼씩 떼어 둥글납작하게 뭉쳐서 가운데는 손가락으로 구멍을 내어 볕에 놓아 말려서 꾸덕꾸덕 되거든 섬 속이나 혹은 독 속에 담을 찌니 밑에 짚을 한 겹 깔고 메주 한 켜 놓고 또 짚 한 겹 얹고 또 메주 한 켜 펴놓는다.

이렇게 다 담은 후 잘 덮어서 더운 방에 1주일 쯤 두었다가 꺼내어 하루 동안 바람을 쏘이고 다시 전과 같은 법으로 담아서 메주가 서로 닿지 않도록 해서 다 담아 더운 곳에 두었다가 다시 1주일 만에 꺼내어 하루 동안 말려서 또 같은 방법으로 담아서 또 1주일 두었다가 꺼내어 보면 메주가 하얗게 되면 꺼내어 새끼로 꿰어서 높은 곳 볕 잘 드는 곳에 매달아서 속까지 전부 말려 두었다가 정월에 장 담글 때 솔로 곰팡이와 먼지를 쓸어 정하게 닦아서 쓴다.

9) **우리음식** [손정규(孫貞圭) 저, 1948년]

▶ 메주 만드는 법

콩 : 100ℓ, 물 : 140ℓ, 개수 : 10개, 발효기간 : 약 30일, 제조시기 : 11월

콩을 잘 씻어서 물과 함께 솥에 푹 삶아서 뜸을 두어 2시간 잘 들인 후, 잠깐 불을 넣어 물기가 뽀독뽀독 할 때에 데운 동안에 절구에 넣어서 말(斗)이나 되에 베보를 깔고 잘 눌려서 꺼낸다.

큼직한 덩어리로 만들어도 좋으나 누르는 것이나 덩어리로 하는 것이나 한 말 콩

을 두 개로 하는 것이 보통이다. 이것을 2~3일간 말려서 섬에 짚을 격지격지 놓고 쌓아 고른 곳에 두었다가 4~5일에 한 번씩 꺼내어 바람과 볕을 쏘이다가 다시 섬에 담기를 약 2개월간 하면 잘 뜬다. 메주는 잘 뜬 것은 거죽이 깨끗하고 다소의 곰팡이가 있으며 속은 까맣게 뜬다.

메주 뜨는 기간 내의 온도는 더운 것은 좋으나 0도 이하가 되면 못쓰게 되므로 주의하여야 한다. 이러한 점으로 보아 메주는 꼭 11월이 아니라도 적합한 온도와 파리 같은 것에 주의만 한다면 아무 시기라도 좋다.

제 3 장

현대 개량메주의 제조와 종류

1. 「식품공전」상의 메주제조

메주는 대두를 자숙 또는 수자하여 자연 상태에서 발효시켜 자연의 미생물이 자라면서 대두의 고분자 물질을 분해하여 대사산물 그리고 특유의 향미를 생산함과 동시에 각종 효소를 분비하여 장류 발효 시 이행되어 기질인 콩의 성분을 분해하여 발효미생물이 생산하는 각종 대사산물과 함께 향미 그리고 색택의 형성에 관여되게 한다.

1.1 전통메주(재래식 메주) 제조

전통식 메주는 메주 표면에 곰팡이가 생육하고, 내부에서는 세균이 생육을 한다. 세균(*Bacillus* sp.)은 삶아서 파쇄하는 과정에서 유입되고, 곰팡이는 메주덩이가 건조되는 과정에서 공기 중에서 유입되어 표면에서 생육하게 된다.

메주 표면이 완전히 건조되면 곰팡이가 많이 번식하지 않고 어느 정도 수분이 남아 있는 내부에서 세균은 생육하게 된다. 그러나 메주 표면의 건조가 잘 이루어지지 않으면 메주가 썩게 되므로 메주 덩이의 표면을 빨리 건조시키는 것이 중요하다. 자연 상태에서 메주를 제조하는 경우에는 날씨가 건조한 가을이나 겨울철이 좋으며, 여름철에는 메주덩이를 인위적으로 빨리 건조시켜 주는 것이 바람직하다.

전통메주의 제조는 대두를 물에 침지하여 탈피하고 자숙하여 파쇄, 성형, 건조 그리고 발효공정을 거쳐 제품으로 생산한다. 메주는 발효시키기 전에 약 2~3일간 자연 건조하여 표면이 마르게 하며, 그 후 볏짚으로 묶어 매달고 1개월 정도 발효시킨다. 발효가 종료되면 볏짚을 사이에 깔고 쌓기를 한 후 덮개를 씌어 20~30일간 숙성한다. 숙성이 완료되면 표면을 세척하여 겉에 있는 곰팡이를 깨끗이 제거하고 햇볕에 밀린다.

1.2 개량메주 제조

개량메주는 전체 제품의 50～70%의 탈지 대두를 석발하고 110～120%의 물을 가한 후에 0.7～1.2 kg/cm^{2}에서 15～30분간 증자 후 실온에 방치하여 40℃ 정도로

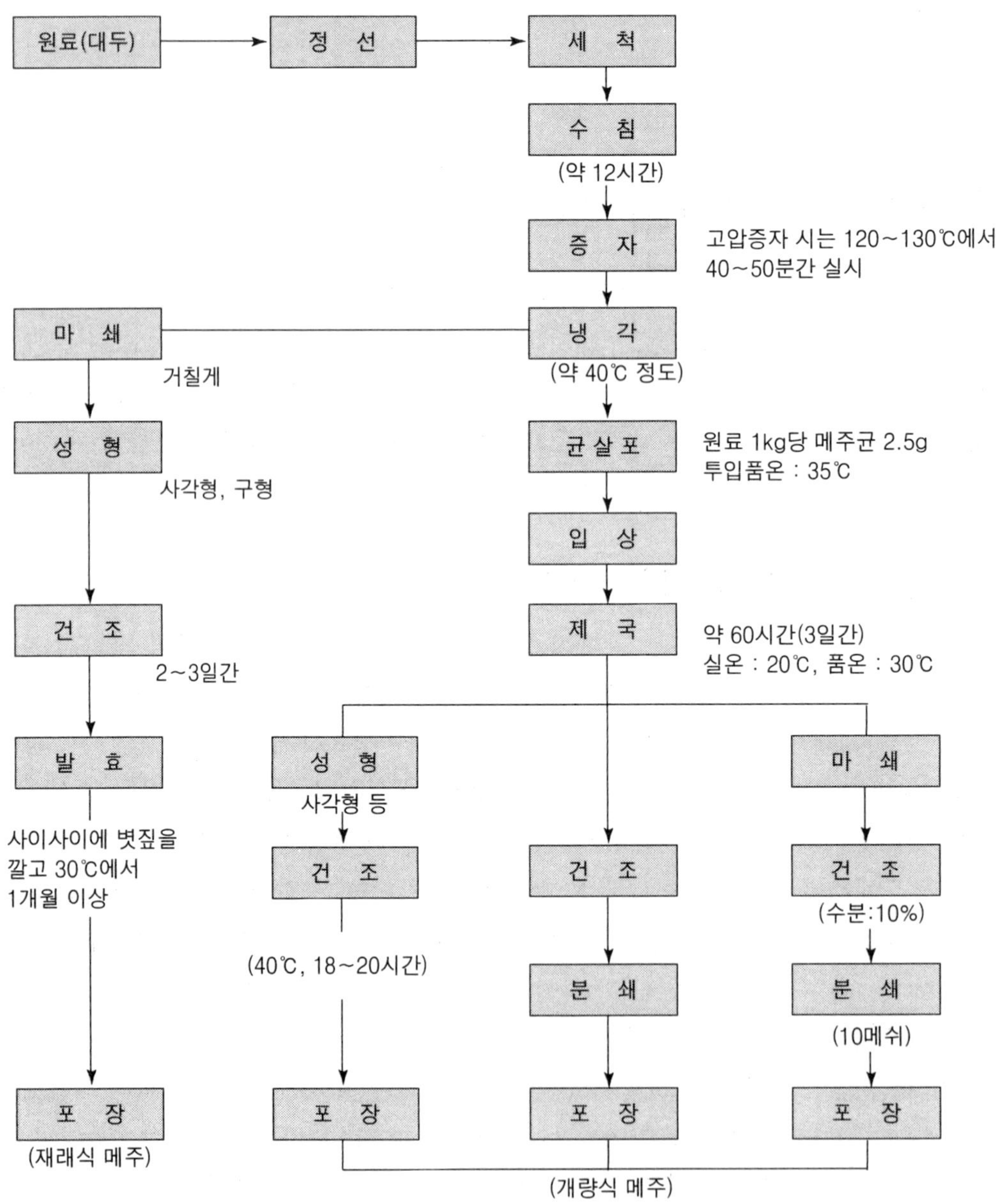

그림 3-1. 메주 제조공정

냉각한 것과 30~50%의 소맥을 석발 선정하여 250~300℃로 볶은 소맥을 30~40%로 분쇄하여 실온에 가까이 되도록 냉각한 것을 혼합한 것에 0.2~0.3%의 상업용 종균인 *Asp. sojae*를 첨가한다. 그런 다음 자동 제국실에서 11시간 동안 26~27℃로 유지시킨 후 품온을 상승시켜 30~35℃에서 11시간 유지하면서 한두 번 뒤지기를 한 후에 포자생성 전에 품온을 낮추고 담기 한 40~44시간 후에 출국한다. 메주의 일반적인 제조공정은 그림 3-1과 같다.

2. 간장메주 제조

최근 전통 장류에 대한 인식도가 높아지고 있고 이들의 기능성이 밝혀짐에 따라 전통 장류의 수요가 증가일로에 있다. 제조방법의 재현에 대한 관심도가 높아지고 있으며, 이에 따라 장류 제조업체들은 전통 장류의 생산방법을 재현하여 산업화에 노력을 기울고 있다. 여기에서는 장류업체의 제품 생산을 위한 참고재료로서 재래식 전통간장 메주와 개량식 메주(양조식 간장메주 : 대두국)에 대한 제조공정별 가공조건을 간략하게 설명한다.

2.1 한식간장 메주(재래식 전통간장 메주)

전통적인 재래간장은 발효가 양호하게 진행된 메주에 소금물을 넣고 약 40일간 발효 후 걸러서 달인 후 약 1년간 후숙하여 이용한다. 전통적으로 장은 음력 10월 말경 콩을 물에 불려 쑤어서 메주덩이를 만들고 짚으로 매달아 이듬해 정월까지 통풍이 잘 되는 따뜻한 곳에서 띄운 다음 이것을 볕에 바싹 말렸다가 정월 말부터 3월 초 사이에 담근다. 계절적으로는 우수 때가 장 담그기에 가장 좋은 시기인 것으로 전해지고 있다.

1) 조선간장 메주

간장용 원료 콩은 장태(醬太)라고 하여 잘 여문 백태(白太)를 사용한다(옛날 궁중의 메주는 흑태를 이용하였다는 기록도 있다). 먼저 콩을 잘 씻은 후 솥에 물과 함께 넣고 삶는다. 콩은 삶아지면 부피가 2.0~2.6배로 늘어나므로 미리 이 점을 감안하여 솥에 넣는 양을 조절한다. 이때 물의 양은 콩의 부피보다 좀 더 많게 한다.

콩은 삶게 되면 삶은 물에 콩의 성분이 다소 용출되어 손실이 있을 수 있기 때문에 시루를 이용해서 찌는 방법이 바람직하다. 찌는 경우에는 미리 콩을 8~12시간 물에 침지하여 충분히 불려야 한다. 삶거나 찌는 시간은 100℃로 김이 오른 후 3~4시간 지속시킨다. 콩이 충분히 익어서 손가락 사이에서 쉽게 뭉그러질 수 있을 정도가 되면 다음 공정인 메주 만들기를 한다.

시루에서 찐 콩은 바로 메주 만들기 작업을 할 수 있으나 삶은 콩은 대바구니 따위에 받아서 콩물을 충분히 뺀 후에 작업을 한다. 어느 경우이든 콩이 식기 전에 마쇄하여야 일이 쉽다. 익힌 콩은 소량의 경우에는 절구에 넣고 찧거나 그렇지 않는 경우에는 초퍼(chopper)를 이용하여 마쇄한다. 초퍼의 그물코 크기는(지름 8 mm) 또는 10 mm 정도로 하면 적당하다.

마쇄한 증자 콩은 적당한 크기로 성형을 한다. 메주의 모양은 일정한 규격은 없으나 솜씨에 따라 또는 지방에 따라 천차만별이다. 판매용으로 만든 것은 규격이 필요가 있기 때문에 일정한 틀을 이용하기도 한다. 전라도 지방의 메주는 비교적 큰 편이어서 15×15×20 cm 정도의 목침모양인데 반하여 경기 지방의 메주는 15×15×8 cm 정도의 납작한 모양이다 조선시대의 기록을 보면 두께 3 cm 정도의 납작형도 있었다고 한다.

성형된 메주는 따뜻한 방에서 수일간 띄우게 된다. 이 과정에서 고초균(*Bacillus*)이 발육하면서 단백질 가수분해효소를 내게 된다. 띄우는 과정에서 특히 주의할 점은 먼저 표면의 수분을 말리는 일이다. 표면의 수분이 마르기 전에 곰팡이가 자라게 되면 그 중에는 곰팡이 독(mycotoxin)을 생성하여 유독할 수 있는 *Penicillium* 이나 *Aspergillus flavus* 등이 곰팡이도 자랄 수 있기 때문에 메주의 표면은 가급적 건조케 하여 곰팡이의 생육을 방지하는 일이 위생상 중요한 일이다.

기업적 메주생산의 경우는 반드시 말리는 일과 띄우는 일을 구분할 수 있는 별도의 공간을 준비하는 것이 좋다. 건조는 30℃ 정도의 건조공기로 3일 정도 말리면 표면이 완전히 굳어진다. 이후 35℃ 정도의 환경에서 7일 띄운 후 상온(15℃)에서 30일 정도 숙성하면 메주가 완성된다.

메주의 품질은 표면이 잘 말라서 곰팡이가 별로 붙지 않고 특히 푸른곰팡이(*Penicillium*)가 없어야 하며 내부가 고루 떠서 선 부분이 없어야 한다. 지나치게 떠서 속이 골은 것은 좋지 않다. 메주의 표면에는 주로 곰팡이가 많고, 그 중에서도 솜털곰팡이(*Mucor*)와 거미줄곰팡이(*Rhizopus*)가 주류를 이루며, 내부에는 주로 고초균(*Bacillus subtilis*)이 증식하면서 독특한 메주 냄새를 내고 단백질 가수분해효소 등 각종 효소를 생성한다.

근래 증자된 대두에 *Aspergillus oryzae*를 배양하여 상품화한 것을 개량메주라 부르고 있으며 상대적으로 우리의 전통 메주를 재래메주라고 부르는 것은 지극히 잘못된 것으로 생각한다. 즉 우리 메주는 다른 어떤 접두어도 필요 없이 메주로서 충분하며 소위 개량메주는 일본식 콩고지(대두국 : soyben koji)에 해당되는 물건이

표 3-1. 메주의 일반 성분

시 료	수 분	pH	총 질 소	아미노태 질소	암모니아태 질소
1	26	6.5	4.88	0.13	0.41
2	35	7.6	4.20	0.21	0.76
3	24	7.0	5.26	0.27	0.71

며, 우리의 메주와는 그 성격이 완전히 다른 것으로 혼돈이 없어야 할 것이다. 메주의 일반 성분은 표 3-1과 같다.

2) 양조간장 메주 [개량식 메주(대두국)]

(1) 탈지대두

탈지대두 양은 120~130%의 물을 살수, 혼합하고 흡수시킨 다음 증기를 가하어 품온을 120℃까지 상승시킨 후 승압(0.9~1.0 kg/cm^2) 상태에서 40~60분간 증자하고 40℃ 이하로 냉각시킨다. 증자의 목적은 1차 열변성을 하여 국균에 의한 효소작용을 용이하게 하기 위함이다.

① 콩 단백질의 변성

탈지대두가 미생물 효소의 분해작용을 잘 받기 위하여 삶아서 무르게 하여야 한다. 전분질을 익히기 위해서는 단시간으로 가능하지만 콩을 익히기 위하여 그리 쉽지 않다. 콩이 익는다는 것을 과학적 표현으로는 '대두 단백질의 변성'이라 한다.

콩을 익히(열처리 목적)는 목적은 살균, 세포벽의 파괴, 단백질의 변성 등으로 요약할 수 있으나 간장을 만드는 데는 이 세 가지가 모두 중요하다. 특히 콩 세포의 세포벽을 충분히 파괴하므로 각종의 효소의 침투와 작용이 원활해지는 것이다. 그리고 단백질의 변성되었을 때보다 효소작용이 용이하다.

② 단백질 구조의 변성

날 콩 단백질은 소수성의 아미노산 잔기의 측쇄끼리 모아진 상태로 2차원적으로 뭉쳐져서 분자 내부는 소수결합, 수소결합 등 비 공유결합으로 단단하고 물이 침투할 수 없는 상태로 되어 있다. 즉 효소의 작용이나 화학반응을 받기 어려운 불활성의 상태로 되어 있다. 그런데 이런 단백질 분자의 비 공유결합이 불안정해지도록 어떤 조건(열이나 약품 등)을 가해 주면 그 결합이 끊어져 분자의 입체구조가 파괴되어서 전혀 다른 모양의 분자로 되는데 이런 변화를 '단백질 변성'이라 한다.

콩 단백질은 산이나 알칼리, 알코올, 동결, 요소, 구아니딘염산염, 열 등으로 변성시킬 수 있다. 이 중에서 간장공장에서 실용적으로 채택되고 있는 방법은 가열에 의한 열변성의 방법이다. 콩 단백질의 변성이 불충분한 상태, 즉 일부 미 변성상태(설익은 상태)로 담그는 경우 미변성 단백질은 효소분해를 받기가 어려운 상태이므로 제품 속에 녹아서 그대로 남게 되는데 이런 간장을 끓이거나 희석하면 미분해단백질이 석출되어 제품이 혼탁하여 상품 가치를 상실한다. 이와 같은 간장을 'N성 있는 간장'이라 하고, 혼탁성 물질(즉 미분해 단백질이며, 화학적으로는 대두 glycinin이다)을 'N성 물질'이라 한다. 결론적으로 '콩을 잘 익힌다'는 것은 N성을 제거한다는 것이다.

③ 과도한 변성처리

그러나 지나치게 콩을 익히면 콩 단백질의 polypeptide를 구성하는 아미노산 잔기 측쇄가 변성 파괴 또는 개변되어 단백질의 분해가 어렵게 된다. 그래서 공업적으로는 고온단시간 원칙을 택하고 있다. 그래서 변성 방법은 역사적으로 평압증자법(平壓蒸煮法), 고온단시간 증자법, 고압단시간 연속처리법, 알코올 처리법의 순으로 발전되어 왔다.

④ 평압증자법과 고온단시간 증자법

이전에는 콩을 솥에 넣고 삶거나(가정의 경우) 불린 콩을 시루에 쪄서(공장의 경

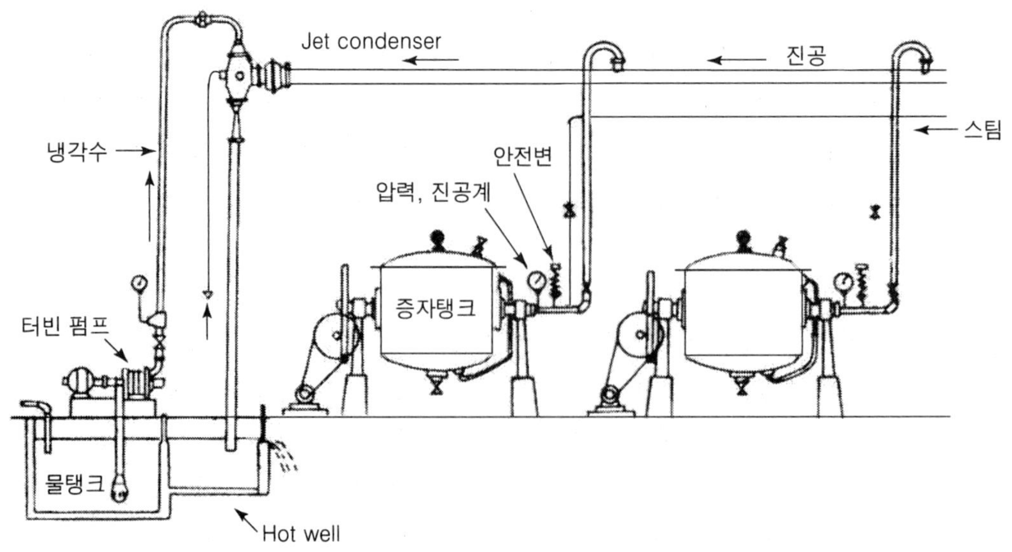

그림 3-2. NK증자관

우) 사용하였다. 이때 3～4시간의 처리시간이 필요하였다. 또한 일본에서 콩을 시루에 찐 후 하룻밤을 묵히는 소위 유부법(留釜法)이라는 방법이 뜻도 모르고 오래 동안 실시되어 왔는데 1952년에 Tateno 등은 이 방법이 결점이 있다는 것을 발견하였다.

Tateno 등은 콩을 쪄서 하룻밤 묵히는 것보다 당일 처리를 하는 것이 질소 이용률의 향상을 기할 수 있다고 주장하였고 증자용 장치도 목제 시루대신 철재의 회전 가능한 고압단시간 증자장치를 개발하여 이용한 결과 질소 이용률을 60% 수준에서 80% 수준까지 향상시킬 수가 있다고 하였다.

새로 개발된 대두 증자장치는 일본 Kikkoman 회사에서 NK(Nippon Kikkoman) 증자관(그림 3-2)으로 특허를 받고 그 권리를 일본장유협회에 무료로 제공하였다. 콩의 증자 조건은 탱크를 서서히(1회전/1.5분) 회전하면서 0.8 kg의 포화 수증기 압으로 30분 정도가 표준이지만 탱크의 크기나 내용 물량의 종류(콩 또는 탈지대두) 또는 다과에 따라서 조건이 달라지므로 알맞은 운전조건을 찾아서 할 것이다.

또 증자가 끝나면 즉시 제트콘덴서를 작용하여 탱크 내의 증지대두를 단시간 내에 40℃까지 진공 냉각한다.

⑤ 알코올 처리법

이 방법은 콩 단백질이 변성이 잘 된다는 점과 변성처리 후에 저장이 용이하고

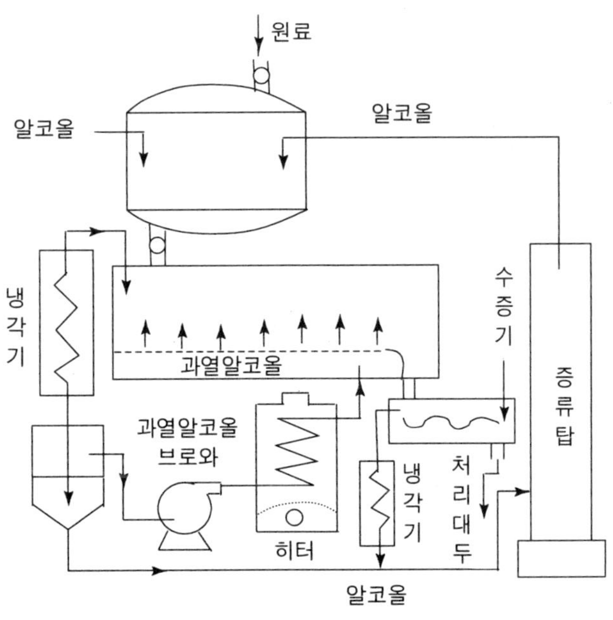

그림 3-3. 대두의 알코올 처리공정

사용 시에 물만 가하면 되기 때문에 좋은 점이 있으나 장치의 어려움과 화기 위험성이 결점이 되어 널리 사용되지 못하였으나 1960년대에 일본에서 관심이 많았던 방법이다.

즉 90% 알코올을 사용하여 약 1 kg/cm^{2}의 압력 하에서 90℃로 30~60분 처리하고 적당한 방법으로 알코올을 회수하면 원료는 변성된 상태로 저장할 수 있고, 또 즉시 물을 가하여 사용할 수도 있다(그림 3-3). 이렇게 하면 콩 단백질은 질소 이용 면에서 NK처리보다 7~8%를 향상시킬 수 있다고 한다.

⑥ 고속단시간 연속처리법

위의 두 가지 처리법의 결점을 보완한 것이 고속단기간 연속처리법이다. 즉 대량으로 연속적으로 처리할 수 있는 장치를 요구하게 되었는데 이것은 제작상 가능하였으며(그림 3-4), 그 시험결과 온도를 높이고 처리시간을 단축할수록 단백질의 분해비율이 향상됨을 보았다(표 3-2). 이 방법으로 인하여 질소의 이용률은 NK식의 경우보다 7~8% 향상시킬 수 있었다.

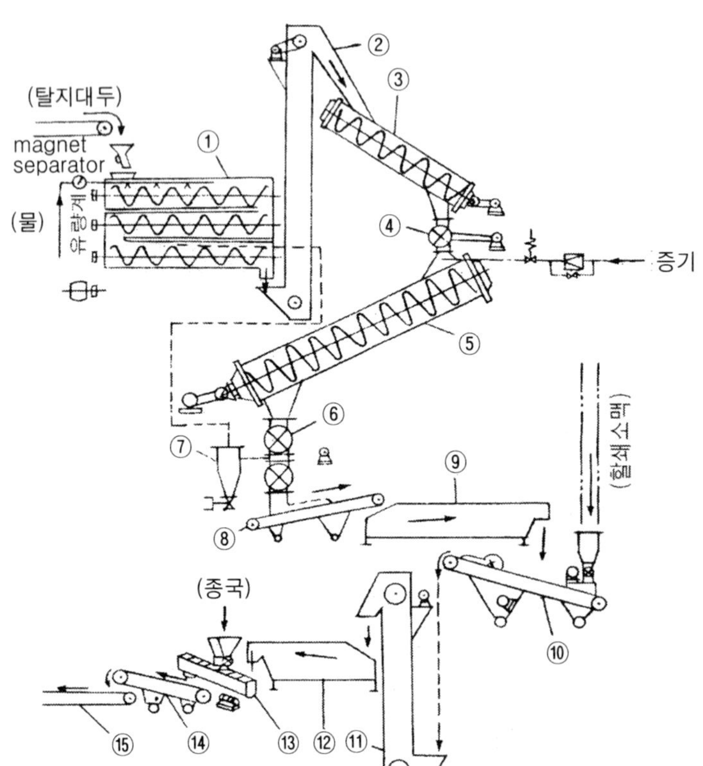

그림 3-4. 연속식 탈지대두 처리장치

표 3-2. 증자압력(온도)과 증자시간 및 대두단백질의 효소분해와의 관계

증기압력(kg/cm²) (온도)	증자시간(분)	분해율(%)
0.9(117℃)	45	86.13
1.8(131℃)	8	91.40
2.0(133℃)	5	91.60
3.0(143℃)	3	92.99
4.0(152℃)	2	93.74
5.0(159℃)	1	94.50
6.0(165℃)	1/2	74.90
7.0(170℃)	1/3	95.10

(2) 소 맥

소맥이 함유한 전분질을 α-화하고(α-화도는 60~65% 정도) 난백질을 열 변성시키며 수분조절과 살균과 할쇄를 용이하게 하기 위하여 소맥은 정선하여 볶은 후 냉각시킨 다음 할쇄한다. 따라서 증기를 이용하여 밀을 증자하는 방법은 부적당하며, 볶아서 배초하는 방법이 가장 적당하다.

(3) 제 국

제국의 목적은 국균을 증식 시 단백질 가수분해효소 그리고 전분 당화효소를 다량 생성시키고 이미, 이취의 생성과 잡균의 오염을 방지하는 데 있다. 전처리가 끝난 탈지 대두와 소맥을 혼합하고 효소의 생성력이 강한 종국(種麴)을 살포한 후 국상자(麴蓋)에 일정량씩 담아 제국실(그림 3-5)이나 제국기에서 옮겨 국균이 생육과 번식할 수 있는 최적의 온도와 습도(수분은 담금 시 약 35~36%가 적당)를 유지한다.

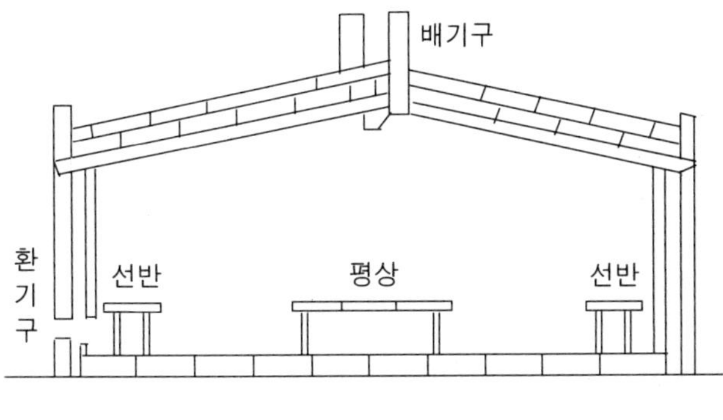

그림 3-5. 제국실

간장용으로 사용되는 종국(種麴)은 *Aspergillus oryzae*와 *Asp. sozae*가 전자를 황국 장모균(黃麴 長毛菌)이라 하고, 효소역가는 protease보다는 amylase 쪽이 더 강한 것으로서 알려져 있다. 후자는 황국 단모균(黃麴 短毛菌)이라 하며 균사가 비교적 짧고 포자 착생이 빠르며, 효소역가는 장모균과 반대로 protease가 강한 것으로 일려져 있다.

이 두 균종을 선택하여 필요에 따라 혼용하기도 한다. 사용량은 제국의 방법이나 기술에 따라서 차이가 있을 수 있으나 대략 0.1～0.3% 수준이다. 품온 관리는 재우기로부터 약 11시간 동안 26～27℃로 유지시켜 품온을 30℃로 약 12시간 유지하면서 2회 정도 손질을 하고 포자생성 전에 다시 25℃로 낮추어 보다 많은 protease를 생성시키고 불활성화 되는 peptidase를 방지한 후 재우기로부터 40～43시간 경과한 후에 출국한다. 제국법은 거적국법(莚麴法), 국개제국(麴蓋製麴 : 재래법), 기계제국(機械製麴)의 방법이 있다.

① 거적국법(莚麴法)

이 방법은 제국법 중 가장 고전적인 방법으로서 양질의 국(麴)을 얻기에는 부적당하다. 증숙 냉각한 원료를 국실 내에 깔린 거적 위에 옮겨 놓고 종국을 잘 접종 혼합하고 처음에는 다소 두껍게(약 20 cm) 깔아 두었다가 온도가 36～37℃ 정도가 되면 1차 손질(전체를 잘 혼합하는 일)을 하고 얇게(3～5 cm) 깐다. 온도가 올라서 36～37℃가 되면 2차 손질을 하고 이후 온도가 36～37℃ 이상 넘지 않도록 실온을 조절하면서 시간을 끈다. 폼온은 손질이나 실온으로 조절하는 데 그 표준은 다음과 같다.

제 1일 오후 입실 : 품온 33℃

제 2일 출근 후 : 품온 37℃ → 33℃ 1차 손질

제 2일 점심 후 : 품온 37℃ → 33℃ 제2차 손질

제 3일 : 품온 33℃

제 4일 출근 후 : 품온 30℃ 출국

제국의 전 과정에서 필요한 일수는 4일(약 63시간)이므로 이렇게 해서 만든 국(麴)을 4일국이라 한다. 최근에는 3일국(약 40시간)에 출국하는 소위 3일 국법을 채택하는 공장도 있다.

② 국개제국(麴蓋製麴 : 재래법)

거적국법을 한층 개량한 방법이라 할 수 있다. 그러나 많은 수량의 국개(麴蓋 :

koji tyray)를 분비하여야 하고, 사용 후에는 물로 깨끗이 닦아야 하는 번거로움이 있지만 온도조절이 거적법에 비하여 한층 용이한 장점이 있다. 국개의 크기는 30×45×5 cm의 납작한 낮은 나무로 만든 상자(그림 3-6)이다. 여기에 4~5 ℓ 정도의 종균을 접종 콩을 담아서 제국 한다. 국개를 쌓는 방법은 온도 경과에 따라 달리하는데 처음에는 막대기 쌓기로 하고, 온도가 오르면 벽돌 쌓기 등(그림 3-7)으로 하는데 온도 경과의 표준은 거적국의 경우와 같다.

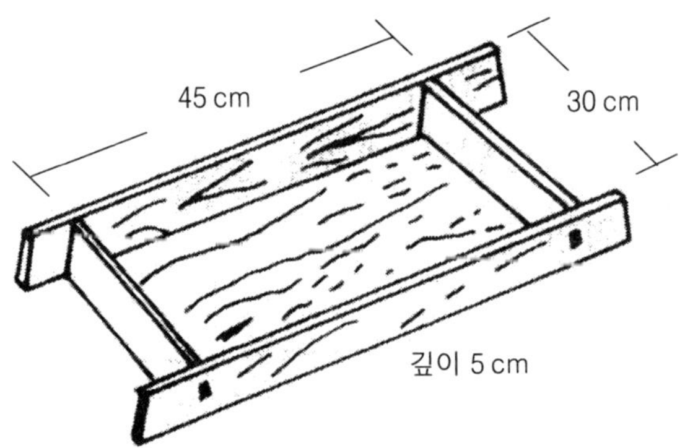

그림 3-6. 국개(麴蓋)

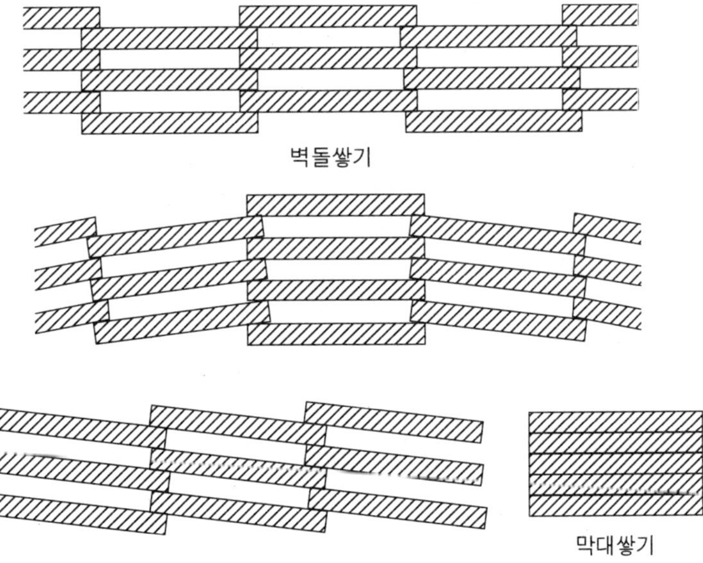

그림 3-7. 국개 쌓는 방법

③ 기계제국(機械製麴)

기계제국의 제국장치는 여러 가지 형식이 있으나 어느 것이든 여러 조건을 갖추어야 한다. 제국장치의 요건은 다음의 기능을 구비하는 것이 좋다.

㉠ 온도관리가 자유자재일 것

㉡ 과습도의 공기를 보낼 수 있을 것

㉢ 기계의 각 부위의 청소가 용이하고 잡균방지가 용이할 것

㉣ 인력이나 에너지 절감이 가능할 것

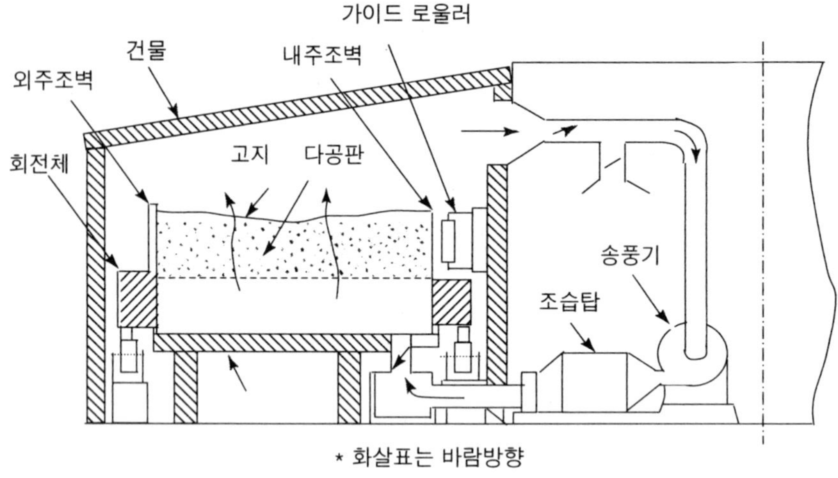

그림 3-8. 통기제국 장치의 한 가지

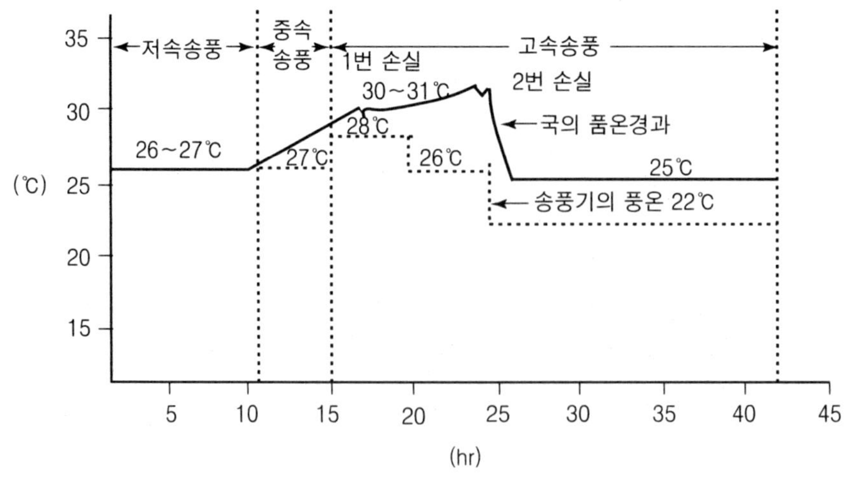

그림 3-9. 기계제국의 품온 경과와 송풍온도의 예

기계제국의 원리는 크게 통기제국과 유동제국으로 구별할 수 있다. 통기제국은 다공판 위에 물료를 10 cm 또는 수십 cm 두께로 쌓고 바람을 상→하 또는 하→상으로 물료를 통과시키면서 온도를 조절한다. 이 원리는 1960년경부터 응용하기 시작되었다(그림 3-8).

기계제국에 있어서는 종래는 4일 국법으로 하였으나 최근에는 3일 국법을 채택하는 경향이 있다. 품온 관리는 몇 가지 기준이 있으나 그 중의 한 가지를 보면 입국 후에 11시간 동안은 26～27℃로 유지하여 잡균의 증식을 저지하면서 국균 포자를 발아시키고, 그 후 품온을 30℃로 상승시켜 약 12시간 유지하는 동안 1번, 2번 손질을 하고 다시 25℃로 온도를 내려서 약 17～18시간 경과 후에 출국한다(그림 3-9～그림 3-11).

과거의 국개제국법(麴蓋製麴法)에 비하여 보다 저온의 온도 경과를 택하므로 잡

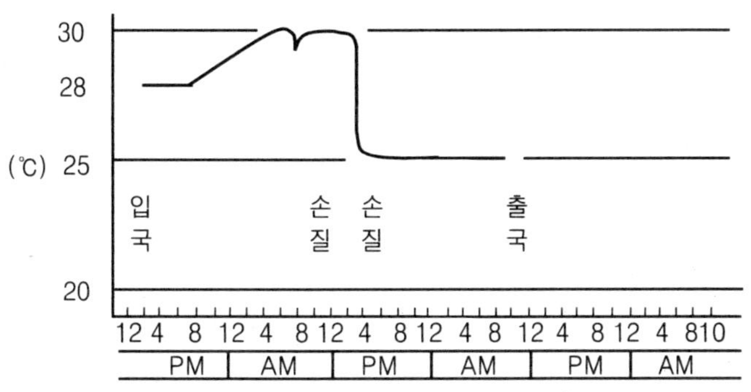

그림 3-10. 3일국 품온 경과의 예(기계제국)

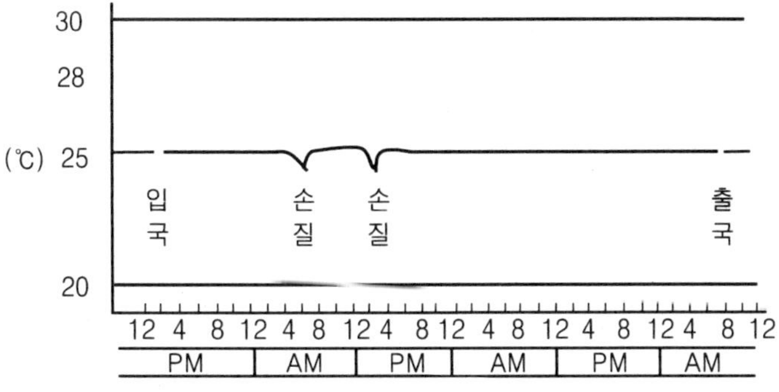

그림 3-11. 4일국 품온 경과의 예(기계제국)

균의 증식을 억제하면서 보다 강력한 효소활성을 지닌 국을 얻을 수 있게 되고, 동시에 성력화의 효과도 얻게 된다. 유동제국은 금망이나 다공판 위에 물료를 깔고 강한 상풍방향으로 물료를 유동시키면서 배양한다. 이때 국(麴) 층은 수 m까지도 가능하다. 이 방법은 실현성이 있는 것으로 보이지만 여러 가지 이유로 아직 실현화되지 못하고 있다.

3. 된장메주 제조

3.1 재래식 전통 된장메주

재래식 된장은 콩을 쪄서 만든 메주에 소금물을 첨가하여 발효시킨 후 여액을 간장으로 하고 그 나머지를 된장으로 하는 것이 전통적인 제법이다. 장류의 제조는 시대에 따라 제조방법 그리고 맛이 변천되어 왔으나 지역에 따라 각각의 특색을 나타내는 고유의 맛이 있다. 이는 메주의 제조방법 그리고 원료의 처리방법이 조금씩 다르고 메주의 발효과정에서 그 지역에 분포하는 미생물이 자연적으로 접종되어 맛과 향미가 다르게 된다.

개량식 된장 메주의 제법은 재래식 간장메주(한식간장 메주)의 제조법과 같다.

3.2 개량식 된장메주(대두국)

개량식 된장은 찐 콩과 국(麴)을 섞어서 정제염과 정제수를 넣어 일정기간 숙성시킨 것으로서 숙성기간 중에 국(麴)의 효소와 효모 그리고 유산균 등의 작용으로 단백질과 전분이 분해하여 독특한 맛과 향미가 생기게 된다.

국(麴, koji)은 곡류나 대두류에 국균(*Asp. oryzae*)을 번식시킨 것으로 제조 원리는 순수 분리한 국균을 영양분과 수분이 적당한 쌀, 보리, 소맥 등의 배지에 무균적으로 접종시켜 알맞은 환경조건(수분, 영양분, 온도, 습도, 산소)에서 발아와 발육시키는 조건이다.

국(麴)을 조제하면 국 중에 여러 가지 효소(amylase, protease)가 생성되어 전분이나 단백질을 분해하는 것으로 전분은 맥아당이나 포도당으로, 단백질은 아미노산을 분해하여 독특한 맛과 향미 그리고 소화흡수를 높이는 작용이 있다.

일반적으로 국(麴 : koji)은 소맥을 볶아서 분말화하여 사용해야 하나 일반적으로 장류공장에서는 소맥분을 구입하여 사용하고 있다. 소맥분은 연속식 증자기로 증자한 후 40℃ 이하로 냉각하고 국균(종균)을 접종하여 제국 발육온도 : 30～35℃, 수분함량 : 35～40%, 제국 시 접종 후 18～20시간 정도로 덩어리진 국을 잘 부수어 통기가 잘 되도록 하여 이로부터 6~7시간 후에 2차 손질을 하여 품온을 25℃ 이하로 유지시킨다.

제국은 보통 40~43시간 정도에서 완료되는데 이때 국의 수분함량은 26~28%가 된다.

4. 재래식 전통 간장메주와 된장메주의 미생물상

개량식 간장메주와 된장메주는 인위적으로 종국을 접종하여 미생물을 증식한 것이므로 종국 균이 압도적으로 많고, 기타 균은 오염균에 지나지 않다. 그러나 찐 콩을 성형하여 자연환경에서 균을 증식시키는 경우에는 미생물상은 달라질 수밖에 없고 또 지역에 따라 그리고 메주의 상태에 따라 달라질 수 있는 것은 사실이나 몇몇 연구자는 다음과 같이 정리하였다. 메주의 발효숙성은 찐 콩을 으깨서 성형하게 되면 공기 중의 미생물이 모여 들어 증식된 것이며, 이 미생물이 분비하는 여러 효소에 의하여 메주 원료인 콩이 분해하는 것이다.

메주 표면에는 *Rhizopus*속, *Aspergillus*속, *Mucor*속, *aw* 0.75 내외를 선호하는 산소성 곰팡이의 전분 가수분해효소(amylase), 단백질 가수분해효소(protease), 지질 가수분해효소(lipase) 등에 의하여 분해하고, 메주 내부에서는 *aw* 0.9 내외를 선호하는 *Bacillus subtilis* , *Bac. pumilus* 등의 단백질 가수분해효소, 전분 가수분해효소, 지질 가수분해효소 등으로 분해하는 것이다.

간장은 주로 메주 내부의 세균의 단백질 가수분해효소로 분해하여 수용성 질소화합물로 전환된 아미노산, 그 밖의 저분자 분해산물이 가용화되어 소금물에 용출되고 내염성의 세균, 효모 등에 의한 소화로 숙성된 것이고, 된장은 메주 표면 부분이 주로 *Aspergillus*속, *Rhizopus*속, *Bacillus*속, 균주의 효소에 의하여 분해하고 내염성 세균, 효모 등에 의해 숙성으로 만들어진 것이라 할 수 있다.

4.1 미생물상

분리된 메주 미생물은 다음과 같다.

1) 곰팡이류

Rhizopus nigricans, *Rhi. chinensis*, *R. oryzae*, *R. japonicus*, *Rhizopus* sp., *Mucor abundans*, *M griseocyanus*, *M. mucedo*, *Mucor* sp., *Aspergillus oryzae*, *Aspergillus* sp., *Penicillium lanosum*, *Pen. kaupscinskii*, *Penicillium* sp. 등

2) 효모류

Saccharomyces coreanus, Sacch. cerevisiae, Sacch. rouxii, Saccharomyces sp, *Torulopsis datria, Rhodotorula flava*

3) 세균류

Bacillus subtilis, Bac. pumilus, Staphylcoccusn aureaus 등

4) 최근 연구결과

장류는 발효식품인 만치 미생물의 작용에 의하여 성분의 변화가 일어나고 우리에게 유용한 영양성분과 기호성분이 함유된 조미식품으로 숙성되는 것이다. 장류의 주원료는 단백질과 전분질이므로 1차적으로 이에 관여하는 미생물은 단백질 가수분해효소(protease)와 전분 가수분해효소(amylase)를 많이 분비하는 것들이다. 그리고 2차적으로 관여하는 미생물은 후숙과정에서 여러 가지 향미성분을 생성시키는 것들이다. 따라서 장류의 품질은 관여하는 미생물에 의하여 크게 좌우된다.

우리나라의 재래식 장류는 일반적으로 야생의 미생물을 그대로 배양시키기 때문에 미생물상(microflora)이 일정하지 않다. 이러한 점에서 각 가정에서의 장류 제조에는 각자 전수되고 있는 기술이 있으며, 가정마다 또는 해마다 장류의 품질이 다르기도 하고 장 담그는 날을 택일하는 관습이 내려오고 있다. 이에 반하여 개량식 장류는 관여하는 미생물 중에서 주요한 것만을 순수분리 하여 이것을 접종배양하기 때문에 미생물상이 일정하다. 따라서 장류제조에서의 기술이 표준화되어 있고 과학적인 품질관리가 잘 이루어지고 있는 것이다.

개량식 장류에 대해서는 19세기 말부터 일본의 발효미생물 학자들에 의하여 많은 연구가 이루어졌고 이에 따라 제법상의 개선을 가져왔다. 따라서 여기에서는 한국 고유의 재래식 장류에 대한 미생물학적 연구를 소개한다.

메주는 한국의 재래식 장류를 만드는데 있어서 콩에 잘 생육하는 미생물을 자연계에서 수집하는 일종의 천연배지라 할 수 있다. 그러나 메주는 천연의 개방상태에서 각 가정에서 만들기 때문에 그곳에 번식하게 되는 미생물상이 여러 가지 모양으로 나타날 수 있다. 이른바 메주가 잘 떴다고 하는 것은 미생물의 종류를 과학적으로 규명하지는 못하였지만 바람직한 미생물이 잘 번식하였음을 의미한다.

메주는 직육면체의 덩어리로 만들어 띠우기 때문에 표면은 건조하고 내부는 축축하며 이에 따라서 메주의 표면과 내부에 자라는 미생물의 종류가 다를 것으로 예상된다. 이에 착안하여 경기, 충남, 강원, 전남, 경북 지역에서 수집한 메주의 표면과

내부에 대하여 미생물상을 조사하였으며, 그 결과는 표 3-3과 같다.

표 3-3. 재래식 메주의 부위별 미생물상

시 료		곰팡이	생균수 / g
경 기	표면	*Mucor abundans* *Scopulariopsis brevicaulis*	6×10^{3} 7×10^{4}
	내부	*Scopulariopsis brevicaulis*	14×10^{4}
충 남	표면	*Aspergillus oryzae*	12×10^{4}
강 원	표면	*Mucor griseocyanus* *Penicillium kaupscinskii*	4×10^{5} 1×10^{4}
경 북	표면	*Penicillium lanosum* *Mucor griseocyanus*	2×10^{4} 4×10^{3}
시 료		**세 균**	**생균수 / g**
경 기	표 면	*Bacillus subilis**	61×10^{8}
	내 부	*Bacillus subilis***	71×10^{7}
충 남	표 면	*Bacillus subilis** *Bacillus subilis***	53×10^{4} 1×10^{5}
	내 부	*Bacillus subilis** *Bacillus subilis***	1×10^{4} 1×10^{4}
강 원	표 면	*Bacillus subilis**	5×10^{9}
	내 부	*Bacillus subilis*** *Bacillus pumilus*	45×10^{7} 3×10^{7}
전 남	표 면	*Bacillus subilis**	5×10^{7}
	내 부	*Bacillus subilis** *Staphylococcus aureus*	43×10^{8} 19×10^{7}
경 북	표 면	*Bacillus subilis** *Bacillus pumilus*	13×10^{9} 4×10^{9}
	내 부	*Bacillus subilis** *Bacillus subilis***	2×10^{9} 25×10^{7}
시 료		**효 모**	**생균수 / g**
강 원	표 면	*Rhodotorula flava* *Torulopsis dattila*	3×10^{5} 14×10^{4}
경 북	표 면	*Rhodotorula flave*	3×10^{3}

[주] *Bacillus subilis**와 *Bacillus subilis***는 모든 특성이 같지만 다만 배지 조성에 따라 형태가 다르므로 별개의 strain으로 간주함.

표 3-3에서 보는 바와 같이 내부에는 곰팡이류가 검출되지 않고 표면에만 존재하며 곰팡이의 종류는 많지 않아 4개의 속과 7개의 종에 불과하였다. 일부 시료의 내부에서도 곰팡이가 검출된 것은 메주덩이가 갈라진 틈으로 균사가 발육되었기 때문이다.

재래식 메주의 독특한 미생물은 세균인 것 같다. 재래식 메주의 세균은 표층과

표 3-4. 재래 메주의 부위별 미생물상

메주시료	부 위*	종균수	세 균(%)	곰팡이(%)	효 모(%)
1	A	16×10^6	99.1	0.86	0
	B	33×10^6	99.1	0.05	0
	C	14×10^6	99.8	0.25	0
2	A	3×10^8	99.7	0.1	0
	B	12×10^3	99.9	0.01	0
	C	6×10^3	99.9	0.02	0
3	A	11×10^8	99.7	0.07	0
	B	17×10^8	99.9	0.01	0
	C	1×10^8	99.9	0.01	0
4	A	17×10^7	99.9	0.04	0
	B	50×10^7	99.9	0.04	0
	C	7×10^7	99.0	1.00	0
5	A	89×10^7	97.9	1.0	1.0
	B	7×10^7	94.4	0.3	5.4
	C	50×10^7	89.6	0.8	9.6
6	A	37×10^7	99.6	9.3	0
	B	9×10^7	99.7	0.2	0
	C	15×10^7	99.1	0.9	0
7	A	44×10^7	98.7	1.3	0
	B	16×10^8	99.8	0.2	0
	C	6×10^7	88.9	0.9	0
8	A	36×10^7	97.0	0.4	2.6
	B	74×10^7	98.4	0.3	1.3
	C	12×10^8	99.5	0.03	0.4
9	A	7×10^6	66.6	33.4	0
	B	36×10^6	94.2	5.8	0
	C	89×10^6	96.1	3.9	0

* A : 표면, B : 표면 안쪽, C : 중심부

내부 층간에 별로 큰 차이가 없으며 중요한 것으로 *Bacillus subtilis*의 두 균주와 *Bacillus pumilus*이며, 전라도 메주에서 *Staphylococcus aureus*가 분리되었다. 메주 중에 들어있는 세균은 수효도 곰팡이나 효모보다 월등히 많고 메주의 표면 및 내부에 골고루 분포되어 있다.

특히 메주의 내부 곰팡이나 효모가 없으므로 세균만이 자란 것이라고 할 수 있다. *Bacillus subtilis*는 강력한 단백질 가수분해효소와 탄수화물 가수분해효소를 가지고 있으므로 식품가공에 많이 이용되고 있으며 일본식 된장의 숙성에 있어서도 주요 발효미생물로서 큰 역할을 한다.

한편 메주 중의 효모의 분포를 보면 강원도와 경북의 메주에서만 *Rhodotorula flava*와 *Torulopsis dattila*를 검출하였으나 이들이 간장 숙성에 어떤 역할을 하는지는 뚜렷하지 않다. 결국 간장용 메주는 세균만으로 특이하게 숙성된 메주덩어리의 내부 부분과 곰팡이와 세균에 의하여 발효숙성 된 메주덩어리 외부 층이 아주 다르며, 이들이 재래식 장류의 독특한 향미를 만들어낸다.

한편 목포, 광주, 군산, 전주, 무주, 공주, 홍천, 대구, 서울 등지에서 채취한 메주를 중심부, 내부, 외부 등으로 구분하여 미생물의 분포현황을 살펴본 결과는 표 3-4와 같다. 표 3-4에서 보는 바와 같이 총 균수의 99% 이상이 세균이고 곰팡이는 한 시료의 표층에서 33%가 있을 뿐 1% 이하였다. 효모는 일부 시료에서 발견될 뿐 거의 검출되지 않았다. 결국 우리나라 재래식 메주를 자연발효 시킬 경우 처음부터 주로 세균에 의하여 발효되는 것이며 곰팡이나 효모도 이차적으로 혼입되어 약간씩 번식하였을 뿐이다.

표 3-5. 재래식 메주 중 미생물

시 료 (겉말림 온도)	원료 배합비(v/v) 콩 : 보리고지	효 모	호기성 세균수 /g	산생성 세균수 /g
25℃	10 : 0.1	-	2.6×10^{9}	1.5×10^{7}
	10 : 0.5	-	2.0×10^{8}	2.0×10^{7}
	10 : 1.0	-	1.8×10^{8}	2.1×10^{7}
15℃	10 : 0.1	-	9.3×10^{7}	8.5×10^{6}
	10 : 0.5	-	9.0×10^{7}	9.0×10^{6}
	10 : 1.0	-	8.5×10^{7}	9.6×10^{6}
5℃	10 : 0.1	-	8.3×10^{7}	7.0×10^{6}
	10 : 0.5	-	7.3×10^{7}	7.3×10^{6}
	10 : 1.0	-	7.0×10^{7}	7.8×10^{6}

그리고 황국균을 접종한 보리고지를 삶은 콩에 첨가하여 재래식 메주제조법에 준하여 제조한 메주의 미생물분포를 조사하였다. 즉, 메주 원료를 마쇄 혼합하여 조형한 것을 2주간 겉말림 한 후 4주간 가마니에 싸서 재워서 말렸는바 겉말림 중에 곰팡이의 분포가 달라져 25℃의 경우 *Aspergillus oryzae*에 의해 완전히 지배되었고 15℃에서는 *Rhizopus* sp.가 오염되고 5℃에서는 *Aspergillus* sp., *Rhizopus* sp, 및 *Penicillium* sp.가 검출되었다. 한편 재래식 메주 중 효모, 호기성 세균 및 산생성세균 등의 분포를 보면 표 3-5와 같다.

표 3-5에서 보는 바와 같이 온도가 높아질수록 생균수는 당연히 많아지고 보리고지 첨가에 따라서 생균수는 감소하였다. 이는 산 생성균의 수와 밀접한 관계가 있는 것으로 보아 pH의 산성화 때문인 것으로 생각된다.

5. 청국장 메주 제조

청국장 메주는 간장메주나 된장메주와 달라 제조기간이 아주 짧은 것이 특징이다. 이것은 메주라기보다 찐 콩에 단백질 분해력이 강한 소위 납두균을 40~42℃에서 증식시킨 것이다. 여기에 양념을 가하여 하룻밤 후숙시킨 것이 청국장이다.

5.1 전통 청국장 메주

청국장의 전통적인 제조방법은 메주콩을 쑤어 식기 전에 볏짚을 깐 시루에 담아 40~42℃에서 2~3일간 보온하면 볏짚에 붙어 있는 야생 고초균의 일종인 *Bacillus subtilis*가 번식하여 실모양의 끈끈한 점질물이 생성되고 특유한 향미와 맛을 내는 전통 청국장 메주가 된다. 여기에 고춧가루, 소금, 마늘 등의 향신료를 가하여 하룻밤 익혀 청국장으로 한다.

5.2 개량식 청국장 메주

산업적인 제조법은 대두를 침지, 증자한 후 발효실에서 납두균(*Bacillus subtilis*)을 접종하여 제국실에서 40~42℃의 온도로 포화습도 상태에서 20시간 정도로 발효시키면 콩 단백질의 55% 정도가 수용성 화합물로 변하여 독특한 향취가 있는 청국장 메주가 얻어진다. 청국장의 맛을 돕기 위하여 정제염, 마늘, 고춧가루 등이 향신료로 조미한 후 약 30℃에서 하룻밤 후숙하여 청국장으로 한다.

제 4 장

현대 메주의 규격

1. 「식품공정」상의 메주의 종류와 용어 정의

우리나라의 장(醬)은 전통적인 방법으로 제조한 메주를 이용하여 간장, 된장 능을 담그므로 메주의 품질이 장맛을 좌우 할 수 있으며, 전통적으로 메주 쓰는 시기는 음력 시월이나 동짓달이 관례로 되어 있다.

메주는 자연계의 미생물에 의하여 제조되는 재래식 메주와 *Aspergillus oryzae*나 *Aspergillus sojae*에 의하여 제조되는 개량식 메주(soybean koji) 등으로 구분되며, 메주의 형태는 벽돌형과 구형으로 제조되고 있다. 식품위생법(식품공전)과 한국 산업규격(KS-H2502)의 메주의 종류와 용어 정의는 표 4-1과 같고, 메주의 품질 기준은 표 4-2와 같다.

사실 메주는 간장의 종류와 용어 정의가 다르게 사용되고, 된장의 종류와 용어

표 4-1. 메주의 종류와 용어 정의

식품공전(식품위생법)	한국산업규격(KS-H2502)
대두를 주원료로 하여 성형하거나 곡물입자의 형태를 유지하여 발효시킨 것이다.	콩과 전분질 원료(쌀, 보리쌀, 밀) 등을 사용하여 발효시킨 것
한식메주 : 대두를 주원료로 하여 증식, 성형하여 발효시킨 것 (성분 배합기준 : 대두 95% 이상)	
개량메주 : 대두를 주원료로 하여 곡물 알갱이의 형태를 유지하면서 발효시킨 것 (성분 배합기준 : 대두 85% 이상)	

표 4-2. 메주의 품질 기준

항 목	식품공전(식품위생법)	한국산업규격 (KS-H2502)	전통식품 표준규격 (T009-1992)
성 상	고유의 색택과 향미를 가지고 이미, 이취가 없어야 한다.	고유의 색택과 풍미가 양호하여야 하며 이물이 없어야 한다.	
수 분(%)	10 이하(개량메주에 한함)	10.0 이하	
조단백질(%)	35 이상(건조물로서)	35.0 이상	
타르색소	불검출	35.0 이상	
아플라톡신(ug/kg)	10 이하(B_1으로서)		
보존료	-		
조지방(%)	-		
아미노태 질소(mg%)	-		
암모니아태 질소(mg%)	-	400 이하	-
내용량	-	-	표시 양에 적합하여야 한다.
기 타	-	기준이 정해지지 아니한 위생 요구사항은 식품위생법에 따른다.	

표 4-3. 간장의 종류와 용어 정의

구 분	식품공전(식품위생법)	한국산업규격 (KAS-H2118)	전통식품 표준규격 (T016-1993)
양조간장	대두, 탈지대두, 맥류 또는 쌀 등을 제국하여 식염수 등을 섞어 발효 숙성시킨 후 그 여액을 가공한 것 성분 배합기준 : 탈지대두 7.0% 이상(대두 또는 탈지대두를 혼합 사용하는 경우에는 9.0% 이상)	식물성 단백질(콩 또는 탈지대두박) 또는 이에 전분질원료(쌀, 보리, 밀 등)를 혼합한 것을 제국하여 식염수 등을 섞어 발효, 숙성시킨 후 그 여액을 가공한 것 종류 : 특급, 고급, 표준	-

(계속)

구 분	식품공전(식품위생법)	한국산업규격 (KAS-H2118)	전통식품 표준규격 (T016-1993)
혼합간장	양조간장 원액과 산 분해간장 원액을 적정비율로 혼합하여 가공한 것이거나 산 분해간장 원액에 단백질 또는 탄수화물 원료를 가하여 발효, 숙성시킨 여액을 가공한 것 또는 이 원액에 양조간장 원액이나 산 분해간장 원액 등을 적정비율로 혼합하여 가공한 것	양조간장 원액과 산 분해간장 원액을 적정비율로 혼합하여 가공한 것, 산 분해간장 원액에 식물성 단백질 또는 전분질 원료를 가하여 발효, 숙성시킨 여액을 가공한 것(신식 양조간장) 또는 이 원액에 양조간장이나 산 분해간장 원액 등을 적정비율로 혼합하여 가공한 것 종류 : 특급, 고급, 표준	-
산분해간장	단백질 또는 탄수화물을 함유한 원료를 산으로 가수분해한 후 중화하여 얻은 여액을 가공한 것이거나 산 분해간장 원액을 효소처리한 후 얻은 여액을 가공한 것 또는 이 원액에 산 분해간장 원액을 적정비율로 혼합하여 가공한 것	-	
효소분해간장	단백질 또는 탄수화물을 함유한 원료를 효소로 가수분해한 후 그 여액을 가공한 것	-	-
한식간장	한식메주를 주원료로 하여 식염수 등을 섞어 발효, 숙성시킨 후 그 여액을 가공한 것	-	전통적인 방법으로 성형제조 메주를 소금물에 침지하여 일정기간의 발효, 숙성과정을 거친 후 그 여액을 가공하여 제조한 것

정의에 따라 다르게 된다. 식품위생법에 따르면 간장은 『단백질과 탄수화물이 함유된 원료에 제국하거나 메주를 주원료로 하여 식염수 등을 섞어서 발효한 것과 효소분해 또는 산분해법 등으로 가수분해하여 얻은 여액을 가공한 것』이라 총체적으로 정의하고 있으며 간장의 종류와 품질 기준은 표 4-3과 같다.

표 4-4. 된장의 종류와 용어 정의

구 분	종류 및 정의
전통식품 표준규격 (T015-1993)	전통적인 방법으로 성형 제조한 메주를 사용하고 소금물에 메주를 침지하여 일정기간 숙성과정을 거쳐 그 여액을 분리하거나 그대로 가공하여 제조한 것
식품공전 (식품위생법)	된 장 : 대두, 쌀, 보리, 밀 또는 탈지대두 등을 주원료로 하여 식염, 종국을 섞어 제국하고 발효, 숙성시킨 것 또는 통을 주원료로 하여 메주를 만들고 식염수에 담가 발효하고 여액을 분리하여 가공한 것 한식된장 : 한식메주에 식염수를 가하여 발효한 후 여액을 분리하거나 그대로 가공한 것
한국산업규격 (KS-H2110)	단백질 원료(콩, 대두박 등) 그리고 전분질 원료(쌀, 보리쌀, 밀 등)를 주원료로 하여 전처리하고 종국을 섞어 배양한 후 식염 등을 혼합하여 발효, 숙성시킨 것 1종 : 콩만을 주원료로 하여 전처리하고 종국을 섞어 배양한 후 식염 등을 혼합하여 발효, 숙성시킨 것 또는 간장을 빼낸 것 2종 : 단백질 원료와 전분질 원료를 주원료로 하여 종국을 섞어 배양한 후 식염 등을 혼합하여 발효, 숙성시킨 것 또는 간장을 빼낸 것

그리고 된장은 간장과 마찬가지로 재래식 된장의 전통적 제조방법은 메주에 소금물을 첨가하여 발효시킨 후 여액은 간장으로 하고 그 나머지를 된장으로 한다. 현재 상업적으로 제조 판매되고 있는 된장의 종류는 한식(재래식) 된장과 일본식(개량식) 된장으로 나누며, 원료에 따라 콩된장, 쌀된장, 보리된장 등이 있다. 각 된장의 종류와 용어 정의는 표 4-4와 같다.

제 II 편

일본의 대두국

제 1 장

일본 대두국 제국법

1. 일본 된장국[미소국(味噌麴), Miso koji]

1.1 연구 소사

제국의 기계화에 관하여 후술과 같이 메이지 시대(1868~1911년)부터 다수의 특허가 되었으나 이들 중에서 실용화 된 것은 극히 소수이다. 이들을 형식에 따라 대별하면 3종류로 된다. A형은 국(국실에 있는 접종한 증미를 포함)을 정치하여 통풍하는 것을 말하고, B형은 드럼 관상의 본체를 가로로 하여 회전하고 그 안에서 제국한다. C형은 상하로 여러 단의 벨트 컨베이어를 배치하여 위에서 아래로 낙하시키면서 제국한다(그림 1-1).

메이지 45년(1965년)에서 쇼와 11년(1936년)까지 특허에서 여러 기계제국이 있었다. 이들 중에는 실용화 된 것은 적으나 그 대부분은 물료를 벨트식 또는 체인식으로 이동시켜 그 사이에 위에서 아래쪽으로 낙하하면서 물료를 붕괴함으로써 손질을 하는 방식의 것이 많다. 오늘날의 주류는 강제통풍의 방식이 기본으로 되어 있

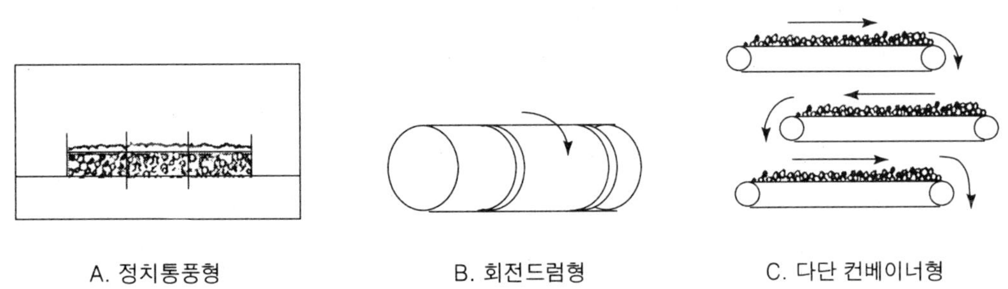

그림 1-1. 기계제국형

으나 이 방식의 특허는 이미 메이지 40년(1907년)에 등록되어 있다.

이들 특허의 대부분이 실용화 되지 못한 것은 당초의 자동 조절관계의 장치가 오늘만큼 발달되지 않아 신뢰하기가 어려웠던 것으로 본다. 그 후 이 분야의 조절관계 장치가 사용가능의 영역으로 발전된 데도 불구하고 이들의 기계제국 장치는 좀처럼 실용화되지 않는 그대로의 추이이다. 그 최대의 이유는 이들 기계장치의 설비투자는 양조업의 경영면으로 보아 상당한 하중이 된 것과 그래서 공장 측의 인건비가 비교적 값싼 것에서도 있다.

1980년경까지는 쌀된장용의 미국(米麴)과 보리된장용의 맥국(麥麴)의 제법에 대하여는 거의 국실(麴室), 상(床, 마루), 국개 국(麴蓋 麴)에 의한 종래 법에 따르고 있었으므로 제국기술의 진보는 국실(麴室)의 구조이고 개(蓋)의 형상, 크기 등에 대하여는 약간의 개량이 이루어질 정도로 획기적인 연구와 실용화는 그 후에 겨우 착수된 것이다.

1954년에 식량연구소에서 단열 판으로 기포유리(75 mm)를 사용하여 내부를 모르타르로 끝마무리를 하여 온습도 조절을 위한 가습 공조기를 설치한 제국장치를 개발하고 여기에 통기성이 좋고 증기살균을 쉽게 하는 대형 포개(布蓋)를 사용하여 미국(米麴)에 손이 안 드는 제국법이 가능하였다. 또한 증미에 침강성 탄산칼슘을 산포하는 소위 칼슘국의 제국법이 개발되어 이 protease 역가를 보통 2~3배로 증강시키는 것이 가능하게 되었다.

그 후 Oomura씨의 정치식 강제 통풍식의 특허가 나오고, 오사카 대학의 Terui 교수는 고층퇴적 제국법에 관한 기초적 연구를 하였으나 높이 50 cm 이상의 고층에서의 제국에는 기본적인 문제가 많아 실용화는 되지 못하였다. 확실히 이것이 종래의 국개법(麴蓋法)에 대신하는 길을 열었다. 1959년에는 Amano식(天野式) 통풍 제국장치가 실용화 되었다. 그리고 1961년에는 Tom set식 소형 회전식 제국장치가 개발되어 실용화에 이르게 되었다.

그 후 Amano식 통풍 제국장치에 이동식 교반장치가 준비되고 또 원반회전식 제국장치가 실용화 되어 지금에 이르고 있다. 제국의 목적 하나는 된장의 양조에 필요한 효소의 생산이나 이 중에서 녹말 당화효소, 단백질 가수분해효소는 일찍이 그 중요성을 인정하게 되었다. 이들의 중요 효소 중에서도 특히 최적 pH 영역이 pH 6 전후의 미 산성 protease의 중요성이 밝혀지게 되었다. 따라서 이 protease의 생산성을 높이는 제국기술로서 배양온도로서 25℃ 전후, pH는 미 산성에서 미 알칼리성에 이르는 영역이 좋고, 제국 중의 pH를 유지시키는 첨가물로서 앞에서 설명한 침강성 탄상칼슘 이외에 글루탐산나트륨, 숙신산나트륨, 인산나트륨이 선택되었다.

1.2 일본 된장용 종국

일본 된장(미소)용 종국은 발아율이 높고 증미 상에서 빨리 발아, 증식하여 향이 좋은 미국(米麴)을 만드는 것이 선택된다. 국(麴) 비율이 비교적 낮은 장기 숙성형 된장에는 protease 생산력이 높은 것, 감미 된장에는 amylase 역가가 높은 것, 백색 된장에는 착색되지 않는 것이 알맞다. 또 기계제국용에는 분생자병이 짧은 소위 단모균(短毛菌)이 통풍을 좋게 하기 때문에 좋다고 한다. 여전히 종균 1 g 중의 분생자 수는 입상의 것은 10^8, 분상의 것은 10^9이고, 입상의 것에는 쌀의 원 중량의 수천분의 1로 사용한다.

1.3 쌀(보리) 처리

일본의 제국처리에는 반드시 원료를 흡수시켜 찌기 위한 전처리를 필요로 한다. 그래서 이 조작이 제국작업과 출국의 품질에 미치는 영향은 큰 것으로 옛날부터 양조공정 중에서도 중요시 되어 왔다. 이들은 다음과 같은 공정으로 되어 있다.

1) 도 정

도정 비율은 된장의 종류에 따라 다르고, 백색된장이나 담색된장에서는 낮다. 일반적으로 90% 전후의 것이 사용되고 있다. 도정 비율은 나맥에서 70～85%, 대맥에서 60～70%이다.

2) 세정・침지

원료에 부착한 겨, 먼지, 혼입된 이종 식물종자, 토사, 곤충, 부스러기 등을 제거하는 목적으로 수세한다. 단 배수의 부하경감의 견지에서 연마를 정성들여서 하여 세정을 생략하거나 혹은 간략하게 하는 것도 실시하고 있다.

침지는 세정한 원료를 알맞은 흡수로 하기 위하여 물에 담그는 것이다. 이때 쌀의 질, 도정의 비율, 그리고 수온 등에 따라 침지시간을 조절한다. 연질미나 미숙쌀의 혼입된 것은 일반적으로 흡수속도는 빠르다. 보통 15℃ 전후의 수온에서 하룻밤 침지한다. 침지 중에 수용성 성분의 유실이 생기는데, 특히 칼륨의 유실은 제국시에 국균의 무기영양원의 결핍을 가져오고 증식에 현저한 영향을 준다. 이것을 피하기 위하여 환수는 하지 않는다.

보리의 침지속도는 쌀과 마찬가지로 보리의 품종, 도정비율 그리고 수온에 영향을 준다. 일반적으로 쌀보다 흡수속도가 크고 특히 수온의 영향이 크다. 예를 들면 15℃에서는 3～4시간, 20℃에서는 1～2시간으로 단시간 완료한다. 침지 종료 후에는 물 빼기를 하여 원료의 표면에 있는 유리수를 잘 제거하고 찌는 사이에 위층이 질어지지 않게 해야 한다.

3) 증 자

원료 내의 전분을 알파(α)화 하여 국균(麴菌)의 식을 쉽게 하고 살균을 목적으로 하여 증자를 한다. 찌기는 보통 시루라고 하는 개방의 증자기를 사용한다. 증기를 아래에서 불로 올려 그 위에 쌀(보리)을 뿌려 넣는다. 이 방법을 발괘법(拔掛法)이라 부르고 있다. 증기가 나오기 시작하여 대체로 30분 정도 찐다. 연속식 증미기에서 벨트 컨베이어 식의 경우에는 쌀 층의 두께와 벨트 이동속도를 조절한다. 흡수율이 늦은 쌀(수입 경질미 등)에서는 두 번 찌기를 하면 증미의 수분, 경도가 조절된다.

보리의 경우도 쌀에 준하나 증기가 나오고 나서 30～60분 증자하는 쪽이 안전하다. 경질미 등의 경우에는 가압 하에서 증자하는 수가 있으나 이때의 조건은 0.4 kg/cm^2이다. 증미의 수분은 쌀에서 36～37%, 보리에선 38～40%가 좋다. pH는 6.0～6.4가 표준이다. 증기의 습도를 조정하는 정증기(整蒸器)를 통하여 적당한 수분을 유지하는 것이 좋다. 찐 당초는 고습도의 증미의 상태 그리고 후반에는 약간 마른 증기가 증미의 성상을 좋게 한다.

4) 냉 각

증지가 끝난 미맥을 제국의 적온까지 냉각한다. 냉각 후의 품온은 외기온도, 국실의 보습상태 그리고 재우기 양 등의 조건을 감안하여 30～36℃ 사이에서 결정한다. 보리의 경우는 쌀의 경우보다 약간 낮게 한다.

1.4 제 국

1) 국개법(麴蓋法, 재래법)

국균(麴菌) 분생자의 접종은 위에서 설명한 종국을 증미에 균일하게 하는 것이나 이때 균질하게 산포하기 위하여 침강성 탄산칼슘 혹은 알파화한 녹말 등으로 증량한 종균을 사용하거나 분생자의 현탁액을 분무한다.

(1) 제국관리의 원리

접종한 분생자는 환경의 온도가 30～35℃, 습도 95% 이상에서 3～5시간에서 발아하여 균사는 신장하고 8～10시간 경에서는 발열에 의한 품온의 상승이 현저하다.

40℃를 넘을 수도 있으므로 뒤지기를 하고, 균사의 신장을 억제하고 물료 내에 축적된 탄산가스를 추출하여 열을 방산시킨다. 공기를 보급시키므로 다시 40℃ 이상의 고온에 이르게 되었을 때 그 이상 방치하면 국균은 고온, 무산소조건의 환경에 쌓여 발육을 제지하므로 이때 다시 뒤지기를 한다.

이후는 품온의 상승을 억제하면서 약 40~48시간에서 출국한다. 그 이상 제국을 계속하면 분생자를 착생하게 되므로 담색계의 된장국에서는 약국(若麴), 적색계의 된장국에서는 효소의 역가가 높은 노국(老麴)으로 한다.

(2) 국개(麴蓋) 방식

국실(麴室)은 국(麴)을 배양하는 방으로 보온, 환기, 상(床 : 마루) 그리고 국개(麴蓋)를 얹는 선반(棚)을 준비한다. 단열 재료로서는 최근에는 urethane form과 같은 열전도율이 낮은 재료를 사용하여 종래의 환기창(천창이라 하여 천정에 설치)이 대신하여 팬이 붙은 강제통풍 방식이 채용되었다. 국실 내에 보온을 상비한 상(마루)을 설치하고 고정식이 아닌 이동가동의 것이 편리하다.

미국(米麴)제조의 요점은 증미의 pH는 6.1~6.9, 수분은 36~37%, 품온은 35℃에서 종균을 접종하면서 이것을 상(床 : 마루)에 옮긴다. 상(마루)에 재운 증미의 온도는 28~30℃이다. 이 온도조절은 이후의 국균의 생육에 현저하게 영향하므로 마루(상)에 온습도 조절이 가능한 공조기를 닥트(duct)로서 접속시켜 필요에 따라 폼온 조절을 하면 이후의 제국관리는 용이하게 된다.

단순한 상(床 : 마루)에 의한 경우는 재우기 이후 10시간 정도에서 품온과 수분의 균일화를 꾀하기 위하여 뒤지기 작업을 하는 수가 있다. 공조기가 붙은 경우에는 통기에 의하여 품온과 수부의 균일화를 한다.

담기는 상(床 : 마루) 중에서 어느 정도 국균의 발육이 진행한 것을 국개(麴蓋)에 담는 것이다. 이 시간은 재우기 이후 18~20시간이 지나면 상(床) 내의 쌀을 헤치고 덩어리를 허물고 국개에 일정량을 담는다. 담은 국개(麴蓋)는 몇 개씩 포개서 몽둥이 쌓기를 하여 최상부에는 공개(빈 국개)를 덮어 선반(棚) 위에 놓는다. 제1 손질은 담기 후 3~6시간에 품온이 상승될 때 한다. 다시 엷게 펴서 몇 개의 골을 넣는다. 그 후는 뒤바꾸기를 하여 각 국개 간의 발육상태를 가능한 한 균일하게 될 수 있게 조징한다. 출국은 손질을 한 다음 날 아침, 재우기는 3일째의 아침에 하는 것이 보통이다.

이 단계의 국은 균사가 충분히 번식하여 백색의 균사는 미립의 표면을 덮어주는 동시에 미립 내부까지 깊이 침투하여 들어가 소위 파정입(破精込)도 충분히 이루어진다. 향기는 특유의 방향을 가지고 고미, 산미 등의 불쾌 미, 산취 기타의 불쾌

취가 없는 것이 좋다.

2) 상국법(床麴法)

맥국의 경우에는 국개방식(麴蓋方式)보다 상국방식(床麴方式) 혹은 상국방식(箱麴方式)이 많다. 미국(米麴)에 비하여 국균의 생육이 빠르므로 파정회(破精廻)가 야무지고 덩어리가 되기 쉬므로 이 점을 감안하여 제국관리를 한다. 증맥의 수분 38～40%, 재우기 이후의 품온은 28～33℃로 확실히 조절한다.

종균의 발아는 접종 후 2～5시간, 보리 도정비율이 크고 수분이 높은 것일수록 발아는 빠르다. 생육의 적온은 37～38℃, 재우기 이후 10～18시간에서 국(麴)의 품온이 36～38℃로 되게 관리한다. 이 시기의 국균의 발육은 미국(米麴)보다 왕성하다. 상(床) 내에서 10～14시간 경과 이후는 품온이 33～35℃로 되므로 1회 뒤지기 작업을 행한다. 담기의 품온이 35～38℃로 되면 보리의 표면은 국균 균사로 하얗게 되고 반점이 보이는 시기가 된다. 상국법(床麴法)의 경우, 교반한 미국을 천을 덮은 마루에 일정량씩(15～30 kg) 산봉우리 모양으로 퇴적하고 위에 천을 덮어 국균의 증식을 꾀한다.

제1손질은 담기 후 4～5시간, 맥립은 약간 단단하게 되고 독특한 향이 생기는 시기가 된다. 퇴적층은 엷게 한다. 제2손질은 제1손질 후 5～6시간, 국균의 증식이 왕성하게 되고 품온도 40℃를 넘을 수 있을 때 행한다. 국(麴) 층은 다시 엷게 하여 몇 개의 골을 넣고 방열조건을 좋게 한다. 그 후 필요에 따라 뒤바꾸기를 하여 국균의 번식속도를 조절한다. 출국은 재우기 이후 40～46시간에서 파정(破精)이 충분히 이루어진 다음에 한다.

3) 기계제국

제국작업이란 재우기 → 균사의 발아 → 균사의 신장 → 호흡에 필요한 산소의 공급 → 발열 → 탄산가스의 배제 → 출국이다.

이 일련의 공정 중에는 물료의 반입, 반출, 교반, 그리고 공조작업이 포함된다. 종래 법은 이들을 인력으로 보온, 환기작업에 의하여 한 것이었으나 기계제국은 기계장치를 설치하여 하게 되었다. 현재 된장 제조용에 이용되고 있는 기계제국 장치는 앞에서 설명한 것과 같이 여러 종류가 있으나 원리적으로는 동일한 것으로 다음과 같은 기능을 갖추고 있다.

(1) 온습도 조절장치

제국장치 본체 내에 온습도를 조절하기 위한 공조기가 있다. 공조기는 샤워용 수조, 수온 조절을 위한 가열기(증기 또는 전열), 샤워용 가압노즐 분무장치, 제습용 eleminator, blower 송풍 닥트(duct) 그리고 검온기 등으로 구성되어 있다(그림 1-2). 이 장치의 샤워용 수조, 샤워실, eleminator, 송풍 닥트 등의 내면은 항시 잡균의 오염을 받기 쉽고 이것이 제국장치 본체의 오염을 초래하는 결과로 된다. 내부에 발생하는 소위 수생균에 대하여는 차아염소산 나트륨(염소로서 20 ppm) 첨가가 유효하다.

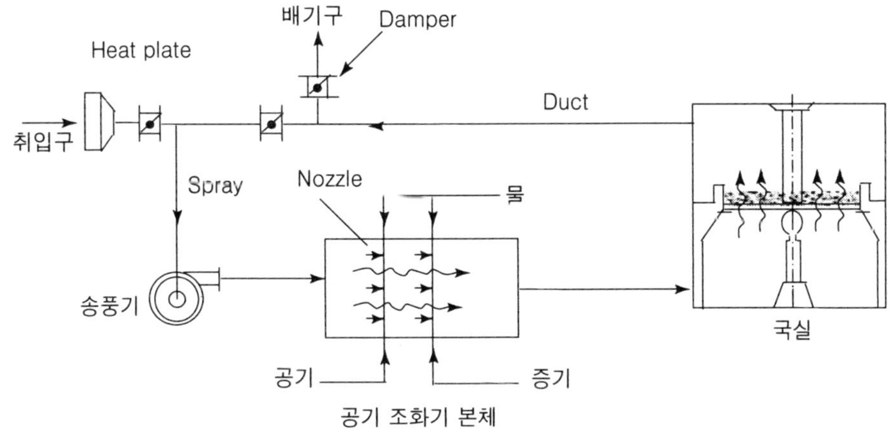

그림 1-2. 공기 조화장치 공정도

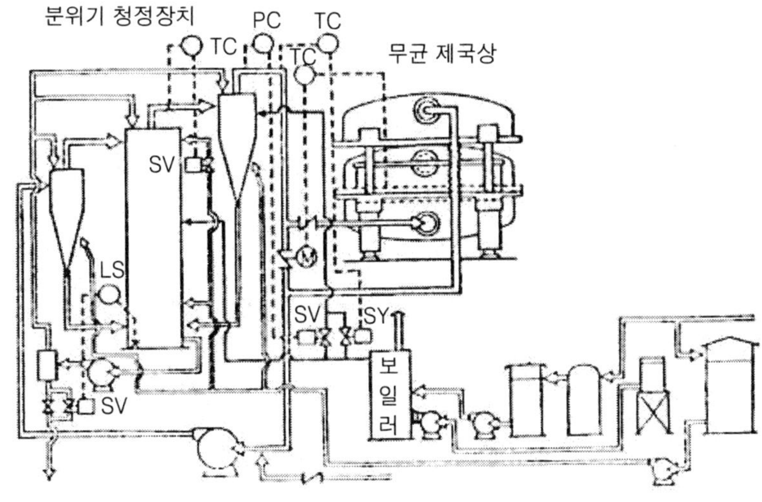

그림 1-3. 사이클론 방식의 공기청정기

이 종의 잡균의 오염을 방지하는 목적은 그림 1-3과 같은 사이클론 방식도 고안되어 실용화 되어 있다. 이 방식은 대형의 사이클론의 내벽을 청정수를 유하시키면서 조습과 세정을 하는 것이다.

2) 제국장치 본체

단열재에 의한 보온구조, 내면의 오염방지 구조는 어느 형식에서도 필수한 내부구조이다. 단열재로서는 우레탄, 스타일로 포름 등이 사용되고 오염방지 때문에 세정이 용이하고, 결로 방지(단열구조와 히터의 조합에 의한 것), 벽면에서의 잡균 오염방지 구조, 세정 후 내부의 열풍건조 방식 등이 있다.

본체는 정치식, 원반회전식, 회전드럼식 등이 있고, 통풍방식에는 표면통풍방식과 내부통풍방식이 있다. 정치식은 종래형의 국(麹)에서 발전된 것으로 대소 등 여러가지의 형식이 있다. 대형 장치의 경우, 물료의 반출입, 교반 등을 기계적으로 할 수 있게 이동식의 교반기가 갖추어져 있다. 원반회전식은 구조의 수평으로 회전하는 원반을 설치하여 반기는 고정하고, 국(麹)을 얹은 원반이 회전할 때 교반기를 통과할 수 있게 설계되어 있다. 회전드럼식의 교반은 장치를 회전시키면서 국(麹)이 중력으로 낙하하므로 덩어리의 붕괴와 교반을 하는 것이다. 비교적 소형(원료는 1.4톤 정도)의 제국기가 있다.

정치식의 표면통풍방식은 내부에 선반(棚)을 설치하고 선반 표면을 쇠 그물로 통풍이 잘 되도록 대형의 국개(麹蓋)를 놓고 여기에 두께 5～10 cm 정도로 국(麹)을 얹어 제국을 한다. 오늘날에는 오직 소형 제국기가 채용되고 있다. 이것에 대하여 내부통풍방식은 오늘날 기계제국의 주류이며, 국(麹) 층을 강제적으로 통풍하므로 온도 분포의 균일화, 산소공급 그리고 탄산가스 배제를 하는 것이다.

(3) 제국방법

온습도 조절이 가능한 공조기와 기계적 교반장치를 구비한 기계제국 장치에 의한 제국법의 기본적인 양식은 다음과 같다. 즉 종국을 접종한 증미를 제국장치에 담고 품온을 30℃ 전후로 조절하고 발아를 기다려 그대로 국균의 번식을 한다.

종균 접종을 하고 나서 18시간 이후가 되면 품온이 상승됨에 따라 통풍량을 증가시켜 품온 상승을 억제하면서 온도조절을 한다. 그 후 국균 균사의 신장이 왕성하게 되어 균사의 엉클어짐이 심하게 되는 30시간 후에는 결국 통풍만으로 품온 조절이 불가능하므로 기계조작에 의한 뒤지기를 하여 통풍의 균일성을 꾀한다. 이후는 통풍량을 조절하면서 국균이 발생하는 열을 외부로 내보내고 품온을 적당히 제어한다.

2. 일본 간장국[장유국(醬油麴), Shoyu koji]

2.1 제국시설의 발달

일본 간장(Shoyu)을 만들 때 옛날부터 '첫째 국(麴), 둘째 도(櫂), 셋째 살균(火入)'이라 하여 제조공정 중 가장 중요한 요점이라 생각하였다. 간장국을 만들 때는 옛날에는 우국(友麴)을 사용하였으나 메이지 말경(1912년)부터는 간장용 균의 균학적인 연구가 연달아 발표되어 큰 공장에서는 각 회사의 국(麴)에서 순수배양에 의하여 종국을 만들 수 있게 되었다. 쇼와 초기(1912년)부터 제국장치의 기계화가 여러 가지 고안되어 일부에서는 실용된 것이 있었으나 크게 성공하지는 못하였다.

1935년대 후반부터 제국법의 기계화에 의한 연구가 발전되고 더불어 NK식 단백질 원료처리법과 연속 증자장치에 의한 고온(고압)단시간 증자법 등이 보급되어 오늘날에 볼 수 있는 제국기술이 확립되었다.

2.2 국개(麴蓋 : 국 상자, koji tray)

일본 간장국(Shoyu koji)을 제조하기 위하여 옛날부터 하고 있는 제국장치를 Chiba와 Tsubdani는 그림 1-4와 같이 정리하였다. 제국법은 1954년경에는 많은 공장에서 하던 제국법으로 양미원료[兩味原料, 국료(麴料)]의 혼합, 담기, 손질, 출국(두들김) 등의 작업 모두가 수작업으로 한장 한장씩 이루어졌다. 작은 국상은 지방,

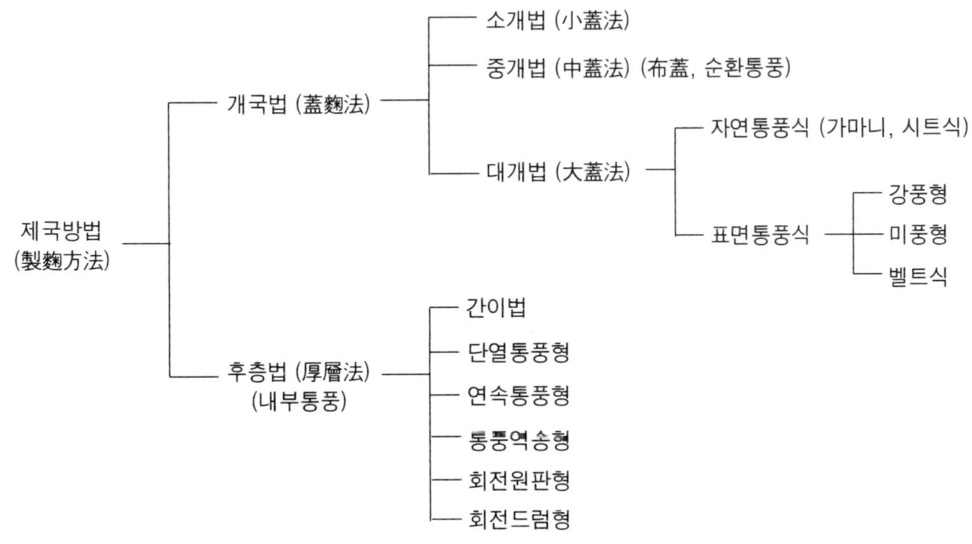

그림 1-4. 국개 장치와 방식

공장에 따라 그 규격은 약간 다르기는 하지만 보통 1.0～1.3 cm 두께의 삼나무 재료로 틀을 만들고 폭 약 30 cm, 길이 60 cm, 깊이 5 cm의 못질을 한 장방형의 얕은 뚜껑 없는 나무상자로 밑판의 뒤에 2～3개의 가로 바닥판을 못질을 한 것과 하지 않는 것이 있다. 또 밑판을 대패질 한 것과 하지 않는 것이 있다. 대패질을 하지 않는 밑판의 것은 비교적 공기나 수분의 유지, 일산이 완만하게 이루어지나 이로 인하여 품온, 수분 증산의 관리도 비교적 뜻대로 조절되는 장점이 있지만 일단 톱니 흔적이 불결하고 오염이 떨어지기 어려워 잡균의 번식처가 된다.

대패만으로 만든 밑판의 것은 온도나 수분이 들기 쉽고 특히 단백질원인 많은 간장국은 변색하기 쉬운 가능성이 높다. 그러나 비교적 청결을 유지하는 데는 대패로 끝마무리 한 것이 미국(米麴)이나 종국용에 많이 사용된다. 또 대패로 끝마무리 하지 않은 것은 손질을 위시하여 각 수작업 시 찔리기 쉬운 경우가 있고 간혹 손끝이 화농되는 수가 있었으나 당시는 노동안전의 위생관념이 오늘과 같지 않아 이 정도의 상해는 문제시 되지 않았다.

많은 공장에서는 국개(麴蓋)의 오염이 눈에 뜨이면 살균·세정을 하였다. 그 방법은 국개에 열탕 또는 더운 열탕을 뿌려 수세미나 대솔 등으로 오염을 문질러 떨어뜨리고 물 또는 온탕으로 헹구어 내고 물 빼기를 하고 나서 볕에 바래서 건조하거나 혹은 수세하고 나서 물 빼기 후 약간 습한 상태에서 국실 내에 쌓아올려 국실과 함께 황 또는 formalin, chlorpicrine 등으로 훈증한 다음 꺼내어 햇볕에 바래 건조시키는 등 오늘날에는 안전 위생상 허용되지 않는 것을 하였으나 1955년경부터는 국개 세정기나 증기살균법, 열탕 살균법 등이 출현되어 일부의 공장에서 이용되고 있었다. 상기의 국개(麴蓋)를 판개(板蓋)라고 하는데 대하여 포개(布蓋)라는 것이 있다(그림 1-5).

판개(板蓋)는 일반적으로 공기의 유통이 생각대로 되지 않아 과열되기 쉽다. 이

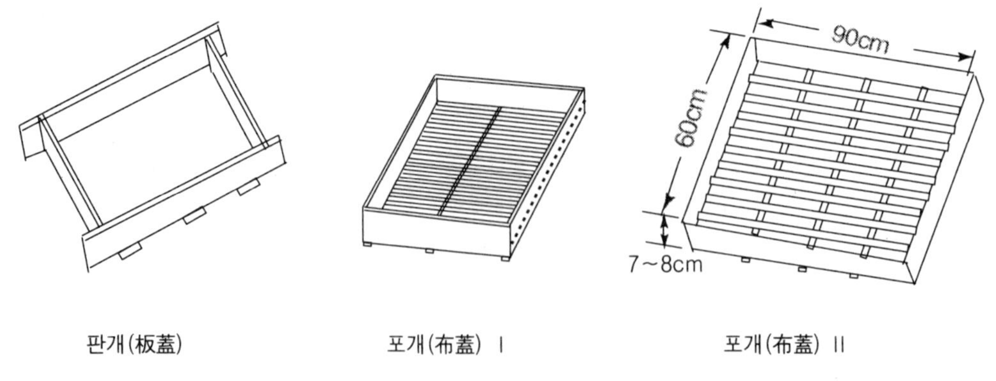

그림 1-5. 국개의 형상

것을 피하기 위하여 출국 작업을 능률적으로 하기 위하여 포개법(布蓋法)이 채용되었다. 포개(布蓋)는 판개(板蓋)보다 큰 것이 많다.

예를 들면 길이 약 90 cm, 깊이 약 6 cm 내외로 밑은 격자 모양이 발 모양으로 마무리 되어 여기에 면직이 선이 굵은 마포와 같은 단단한 천을 깔아서 제국을 한다. 포개(布蓋)의 틀 재료나 격자 재료는 반드시 목제에 한정하지 않고 철사나 대나무 등으로 알맞게 엮어서 만든 것이다. 또 천은 감물을 들여 두면 오래 가고 또 국(麴)이 떨어지기도 쉽고 또한 공기의 유통성도 양호하게 된다.

1955년경부터 천이 바뀌어져 통기성이 좋은 사프란 망은 판국(板麴)의 밑판으로 대체되어 소형의 망개(網蓋)에 의하여 저온경과의 효소력이 강한 국을 얻는 데 공헌하였다. 또 가가와(香川)현 Shodojima(小豆島) 지방에서는 옛날부터 가마니 뚜껑법이 많이 이용되었다. 가마니 뚜껑은 통기성이 좋고 담기, 손질, 출국 등의 제국 조작이 능률적으로 이루어지기 쉬우니 불결의 흠이 많고 내구성이 없는 것 등을 결점으로 들 수 있다. 포개(布蓋), 가마니 뚜껑은 증기살균 등의 조작은 판개(板蓋)에 비하여 용이하다.

2.3 국실(麴室)

국개(麴蓋)를 수용하는 국실도 지방, 건축, 연대, 공장의 특성에 따라 다음의 4종이 있다

1) 지하 국실

국실(麴室) 전체가 지하에 매몰되어 있어 국실의 천정 위가 원료 배합이나 담기를 위한 작업장 마루로 되어 있는 국실이다.

2) 지상 국실

국실의 상면(床面)이 1층 작업장 상면과 거의 동일 평면상에 있는 국실이다.

3) 계단 위의 국실(階上室)

2층 혹은 3층 등의 작업장의 상면(床面) 위에 만든 국실을 말한다.

4) 반 지하 국실

지하 국실과 지상 국실의 중간 국실을 말한다.

지하 국실과 반 지하 국실은 비교적 온도의 유지성이 좋지만 과습으로 되기 쉽고

환기도 자유롭지 못하므로 발열량과 수분의 증발량이 많은 간장국에는 부적합하여 점차 이 형식의 구조는 적어지고 있다. 지상 국실은 일반적으로 널리 구축되어 왔다. 계단 위 국실(階上室)은 국료(麴料)나 출국의 이송장치가 준비된 공장에서 원료의 정선, 전처리, 원료처리, 제국, 담금 등의 주 작업이 입체적으로 배치되어 물료나 작업이 위에서 밑으로 순차로 흘러 떨어지는 시스템으로 설계되어 있다. 어느 형식의 국실에서도 오늘과 같은 적절한 단열재나 내습내료가 없었고 국(麴)의 축조에 있어서는 여러 가지가 고안이 되었다.

국실(麴室)의 측벽은 옛날은 흙벽이 일반적으로 보통의 가옥이나 토장과 마찬가지로 물이나 대나무를 뼈대로 하여 30～50 cm로 흙을 바르거나 또는 이중벽으로 하거나 기와를 끼워 넣어 흙을 바른 것이었다. 그러나 흙벽은 내구성이 없었으므로 1912년에 이르러 벽돌의 대부분은 2층으로 쌓고 중간에 공극을 두어 그 중에 건조한 짚이나 톱밥, 왕겨 등을 충전하여 보온효과를 높이는 연구를 하였다.

그러나 이들의 보온 충전재는 오랜 사이 벽돌을 통하여 습기가 옮겨져 부패되는 염려가 있으므로 황산동 용액 등의 약제에 담가 건조시켜서 사용하는 배려도 있었다. 철근 콘크리트의 경우도 벽돌구조에 준하여 보온상의 배우가 실시되었다. 석재의 산지에 가까운 곳에서는 응회석을 처음에 연사암 등으로 구축한 소위 돌방(石室)이 옛날부터 볼 수 있었다. 특히 지하 국실, 반 지하 국실의 지하부분의 상면(床面), 측면에 석재로 구축한 것이 많다.

천정은 가장 결로가 많은 부분이므로 보온에 충분한 배려를 하였다. 여러 가지 형식이 있으나 대표적인 예로서는 대들보 위에 대발을 펴고 위에 가마니를 깔고 다시 그 위에 벽을 10～25 cm 바르거나 톱밥이나 왕겨를 70 cm 이상 얹어 내면은 옷 칠을 발라 굳히고 외부는 흙벽을 발라 굳게 하였다. 대발 대신으로 판자를 댄 것이 많았다. 또 천정은 판자를 대고 그 위에 흙, 톱밥, 왕겨 등의 층을 만든 것이 있었으나 겨울철의 재우기에 실내에 화로 등을 넣는 수가 있어 판자가 노출되므로 화재 위험이 있다.

천정의 형상은 옛날에는 수평이었으나 결로가 국료(麴料) 위에 낙하하여 표면의 국(麴) 품질을 떨어뜨릴 수 있으므로 국실 모양을 아치모양으로 하여 수직낙하로 방지책이 취해진 것이 1926년경부터 나타났다. 국실 마루(床)는 판을 붙이거나 벽돌을 깔거나 모르타르 끝마무리가 보통이었으나 옛날은 토방 그대로 것이었다고 한다. 1926년경까지는 상면(床面)이나 축면이 어느 정도 습기를 유지하는 것이 좋아 벽돌이 가장 적합한 것으로 생각되었으나 실내 재료에 대하여는 정밀 비교 실험결과는 발견되지 않는다.

천창은 국실의 환기나 온도나 습도 조절에 있어서 없어서는 안 되므로 보통 국실의 중앙선 상에 설치되어 있다. 그 크기나 개수는 여러 가지가 있으나 한 변이 1.2~1.8 m의 정방형 또는 장방형의 것이 몇 개가 설치되는 경우가 많다. 미닫이, 회전, 한쪽만 열리는 문의 기구도 여러 가지 형식이 채용되는데 대체로 천정 면과 천정 외면 벽 사이에 왕겨 등 경량의 보온재가 충전되어 이중으로 시공된 것도 있었다. 또 1926년 초기부터 천창의 장단에 환기통을 설치하여 긴 통 쪽에서는 내부의 더운 공기를 배출하고, 짧은 통 쪽에서는 외기를 취입한 것이 나타나 기압배치나 풍향 등에 따라 그 장단의 노모양의 통이 흡입, 배출의 이상적인 작용을 하게 되었다.

출입구는 옛날에는 가능한 한 작업에 불편이 되지 않는 범위에서 작게 만들어져 장방형의 국실에서는 그 짧은 변의 측벽에 만드는 것이 상식이었다. 또 문은 가능한 한 이중문이고, 크기는 폭이 약 90 cm, 높이는 약 150~180 cm이었다. 그래서 외부 문은 15~20 cm의 북 모양으로 하고 그 안에 왕겨를 채우고 여는 문으로 하고, 내부 문은 미닫이로 하여 상부와 하부에 무쌍창(無双窓 : 살창문에 살창으로 된 미닫이를 겹쳐서 만든 창)을 붙이고 온도조절을 위하여 외기를 도입하거나 환기를 위한 통기를 조절하는 장치가 있었다.

내부 문과 외부 문의 중간에는 약 30 cm 이상의 간격을 설치하여 사람이 출입을 할 때 외기가 직접 들어오지 않게 여지를 가지게 하였다. 지상 국실이나 계단 위 국실은 내부 문과 외부 문이 동일 평면으로 만들어져 있으나 반 지하 국실로 되면 외부 문은 지상에서 계단을 내려 내부 문이 있는 것이 많았다. 또 1926년 이후에 만든 비교적 큰 국실은 출입구가 전면과 후면에 있는 것이 있고 문은 비교적 크게 하여 담기, 출국 등의 작업 시에 운반차를 사용하가기 쉽게 한 형식도 있었다. 보통 국실 창은 출입구의 반대쪽 벽에 안쪽 창을 설치하고 있다.

안창은 공장에 따라서는 밝은 창이라 부르고, 상(마루) 위 약 30 cm의 곳에 국실의 크기에 따라 대소가 있고 대략 1 m^3 전후에서 채광과 환기의 목적으로 하여 이중창으로 되어 있다. 외부 문은 유리를 하고, 내부 문은 판자문으로 하여 무쌍창(無雙窓)을 설치한 것이 많다. 국실의 크기는 대체로 원석 1석(원 180 ℓ : 대두 : 소맥 = 5 : 5로 하여 대두 64.8 kg와 소맥 67.5 kg)마다 1평(약 3.3 m^3)이 표준이므로 안 치수의 높이도 약 1.8 m로 옛날부터 전해져 왔다.

즉 국실의 면적에는 종종의 조건에 기인되는 제한이 있다. 예를 들면 너무 지나치게 크면 온도관리가 곤란하고 균일성을 잃게 되며, 지나치게 작으면 온도, 습도가 과도한 결점이 생긴다. 그래서 옛날부터 표 1-1과 같은 표준이 정해져 있다.

표 1-1. 판개(板蓋) 국실의 크기의 기준

	정면의 폭 : m (척)	안길이 : m (척)	높이 : m (척)	평면적 : m^2 (평)	$1m^2$당의 담기양(원 ℓ) (석/평)	제국법
대	3.6 (12.0)	11.8 (39.0)	2.3 (7.5)	42.5 (130)	65 (1.2 정도)	원 1.44 kℓ 2저 담기(8.0 석 2저 담기)
소	2.6 (8.5)	9.7 (32.0)	2.6～1.76 (8.5～5.5)	25.2 (7.6)	65 (1.2 정도)	원 1.73 kℓ 1저 담기(9.6 석 1저개)

국개실 용의 가온 설비의 가장 원시적인 것은 목탄, 연탄 또는 장작을 적절한 난로를 넣은 국실(麴室) 내에서 태운다. 실내에 증기 파이프를 이용하여 가온하게 된 것은 극히 일부의 공장에서 1926년 초기부터이다. 1945년 이전에는 거의 증기는 사용하지 못한 것 같다.

2.4 개국(蓋麴)의 제조

1955년에 들어와 Noda(野田)장유(주 : Kikkoman)가 NK식 단백질 원료 처리법을 일반에 공개하기 까지는 대두나 탈지 가공대두는 앞날에 증자하여 익힌 대두는 그대로 증자관에 하룻밤 두었다가(留釜, 유부) 다음 날 아침에 파내는 것이다. 현재로서는 생각되지 않을 정도의 다갈색으로 과변성된 증자대두를 국실 앞에 펴고서 할쇄 소맥을 위에서 흩어서 방랭하고 혼합하였다.

즉, 국실(麴室) 앞이나 지하실 위는 국(麴) 원료의 방랭, 혼합, 종균 접종, 살포 그리고 담기 등의 작업을 하는 장소로 되어 있다. 보통 판자를 붙인 것이 많으나 콘크리트 모르타르로 끝마무리하는 수도 있었다. 일반적으로 원 1 kℓ(원 1석)에 대하여 1.5～2평의 넓이가 기준으로 되어 있다.

국실 앞에서 원료의 방랭 혼합[양미(兩味) 혼합이라 한다]에는 크게 나누어 두 가지 주류가 있다. 즉, 하나는 파낸 증자대두에 살포, 혼합하여 여기에 할쇄 소맥을 통 등에서 혼합하면서 긁어모아 다음에 schop(스코프 : 이식용 삽) 등으로 시멘트 혼합형으로 비전 혼합을 3회 정도를 한 후에 언덕 모양으로 쌓는다.

이에 대하여 다른 하나는 미리부터 국실 전에 할쇄 소맥을 넓게 뿌려두고 그 위에 증자대두를 넓게 뿌려서 방랭하고 증자대두의 온도가 40～45℃로 되면 아래에 깔려 있는 소맥과 반전 혼합하는 요령으로 스코프 등으로 뒤지기 혼합을 한다. 혼합물의 온도가 40℃ 이하로 식어지면 종국을 균일하게 살포하고 총량의 뒤지기를 3회 이상 하여 종국과 소맥이 균일하게 혼합되게 노력한다.

종국의 양은 원석 1석(180ℓ)에 대하여 225 g 내외로 그리고 비율이 좋은 종국이라면 원 1 kℓ당 1 kg가 적량이고, 분생자만을 사용하는 경우에는 그 30분의 1 정도로 충분하다고 한다. 현재의 내부 동풍식에서는 50% 증가하지 않고 3배 정도로 사용한다. 또 우국(友麴)의 경우는 원 1석(180ℓ)에 대하여 0.9～3.6ℓ(5홉～2되) 정도가 필요하다고 한다.

혼합 종균접종이 끝나는 품온이 35℃ 전후로 식어지면 한곳으로 긁어모아 크게 뭉치고 국개(麴蓋) 하나에 대체로 1.8ℓ(1되) 내외의 국료(麴料)를 긁어모아 담기를 한다. 겨울철의 담기 온도는 35～38℃에서 양은 약간 많게 담기를 하고, 여름철은 28～33℃ 정도에서 약간 적게 담기를 한다. 담기 방법은 그림 1-6에서 (가)의 언덕담기 또는 (마)의 평탄담기를 한다. 포개(布蓋)는 대개의 경우 (마)의 형식에서 9ℓ(5되)를 평탄담기를 한다.

국료(麴料)에 담기가 끝나고 나서 국개(麴蓋)는 국실 내에 옮겨져 기후, 원료배합(담기 수분), 국실(麴室)의 상황 등의 조건에 따라 알맞은 방법으로 쌓는다. 보통 국실은 상하의 온도 차가 심하고 특히 하부는 식어지기 쉬므로 5장 전후의 공개(빈 국상)를 뒤집어 쌓아서 국상 대신으로 하거나 상(床) 위 15～25 cm 정도 높이의 가대(架臺) 위에 5～10단 정도(그림 1-7)로 몽둥이 쌓기를 하여 그 위에는 계절에 따라 국개의 4구석이 서로 다른 새발뜨기 또는 십자로 끊는 교차 쌓기로 한다.

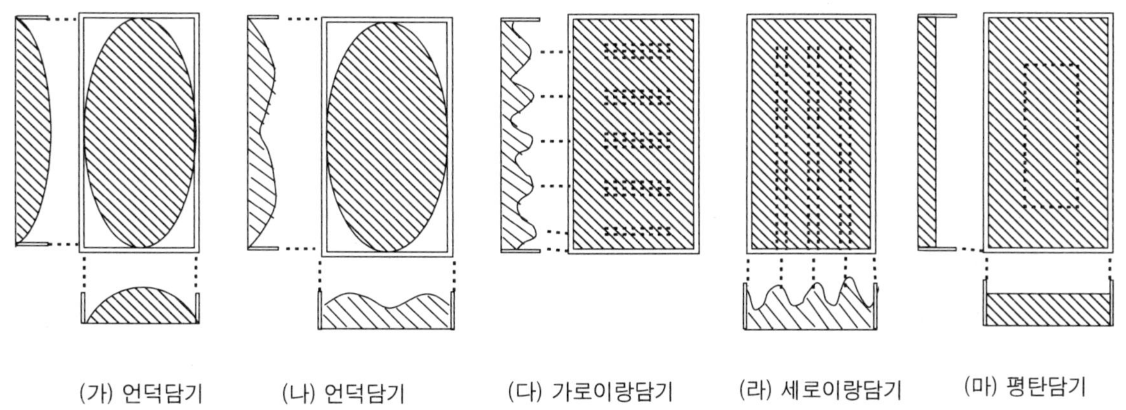

그림 1-6. 국개(麴蓋)에 담기 방법

(가, 나) : 언덕담기(중앙을 높게 하고, 주위를 낮게 한다)
(다, 라) : 이랑담기(세로축과 가로축에 따라 몇 개의 주름을 만든다)
(마) : 평탄담기(두께를 똑같이 담는다)

큰 국실로 되면 15단 이상 겹쳐쌓기로 사람의 키보다 높게 쌓아 올릴 수도 있다. 이와 같은 경우에는 위의 반 정도에서부터 교차 쌓기 또는 십자로 끊는 쌓기 방법으로 하여 담기를 한다. 한여름에는 좋은 국이 되지 않으므로 담기를 휴무하는 공장이 있으나 여름에도 담기를 휴무할 수 없는 공장에서는 국실 내의 담기는 7～10단 정도로 하고, 국실(麴室)의 수용 국개(麴蓋)는 국실 앞이나 작업용 통로에 쌓아 국실 외에서 국을 만들고 있다.

이와 같이 여름철의 담기에는 하단 3단 정도가 새발뜨기로 한 교차 쌓기로 그 위에는 십자로 끊은 교차 쌓기로 한다. 국실 외에서의 제국에는 통풍이 너무 지나치거나 바람이 많이 부는 밤에는 포개 놓은 국개(麴蓋)의 주위를 천으로 덮어서 건조를 방지하거나 열을 보존하는 연구를 하여 출입구, 안창, 천창은 모두 열어 놓고 실시한다.

담기 후 약 10～12시간, 25～28℃ 유지하여 두면 종균의 분생자가 발아하여 다시 2～3시간이 되면 국균의 균사가 발육을 시작한다. 온도계에는 느껴지지 않는 부분도 있으므로 한 국실에 6～7개 이상의 온도계를 상・중・하단별, 바람 위쪽, 바람 아래쪽 별로 꽂아 두면 그 중의 바람 아래쪽 상단 부근에서 품온이 감지하게 된다. 이 시간에 국료(麴料)에 손끝을 삽입하여 보면 아직 온도계에도 감지할 수 없는 극히 약간의 생명의 취기가 느껴지는 것이다.

다시 4～5시간 지나면 국실 내의 공기가 온도, 습도를 증가시키고 초맥(炒麥)의 훈향(燻香)이 옮겨진 국균의 주체로 하는 미생물의 번식에 따른 향기가 느껴지게 되고 잠깐 후에 품온의 상승이 온도계에서도 읽어질 수 있다. 결국 품온도 바람 아래쪽 상부에서는 30℃를 넘게 되고, 아래 2～3단(바람 위쪽 상면은 5～6단)을 남기고 전반적으로 품온의 상승이 느껴지게 되어 동시에 초맥 향이 느껴지지 않게 된다.

이 시기에 이르면 품온의 얼룩(대략 외기의 바람 아래쪽 상단부의 품온이 높고 바람 위쪽이 낮다)이 한결 같게 천창을 조절하거나 보온 포, 병풍 대신 판 등으로 요소에 설치하거나 부분적 난방기 등을 이용하여 국균의 생육 치우침을 최소한으로 되게 해야 한다. 이것이 밤부터 다음 날 아침까지 담기의 국실을 돌아보는 역할의 제일 중요한 작업이다.

그래서 다음 날 아침 시업 약 1시간 전에 아래쪽 1/4 정도의 단수 국개 것의 국균 번식은 불충분하여 중지를 할 수 없으므로 상단 2/3 정도의 것은 구균의 균사가 한결같이 희게 뻗어 있어 국료(麴料)가 단단한 상태로 되어 있어 1번 손질을 기다릴 수 없는 상태로 되어 있는 것이 이상적이다. 즉 1번 손질의 작업자가 국료가 펴져 있으므로 균사 때문에 간단히 손으로 비벼서 허물기 어렵게 된 작업상태가 이상적이다. 손질은 한겨울에도 천창, 출입구 미닫이 등의 개구부는 전부 열어서 하는 상태가 좋은 것이라 한다. 1번 손질을 한 뒤에는 그림 1-6(나)의 언덕담기와 (마)의 평탄담기의 표면을 갖춘다.

그래서 손질 전까지 충분히 균사가 뻗어 활기가 있는 국개(麴蓋)를 하단에, 지금까지 하단에 있어 균사의 생육이 뒤떨어져 온도가 낮은 것은 상단 쪽으로 상하를 뒤바꾸어 균일화를 꾀하는 것이 중요한 조작의 하나이다. 이와 같이 하여 겨울철이면 혹은 가대(架臺)를 하여 그 위에 국개를, 여름철이면 직접 상면(마루면)에서 그림 1-7(나)의 벽돌쌓기가 추체가 되게 쌓는 것이 이상적이다.

겨울철에 야간의 보온, 가온이 부족한 국실이라면 국실의 개구부를 전부 열고 손질을 한다. 손질 후의 국개 쌓는 방법도 다시 몽둥이 쌓기로 하거나 가로세로 교대로 십자로 교차하거나 경사지게 새발뜨기로 교차하는 교차 쌓기를 하거나 하여 2번 손질까지에서 급속한 성장과 균일화를 꾀한다.

보통 여름철에는 1번 손질 후는 국실의 천창 등은 개방 그대로의 경우가 많다. 또 곳에 따라서는 1번 손질 시에 국실 외에 반분 가까이를 꺼내고 국실 앞의 일부, 복도, 통로, 기타 알맞은 공간을 이용하여 국실 외실의 국(麴)을 만든 것이 있다.

1945년대에 출판된 기술 전문서 개정판은 많지만 이 시기의 해설에는 국(麴)의 품온은 모두 40℃ 전후까지 승온하지 않으면 국균효소에 의한 원료 성분의 분해가 생각보다 진행하지 않는다고 해설하고 있다. 당시 판국(板麴)의 제국온도 경과의 예는 양조시험소에서 비교적 양호한 국(麴)이 얻어졌다고 나타내고 있다(그림 1-8,

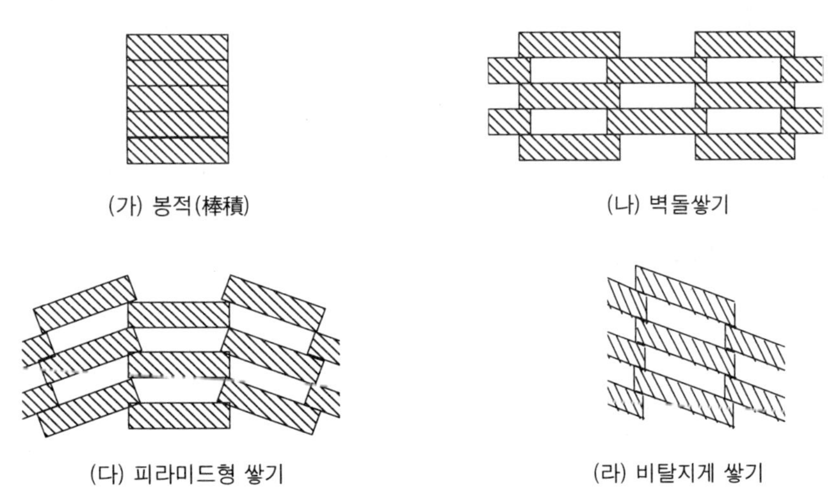

그림 1-7. 국개(판개) 쌓는 법

1-9). 그림에는 담기 양, 사용 국개 수, 기타의 관리기록 등이 기록되어 있어 당시를 그리워하는 귀중한 자료로 생각된다. 그런데 1955년대에 이르러 NK증자법과 통풍제국의 조합에 의한 각 방면에서의 시험결과에서 국실 국의 종래 제국법이 다시 시도되었으나 NK증자법의 진가가 발휘되지 않아 현재의 기계제국이 보급된 것으로 생각된다.

2번 손질은 1번 손질 후 수 시간 후에 다시 품온을 40℃ 이상까지 올려 하고 있다. 그림 1-8, 1-9는 2번 손질 후 3일째, 4일째에 걸쳐 역경향의 품온 경과이다. 그래도 이들은 비교적 양호한 국(麴)으로 평가되고 있다.

이 시기는 환 대두였고, 유부(留釜) 증자이고 제국의 삼박자가 지금에서 생각되는 극히 본의 아닌 조건이었다. 즉 원료 기질의 변성과 국균 각 효소 개개의 활성 그리고 이들의 균형, 기타 균학적인 면 등의 해석이 현재로서는 전혀 떨어져 있는 것으로 생각된다. 또 경우에 따라서는 2번 손질 시까지 균사의 생육이 불충실한 것이 있다. 이와 같은 때는 손질은 생략하고 정시보다 늦게 상하의 뒤바꾸기만으로 하는 것도 있다. 후에 행한 망개(網蓋)의 여름철의 국실 외 제국 등에서는 2번 손질을 생략하는 방법이 여러 곳에서 채용되고 있다.

2번 손질 후 3일째에 걸쳐서 보통의 경우 균사 발육의 최성기로 되어 40℃를 넘는 고온이 길어지면 지나친 건조, 즉 사국(砂麴)으로 되어 이긴다. 따라서 가능한 한 열이 동반되지 않도록 수단을 가한다. 2번 손질 후의 담기방법은 그림 1-6의 (나), (라)와 같이 손질을 사용하여 길이를 끊는 수가 많다. 길이가 된 것은 그림 1-7의 (다)로 쌓거나 (라)로 쌓기로 한다. 이와 같이 쌓기 방법은 국개(麴蓋)와 국개 사이의 기류가 도망가기 쉬우므로 열이 들어 박기가 어렵다고 한다. 그러나 국개 국(麴)의 품온은 경시적, 부분적으로도 기상상태, 천창 등이 조등에 따라 크게 좌우되어 파악하기 어려운 것이다.

앞의 담기의 절에서 천정이 높은 국실에서는 가대(架臺) 위에 15단 이상의 국개를 포개는 것으로 설명하였으나 그림 1-8과 그림 1-9에서 3일째에 다음 회의 담기의 주석이 기록되어 있다. 이것은 두 개의 밑 담기를 의미하고 있다. 두 밑 담기 2번 손질 후의 국개(麴蓋)의 겹쳐 쌓기는 6~8단으로 하여 이것이 3일째 되었을 때 그 위에 담기의 국개를 얹어 둔다. 그렇게 하면 아래의 3번째 품온이 위의 담기 국료를 덥혀 다음 날 아침까지 겨울철에도 증기나 화로가 필요하지 않으므로 손질이 충분하게 되기까지 생육시킬 수 있다. 그러나 손질 시 출국과 손질이 복잡하게 되어서 눈에 가득 차게 담는 것은 어렵다. 그리고 국실의 구조에 따라서 소위 국실 피로를 야기한다고 한다.

당시의 보통의 경우에는 4일국으로서 출국하였다. 또 4일째가 공장의 휴업일 또는 휴전일 경우에는 5일국으로 출국하였다. 그 후 일부에서는 기계제국이 들어와 설비비, 운전 경비, 전력 요금, 용수량 등의 문제에서 3일국의 연구도 진행되어 현재에는 4일국, 5일국 등도 고전적인 것이 되고 말았다. 그래서 국개 국(麴)에서는 5일국이라도 기계국에서는 3일국으로도 이용률, 소화율, 마미노태 질소의 생성, 기

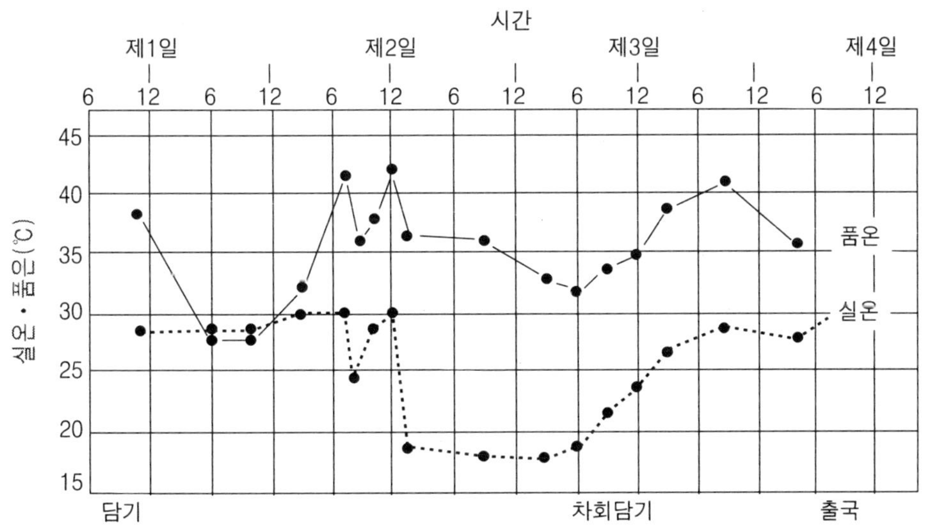

그림 1-8. 국 품온 경과표(1)

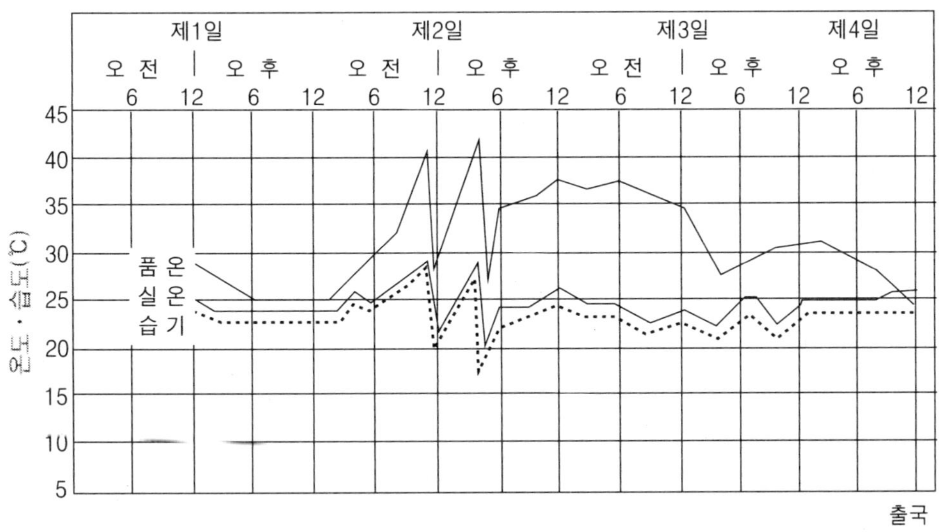

그림 1-9. 제국온도 경과표(2)

타 제품 간장의 품질에의 영향 등은 어떤 것이나 4일국과 큰 차이가 없는 것이 얻어지게 되었다.

특히 NK식 단백질 원료처리법이 1955년대에 간장 업계로 급속하게 파급되어 국(麴)의 오염에 관심이 커졌다. 이것은 NK처리의 콩은 중성에 가깝고 지금까지 주류가 되고 있던 솥가마에 그대로 둔 콩은 산성으로, 산성의 것은 세균의 번식이 어느 정도 저항이 되나 중성의 것은 세균이 간단하게 오염을 허용하기 때문이라는 것을 알았다. 이 때문에 국실 전에 부주의한 원료를 펴서 방랭하거나 오염된 국개를 그대로 사용하는 것에 대한 조치를 하는 등 여러 가지가 강구되고 있다.

즉 양미[兩味 : 국료(麴料)] 혼합기, crusher, 방랭기, 종균 접종기, 담는 기계 등이 단독 혹은 혼합된 것이 나오고 또한 별도의 국개 세정기 등이 차차 실용화 되었다. 이 사이 가마니국(筵麴), 포국(布麴) 등의 실무적인 연구보고나 통풍제국기도 조금씩 정비되어 임의 온도경과를 얻을 수 있게 되었다. 제국온도 경과나 출국 수분에 관한 연구가 계속 나와 오늘의 저온제국법이 확립되고 국개를 사용하는 옛 방식의 국실에 의한 제국의 개념을 말할 수 없게 되었다.

2.5 표면통풍식(측풍 조정형) 제국

일본 간장국용으로 널리 이용하게 된 것은 1955년 규슈의 일본조미료양조주식회사가 손을 쓰지 않는 제국법으로서 특허를 공고하고 다시 연구를 계속하여 1959년에 기술 공개한 것으로 시작된다. 이 방법이 제창되는 당시는 이미 인건비, 노동력에 문제가 있었으므로 그 구제책으로 급히 보급되었다.

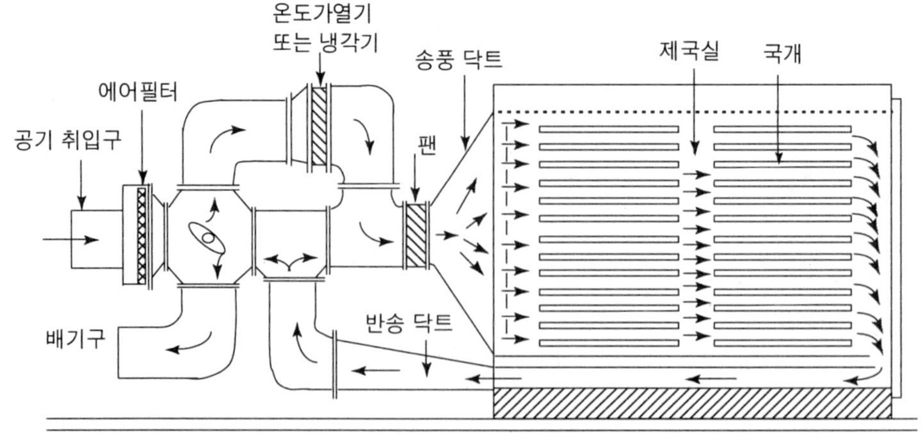

그림 1-10. 다단 표면통풍식 제국장치

표면통풍식의 특징으로 국개(麴蓋)는 대형의 포개(布蓋)가 주류로 이것을 시렁에 선반모양으로 거는 송풍기에 의하여 국실 내의 온도, 습도를 조절하는 방식으로 되어 있다. 송풍기의 개구(開口) 위치나 방향에 대하여는 Oda(小田)의 귀한 데이터가 있고 간장국용 개량형으로서 Suga(菅)의 소개가 있다. 그림 1-10은 Ueshima(上島)식의 측단면도를 상세히 소개하고 있다. 후층법(厚層法)으로서 대표적인 것으로 그림 1-11에 나타낸 Amano(天野)식의 내부통풍식 제국장치가 있다.

이것은 양조용 맥아를 만들 때의 Kasten식 맥아장치를 제국용으로 개조한 것으로 기구는 오늘날 대부분의 신예 제국장치의 기초로 되고 있다. 그림 1-12는 Terui 식

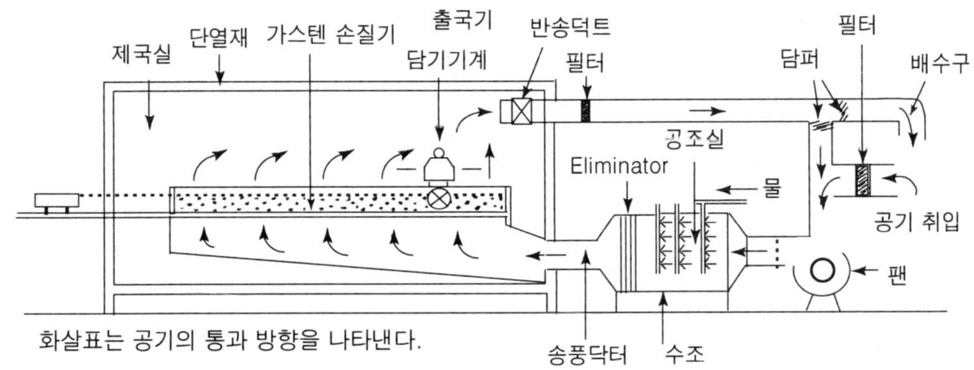

그림 1-11. 내부통풍식 제국장치

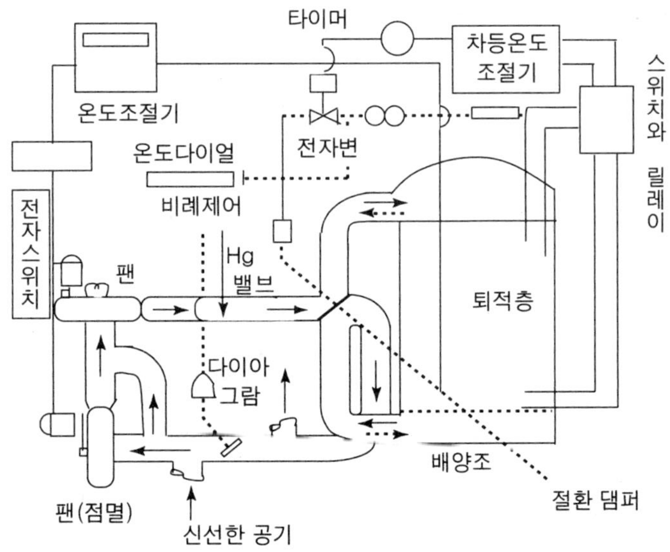

그림 1-12. 고층 퇴적배양장치

이라 부르는 일본 된장국에는 알맞으나 간장국에서는 무리가 있다. 간장국에는 송풍력을 올리거나 배양조 내에 그물선반을 수 cm마다 상하로 메어 달아 퇴적층을 상・중・하의 3단으로 구분을 지우는 등 여러 가지가 고안되어 있다. 여하튼 간장국은 표 1-2와 표 1-3에 나타낸 바와 같이 주류용, 간장용의 미국(米麴)에 비하여 통풍저항이 아주 크고 발열량도 수배나 된다.

또 제국 후기에 보이는 간장이 된 맛도 복잡하므로 고층(80～150 cm)이라 할 수 있는 고층 퇴적배양장치를 사용하는 간장, 된장 겸업의 공장이 발견되나 이와 같은 방식은 간장국에는 여하간 무리인 것 같다. 이와 관련하여 Amano식의 국(麴)층 두께는 20～30 cm 정도에서 하는 것이 표준이라 한다. 이상의 통기식 제국기의 소개는 일본양조협회지(1996년)에 소개되어 있다.

표 1-2. 국(麴) 최성기의 발열속도

국종별	원료(배합 중량비)와 초발수분	건조량 1 kg당 초발용적(ℓ)	최성기 발열속도 kcal/kg(건) hr (괄호 내는 상당 배양시간)	제국기간 중의 총 발생 열 (kca/kg)
밀기울 국	밀기울 1 : 왕겨 1 m = 50～50%	9.2	37.7 (19～23 hrs)	475～625
손가락모양의 성형	밀기울만 m = 50%	4.4	32.9 (24～30 hrs)	440～500
된장용 미국(외국 미)	m = 40～45%	2.5	10.0～15.5 (24～28 hrs)	110～180
술용 미국(도감 25%)	m = 35%	2.2	6～7 (124～32 hrs)	90～105
간장국	대두 1 : 소맥 1 m = 40～45%	2.9	31 (20～24 hrs)	440～550

표 1-3. 발열 최성기에 있어서 소요 통기속도

국의 종류	송입 공기온도 (℃)	배출 공기온도 (℃)	이론소용 통기속도 (ℓ/kg(건)・min)
피 국	28	34	63
된장용 미국	30	36	18～27
술용 미국	30	36	11～12
간장국	28	34	60

회전드럼식으로는 1951년에 Shinshu 된장연구소가 된장용으로 개발한 세트식이 있다(그림 1-13). 그림에 나타낸 바와 같이 횡형회전 드럼체 중에 각형의 국 퇴적조를 설치하여 그 위에 40~50 cm 층이 되게 국료(麴料)를 담는다. 배양상의 밑에서 조절공기를 통하여 16~20시간 후와 24~28시간 후 그리고 30~32시간 후의 3회로 나누어 손질의 생각으로 드럼을 회전시켜 국료를 붕괴시키면 좋다. 미국(米麴)에는 알맞으나 간장국에서는 약간 어려운 것 같고 특히 청소가 완전히 될 수 없는 단점이 있다.

이들 표면통풍식, 내부통풍식 중의 대표적인 기계제국 장치를 열거하였는데 이들 형식의 초기 시험에서는 종래의 국개 국에 비하여 기계국은 품온의 조절이 용이하여 부위의 차도 적다. 더욱이 2번 손질 후의 발열 최성기를 23~25℃ 정도의 저온으로 조절할 수 있는 경우에는 protease의 역가기 강하고 질소 이용률도 좋은 간장 덧으로 된다. 특히 여름철의 제국에 위력을 나타내나 공조기는 1실에 1기가 이상적으로 국(麴)의 발열량에 대응하는 냉각 열이 필요하다는 결과에 따라 3일국에서도 약간 젊게 느껴지나 4일국과 큰 차가 없다. 수분이 많고 출국 중량이 무거운 출국이 얻어지므로 양호한 이용률의 간장 덧으로 된다.

그러나 이들의 실험은 이미 국개 국(麴)에 의한 저온관리에서 힌트를 얻어 품온의 얼룩이 적은 기계제국의 특징을 충분히 이용하므로 더욱 좋은 결과가 얻어진 것으로 생각된다. 여기에 이르기까지 많은 데이터를 얻은 Terui 등의 1950년에서 시작한 일련의 연구의 공적은 크게 평가되고 있다.

1964년의 Myazaki 등의 연구 이래 내부 통풍에 의한 저온제국에 관한 시험 결과

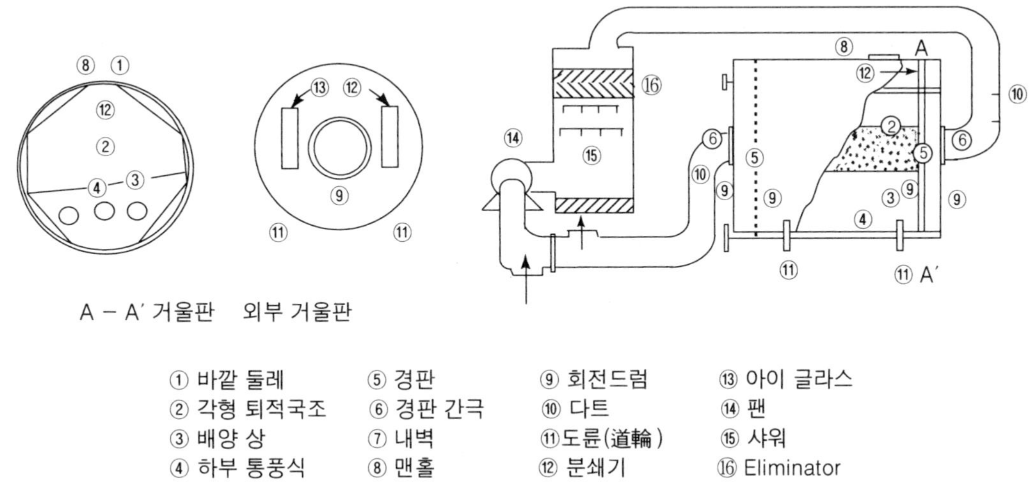

그림 1-13. 회전드럼식 제국기

가 속속 발표되어 기계의 성능도 개량되어 미생물의 동향 그리고 국균의 생육과정이나 생육온도와 효소역가의 소장 등에 대하여도 그 관계가 차차 밝혀지게 되었다. 그래서 이들의 많은 연구를 총괄하여 Haga(芳賀) 등은 이상적인 품질경과를 다룰 수 있는 조건(원료 배합비, 담기 수분, 국료 입자, 국실, 바람 조절기의 성능 등) 하에서 표준 온도경과를 그림 1-14(A, B)와 같이 제창하였다.

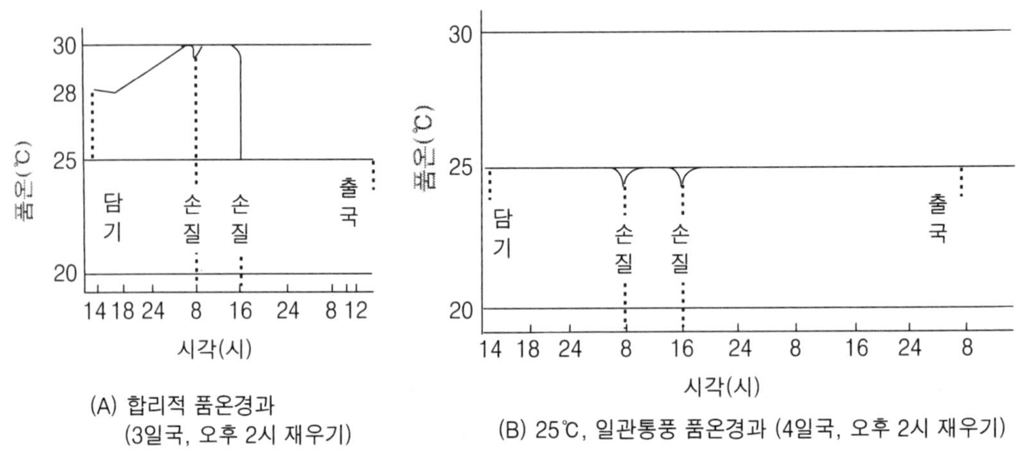

그림 1-14. 제국 온도경과(표준)

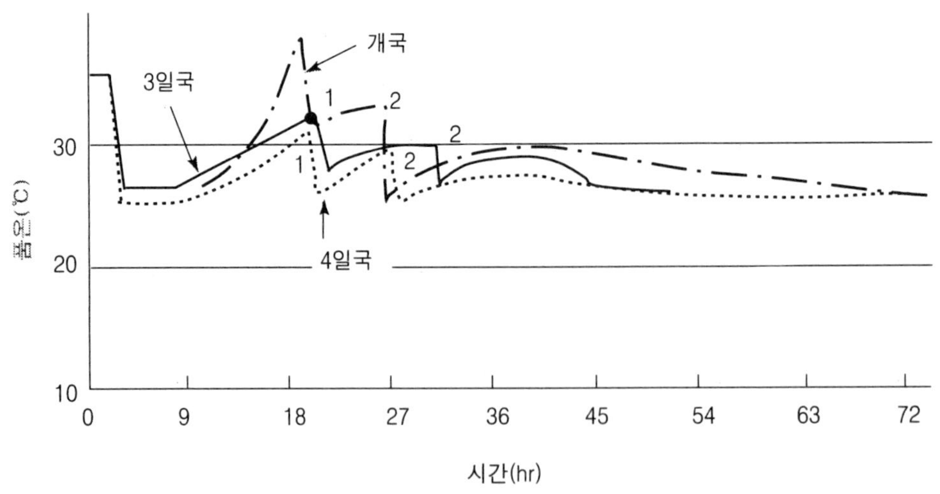

그림 1-15. 제국 온도경과(평균)

1. 1회 손질 —— 3일국
2. 2회 손질 ······ 4일국 기계국
—·— 개국(蓋麴)

여기에 호응하여 Tsubudani는 그림 1-15와 같은 기계에 의한 3일국, 4일국 그리고 판국(板麴)의 무난한 품온 곡선을 나타내었다. Haga 등이 제창하고 있는 그림 1-14의 품온 경과에는 약간 낮고 어느 쪽인가 품온을 그림과 같이 조절하면 그림 1-15와 같은 품온 경과가 얻어질 수 있다.

이와 같은 수많은 실험연구의 결과 1번 손질, 2번 손질까지에 충분히 균사를 생육시켜(여기에는 품온을 35℃ 전후까지 올려도 지장이 없다) 2번 손질 이후는 품온을 가능한 한 30℃ 이하, 균종에도 따르나 이상적으로는 23～25℃ 전후에서 3일간에서 출국하는 방법이 제품의 품질, 질소의 이용률, 작업의 난이도 등에 가장 좋은 결과가 얻어지는 것을 알았다.

즉, 기계국에 의한 이상적인 국균의 생육방법 그리고 각종 효소의 역가 배분, 제국법과 여기에 서로 호응으로서 명확하게 되어 원료의 이상적인 처리법(대두원료의 종피 제거, 석성 증자도외 그 방법, 소맥의 품종, 초전 정도, 할쇄 정도 등)에 따라 표 1-4와 같이 나타내며, 이처럼 기계제국이 공헌한바 참으로 크다. 내부통풍식 세국장치가 실용에 공급된 지 약 10년 정도가 되어 기계의 성능, 부품, 기계개량 등이 진행되어 합리적 기술의 진전이 보이고 질소의 용해 이용률, 제품의 품질 등도 최고의 것이 얻어지게 되었다.

오늘날과 같이 고 이용률의 국(麴)에서는 품온 경과 이외에 잡균오염에 의하여 저하도 큰 인지로 되어 있는 것이 알려져 이것에 관한 경고가 보고되었다. 예를 들면, 조습수의 오염경로나 그 대책, resazurin 색소를 사용한 오염도의 간이 신속판정법 등에 의한 NK관을 이용한 관내 혼합법, 국실 전(前) 등의 오염작업상 위에서 양미[(兩味 : 국료(麴料)] 혼합 폐지의 제창 등이다.

기계제국법의 혁명기라고 말하는 1970～1980년경부터 제국공정 중에서 잡균오염을 막는 구체적 대책으로서 다음과 같은 것이 있다.

표 1-4. 질소의 용해 이용률의 동향

개략 연대	원료처리	제 국	간장 덧 관리	질소의 용해이용률
1955년 이전	유부(유부)	국개 국 4일	상온 담금	65% 전후
1930년대	NK처리	국개 국 4일	상온 담금	75% 전후
1960년대	NK 처리	통풍제국	상온 담금	78～80%
1965년대	NK 처리	내부 통풍저온 3일	냉온 담금, 적온	80～85%
1971년대	고온(압)단기간처리	내부 통풍저온 3일	양조	87～92%

① 국(麴) 원료가 접촉하는 모든 기재를 청결하게 할 것
② 증자 대두의 수분이 과다하지 않게 할 것
③ 초전 할쇄 소맥의 분말부분이 30% 이상 되게 분쇄하고 관에서 나온 증지 대두를 빨리 혼합할 것
④ 종균은 잡균오염이 없고 발아가 빠른 것을 사용할 것
⑤ 종균 접종시의 온도는 40℃를 넘지 않을 것 등의 주의가 있다.

1965년대 후반에 이르러 종국의 발아 촉진방법 나아가서는 2일국의 가능성 등이 나왔다. 또 눈으로 보는 제국이라는 시점에서 Kitahara 등은 주사형 전자현미경에 의한 관찰 결과를 보고하였다.

2.6 대두국의 양부 판정

국(麴)의 품질 평가는 판개(板蓋) 시대의 옛날과 기계제국의 오늘날의 개념도 완전 뒤집는 기준으로 되어 있다.

1) 옛날의 감별법

(1) 색 조

분생자의 색은 국균의 종류, 생육의 정도에 따라 한결같지는 않으나 일반적으로 생육됨에 따라 당황색, 황록색, 녹색, 녹갈색, 갈색 등의 것이 많다. 그래서 대두 부분이 알칼리성(암모니아 발생 등)으로 되면 황색으로, 소맥부분이 산성으로 되면 황록색에서 녹색을 띤다.

(2) 분생자의 착생

국개 국 하나하나의 표면이 백색의 균사를 남기고 약간의 분생자 착생기에 들어감에 따라 가운데 층이나 아래 층은 분생자가 완전히 착생 발생하여 선록색 내지 진한 녹색으로 되어 있는(4일국)을 상강(霜降) 살결 또는 상강국(霜降麴)이라 하고, 비정상의 제국조작이 일어지지 않을 때에는 이와 같은 국이 얻어진다.

분생자가 중층부에 약간 착생하고 하층부가 백색으로 되어 있는 것을 백국(白麴)이라 하는데, 이것은 국실 내의 공기 유통이 나쁘고 습도나 온도도 지나친[소국(燒麴)] 것으로 생각한다. 상화국(上花麴)이라 불리고 상층과 중층 부분에 비교적 많은 분생자의 착생이 보이는 경우가 있다. 이것은 백국(白麴)의 경우보다도 한층 고온으로 되어 그 고온이 장기간 계속되는 경우에 생기고 좋지 않는 국(麴)으로 생각한다.

기타 화교국(花交麴)이라 하는 국층 내 각부에 띠 모양 또는 덩어리 모양으로 분생자가 난착하는 경우도 있다. 이것은 양미[兩味 : 국료(麴料)]의 혼합 불량이나 조잡한 손질에 의하여 생기는 것으로 생각한다. 흑침국(黑寢麴)이라 하여 *Mucor*나 *Rhizopus*로 침입되어 회흑색으로 된 향기, 색택도 불쾌한 것으로 불량국의 가장 싫어하는 것으로 생각한다.

(3) 향기

출국의 향기는 제품의 품질에 밀접한 관계가 있으므로 가장 중요한 감정인자의 하나로 헤아린다. 부드럽게 부푼 모양이라 하여 방향을 방출한 것이 좋으므로 산취가 있는 것, 자극취가 있는 것은 좋지 않다.

(4) 맛

파정입(破精込)이 깊고 순도가 높은 국이면 씹어서 깨어보는 사이 약간 가미를 느끼는 것이다. 이것이 고미를 느껴지게 되면 좋지 않다.

(5) 파정입(破精込)

미국(米麴)의 파정입이란 색다르게 육안으로는 알 수 없으나 콩 알갱이부분에 균의(菌衣)가 두껍게 착생하면 콩 알갱이가 상당히 위약하여 손끝으로 벌어지기 쉽다. 이것을 간장국의 경우의 파정입(破精込)이라 한다. 좀처럼 분별하기가 곤란하나 파정입(破精込)이 좋은 것이 좋다. 후일 Kato 등은 간장국의 대두립, 탈지가공대두립도 다 같아 미국에서 말하는 파정입(破精込)과 같은 세포벽 내에 균사가 침투하여 충분히 그 자리에 내용을 용해하는 것은 아니고 세포벽 간극에 따라 침입하는 것뿐이라고 보고하였다.

(6) 국령(麴令)

보통 담금 날에서 계산하여 제4일 아침 출국한다. 이보다 빠른 것을 약국(若麴)이라 하고, 늦은 것을 노국(老麴)이라 한다. 이것은 유부(留釜)에서 국개 국으로 할 때의 것이고 지금 생각하면 우습다. 당시는 약국(若麴)으로 담그는 것은 제품의 향미는 양호하나 색택이 연하고 간장 덧의 용해도나 수비율(垂比率)도 나쁘고, 노국(老麴)에서는 향미의 점에서는 떨이지나 숙성도 양호하고 수비율이 많다는 설이 있다.

양조시험소의 비교실험에서는 역으로 약국(若麴) 쪽이 성적이 좋다는 결과를 내고 있다.

(7) 중량

출국의 중량은 국균 생육의 양부에 지배되는 수가 많고 실험에서는 중량이 무거운 쪽이 품질이 좋다고 하고, 출국 중량은 품질 감정의 중요한 인자가 된다고 한다. 당시의 출국의 원 1석당의 표준 중량은 35～36관 정도의 것이 30～32관이라 한다. 이것을 원 1 kℓ로 환산하면 750～650 kg 정도이고 큰 차이가 있으며, 일반적으로 상당히 가볍게 되었다.

2) 오늘날의 감별법

위에서 설명한 것과 같이 간장국의 품질평가의 기준은 NK처리의 보급 이래 평가의 생각을 다시 하였다. 그래서 가장 새로운 기술에 기초하여 간장국의 구비하여야 할 기본적인 조건으로서 다음의 4가지가 열거되고 있으며, 여기에 저자 의견을 덧붙여 설명한다.

① 효소류, 특히 단백질 분해효소류를 다량 함유하고 있을 것
② 간장 덧 공정에서 활약 할 유용미생물을 적량 함유하고 있을 것
③ 최종 제품의 품질 열화를 초래하는 잡균류가 적은 국일 것
④ 원료의 소모가 적은 국일 것

이상의 기본적인 조건을 만족하는 좋은 국이 어떤가를 실제의 공장 국(麴)에 대하여 판정하는 데는 다음의 관능적 평가와 과학적 평가로 나눈다.

(1) 관능적 평가

① 향기 : 상쾌한 국향이 있고 산취, 낫토 냄새 등이 없을 것
② 균사의 생육도 : 소위 파정입(破精込)이라고 부르고 있으나 국료(麴料)의 표면 그리고 내부로 균사가 충분히 신장하고 있는 것
③ 화부(花付) : 균종, 3일국, 4일국의 차로 다르나 산뜩한 색으로 마무리 된 것이 좋다.
④ 손의 감촉 : 알맞게 촉촉하고 푹신한 것이 좋고 거칠거칠하고 점조성인 것은 좋지 않다.

(2) 과학적 평가

① 출국 수분 : 네 계절에 따른 특징, 원료의 종류, 원료의 처리법 차이 등으로 품온, 손질시기 등이 다르게 변동한다.
② 출국 중량 : 단위, 담는 양 당의 출국량으로서 물료의 소모 정도나 국균의 생

육 정도의 지표, 더구나 담금 탱크의 국의 분배량 지표로 하고 있다.

③ 효소 역가 : 보통은 수종의 pH로 protease 활성(milk casein을 기질로 하는 Hagiwara 변법이 많다.), 액화형 그리고 당화형 amylase 활성 등을 측정하는 경우가 많다. 상세한 것은 단백질 가수분해효소만이 아니고 protease 7종류, aminopeptidase 2종류, carboxypeptidase 4종류 등이 알려져 있다. 이외에 amylase cellulase, hemicellulase, pectinase 등의 간장양조에 깊이 관여하고 있다. 그러나 이들 전부를 일상 관리로서 측정하는 것은 무리가 있는 것으로 생각한다.

④ 국 소화시험 : 출국 70 g을 18.5% 식염용액 140 mℓ와 잘 혼합하고 마개를 한 후 40～43℃에서 때때로 교반하면서 14일간 소화하고 소화 간장 덧과 그 여액을 분석하여 질소용해 이용률, F. N/T. N. 또한 당의 이용률 등을 측정한다. 이에 따라 원료처리의 양부, 상기 항의 각종 효소의 양 그리고 조성 등을 총합한 형의 출국의 역가를 판정한다. 국의 소화율과 간장 덧의 용해 이용률 사이에는 그림 1-16에 나타낸 것과 같이 높은 상관관계가 있다.

⑤ 균학적 검사 : 현미경에 의한 계수법, 탁도법, 각종의 분별배지에 의한 생균수 측정법 등이 있다. 그러나 이들의 측정은 보통의 공장에서는 일상 관리에 집어넣는 것은 번잡하고 곤란하다. 전술의 방법이나 잡균의 catalase 활성에 의

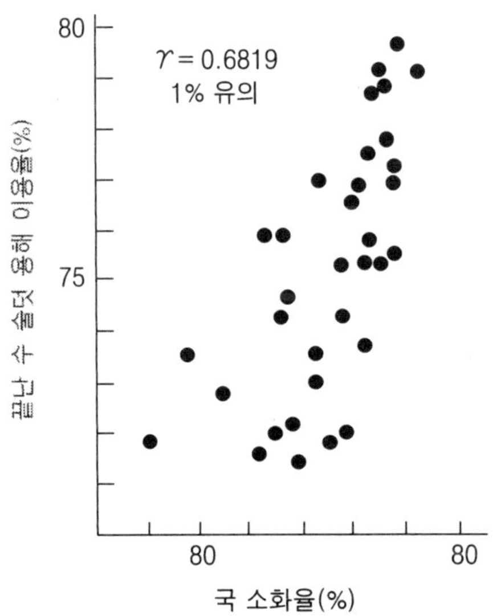

그림 1-16. 국 소화율과 발효가 끝난 간장 덧 용해 이용률과의 관계

한 과산화수소의 발포도에서 판정하는 방법은 유효로 생각한다. 또한 casein 응집작용을 이용한 protease의 간이 측정법도 동시에 다수의 비교 측정이 가능하므로 현장 시험이나 일상 관리용이라고 생각한다. 그래서 작금에는 통풍 제국장치의 주류는 원반 회전형으로 집중하여 마이콘을 조입한 자동계측형, 자동제어형의 것이 나오고 있다.

3. 일본 된장 덩이 국[味噌玉麴]

대두국을 식염수에 담금을 하여도 간장 덧을 만드는 데 2년간 숙성시키면 즙액[타마리(溜)이라 한다.]이 되므로 옛날에는 이것을 분리하여 나머지를 Tamari-miso(溜 味噌)라 하여 판매하였다. 그러나 Tamari를 억지로 갈라놓은 나머지는 지미가 없어 콩 된장으로서는 품질이 떨어지므로 오늘에는 급수(식염수)를 적게 하여(6% 이하) 단단히 담아 그대로 콩된장 제품으로 한다.

Aichi(愛知), Kihu(岐阜), Mie(三重)의 동해 3개현에 한정되어 생산되는 Tamari(溜) 그리고 콩된장은 쌀이나 보리를 사용하지 않고 대두만을 원료로 하여 이 대두는 모두 일본 된장 덩이 국(米噌玉麴)이라 하는 대소 형상의 성형 국으로 만들어 내고 식염과 혼합하여 담금을 한다. 아래에 된장 덩이 국(味噌玉麴)의 제법을 설명한다.

3.1 일본 된장 덩이 국(味噌玉麴)의 역사

된장 덩이가 언제부터 만들어 왔는지는 밝혀지지 않았으나 자가 양조 된장의 제법에 전통적으로 받아 이어져 온 것이므로 그 역사는 상당히 오래인 것으로 추정된다. Motoyoshi(本吉) 대두라 불리는 대립으로 단백질, 당질이 풍부한 대두를 4～5시간 증숙하고 더울 때 절구에 넣어 찧어 이긴다. 이것으로부터 가로 세로 약 10 cm, 길이 14～15 cm의 장방형체의 된장 덩이를 만들어 짚으로 십자 걸이로 하여 처마에 매달아둔다. 된장 덩이의 크기는 일정 기준은 없고 각 집에서 각각의 형이 다르다. 된장 덩이 표면은 청, 황, 적 등의 각종 색의 곰팡이가 생겨 덩이에는 갈라진 금이 생긴다.

5월에 처마 밑의 된장 덩이를 내려 수세미로 씻어 표면의 곰팡이를 잘 씻고, 이것을 하룻밤 물에 담가 다음날 칼로 끊어 다시 절구에서 찧고 식염을 섞으면서 종수를 가하여 통에 담는다. 또 Sinshu(Nakano 현)에서도 이전에는 된장 덩이를 사용하여 된장 만들기가 널리 이루어졌으나 약 30년 전에서는 거의 자치를 감추고 현재에는 겨우 Matsumoto시(松本市) 주면에 다음과 같은 전통적인 된장 덩이 된장이 보이고 있다.

기타의 지방 특히 고랭으로 습도가 낮은 4월에서 5월 상순의 2개월 기간에 증자대두를 35℃까지 냉각 후 10 × 10 cm의 입방체 또는 원주를 기본으로 한 된장 덩이로 만들어 약 20일간 실온에 방치한다. 된장 덩이에는 국균은 접종하지 않으므로 효소(protease, amylase 등)의 생성은 거의 없으나 증자대두에 증식하기 쉬운 잡균(*Bacillus* sp.)이 억제되고 통성 무산소성의 유산균이 우세하게 증식되어 유산을 많이 생성하고 된장에 독특한 풍미를 부여한다.

된장 덩이에 미국, 식염으로 담그고 6개월～1년간 숙성시킨 것이 된장 덩이 된장(味噌玉味噌)이다. 메이지 초기(1868년)의 Tamari(留), Tamari 된장용의 된장 덩이 만들기, 담금에는 다음과 같은 기록이 있다.

앞날, 대두를 물에 담그고 (약 3시간), 다음 날에 날이 밝아지면서 불을 때우기 시작하여 하루 동안 불을 때우고 다음 날까지 때운다. 그 밤 12시경부터 증자된 콩을 꺼내어 어린아이 머리 크기로 손으로 둥글게 덩이를 만들고 제국하게 된다. 제국은 약 80일간으로 그 사이에 덩이를 대할(크게 쪼갬), 소할(작게 쪼갬)한다.

국균을 위시하여 곰팡이는 덩이의 표면에 생기므로 덩이를 쪼개서 새로운 파쇄면에 곰팡이를 증식시키기 위해서다. 보온은 가마니 몇 장으로 조절하고 만들어진 국은 30～50일간 건조하고 나서 담금을 한다. 담금 시의 급수는 아주 상품에서 7～8수(水), 보통 품에서는 13수(水)까지 한다.

담금 기간은 8～9개월에서 2년간을 걸쳐 일찍 끝마무리 하여도 반드시 입춘이나 입추 중 하나를 거쳐야 한다. 숙성 후 Tamari 즙을 나누어서 된장은 곧 판매하나 Tamari는 15～30일간 두었다가 앙금질을 한다.

3.2 일본 된장 덩이 국의 제법

그림 1-17에 일본 콩된장의 제법, 그리고 그림 1-18에 Tamari의 제법 중에 콩된장용과 그리고 Tamari용의 된장 덩이 국의 제법을 나타내었다.

1) 대두의 처리

공된장(大豆味噌)용의 된장 덩이 국(味噌玉麴)은 오직 환 대두를 사용하여 만든다. 증자된 콩의 수분이 많으면 제국이 곤란하게 되나 증자 콩의 수분은 침지 시의 흡수에 의하여 규제되므로 대두의 침지는 겨울에 3시간, 여름에는 2시간 이내로 하여 대두기 충분히 수분을 빨아들이고 나서 중량이 원료 대두의 1.6～1.7배로 늘어난 시점에서 침지를 끝낸다.

침지 대두는 충분히 물 빼기를 하고서 증기로 찐다(증자). 이전에는 평부(平釜)를 사용하여 6~7시간의 무압증자를 하였으나 다시 유부(留釜)라 하여 하룻밤 그대로 솥 안에 방치하여 다음 날 아침 대두의 온도가 약 80℃ 이상을 유지하는 방법

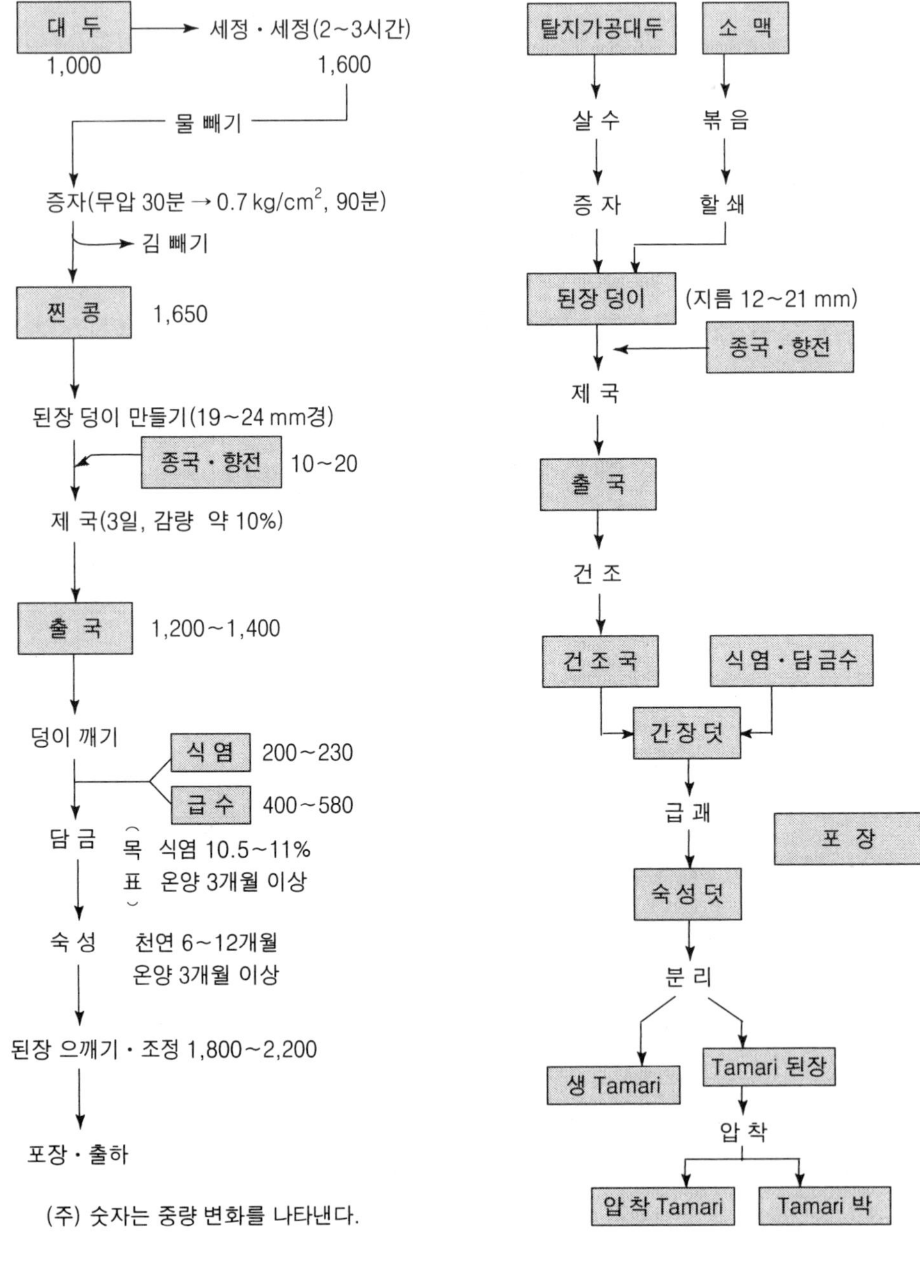

그림 1-17. 일본 콩된장(大豆味噌)의 제법

그림 1-18. Tamari의 제법

에 따른다. 최근에는 거의 NK관을 사용한 가압증자로 유부(留釜)하지 않고 그 날 중에 된장 덩이를 만든다. Tamari용의 된장 덩이 국에는 일부 환 대두도 사용되나 대부분은 탈지가공대두가 사용된다.

탈지가공대두의 경우에는 된장 덩이를 만들기 위하여 찰 지게 하기 위하여 배초, 할쇄 소맥이 사용된다. 탈지가공대두 : 소맥 = 9 : 1이 표준 배합이다. 탈지가공대두는 90～110%의 살수를 행한 후 8 Lbs, 90분간 정도 증자한 다음 할쇄 소맥을 혼합하여 된장 덩이를 만든다.

2) 일본 된장 덩이 만들기

파낸 증자대두(蒸煮大豆 혹은 증자 탈지가공대두와 할쇄 소맥의 혼합물)는 더운 상태(60℃ 전후)에서 된장 덩이 만드는 기계(그림 1-19)에 걸어 적당한 크기(직경)의 덩이를 만들어 낸다. 이 형식의 된장 덩이 만들기는 기계는 다이쇼 초기 경(1912년)에 시작되었다. 원료의 종류, 대두의 증자의 정도에 따라 날개(C)의 수를 증감 하고 혹은 상당히 길게 절단할 수 있는 나사(D)에 의하여 동장(胴長)을 신축시켜 덩이의 야무진 정도를 조절할 수 있다.

된장 덩이의 크기는 앞판(E)에 설치된 구멍의 지름에 따라 대소의 것이 있다. 팔정(八丁) 맛 된장용의 맛 된장은 가장 커서(지름 45 mm 이상), 일반 콩된장에는 작은 덩이(지름 19～24 mm), 또 Tamari용에는 가장 작은 덩이(지름 12～21 mm)가 쓰인다(그림 1-20).

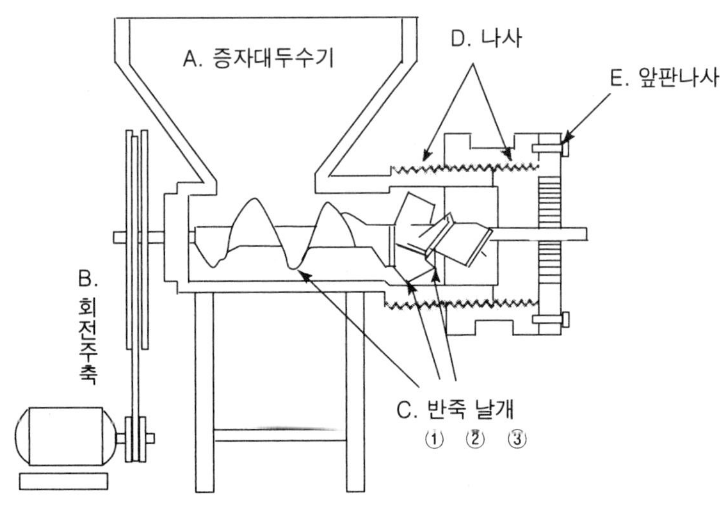

그림 1-19. 일본 맛 된장 덩이 만드는 기계

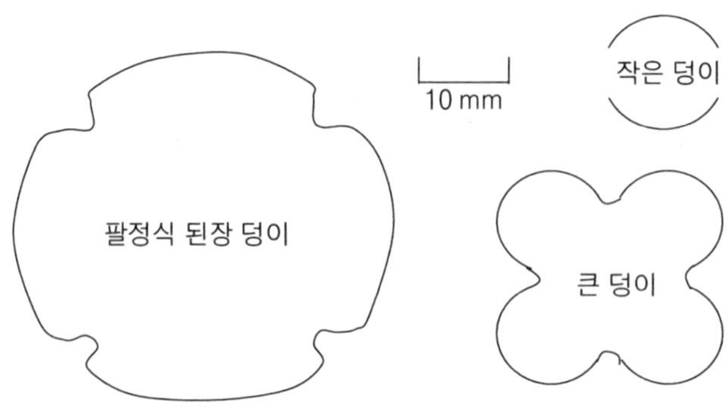

그림 1-20 .일본 맛 된장 덩이 만드는 기계 전판의 구멍 형상

3) 종균 접종

종국은 향전(香煎 : 대맥 또는 나맥을 볶아서 가루로 한 것)으로 증량한 것을 식힌 다음 맛 된장 덩이에 살포하고, 향전(香煎)은 증자 대두의 수분이 많은 경우 된장 덩이가 작을 때는 사용량을 증가시킨다. 그러나 보통은 원료의 1.5%(중량) 이상을 사용한다.

4) 일본 된장 덩이 제국

이전에는 국개법에 따랐으나 현재에는 모두 기계제국법으로 변하였다. 된장 덩이국의 제국에 있어서 가장 주의를 요하는 것은 수분과 온도의 관리이다. 종균 접종을 끝낸 맛 된장 덩이의 수분은 약 50%로 많다. 더욱이 덩이로 되어 있으므로 제국중의 수분 발산은 늦고 수분관리에 충분한 주의가 요구된다. 또 제국 초기의 고온 경과는 낫토 균 등의 잡균을 유발하기 쉬우므로 30℃ 이하로 유지하는 쪽이 안전하다.

(1) 국개법

국실은 일저(一底) 담기, 이저(二底) 담기의 어느 것이나 사용되나 여름철이나 국실 피로 시에는 일저 담기로 한다. 품온은 예로서 재우기 후 28℃ 정도로 유지하고, 25～26시간 정도로 품온 37～40℃로 되어 1번 손질을 하고, 이로부터 수분을 증발시키기 위하여(국실의 건습구 차를 3℃ 이상) 6～8시간에서 37～39℃로 되어 2번 손질하고, 이후는 필요하면 뒤바꾸기를 행한다.

하적(下積)으로는 경과가 늦어지는 것을 위쪽으로 올리는 등의 조작을 행한다.

표 1-5. 통풍 제국에 있어서 통풍 제한치(수은주 mm)

국의 종류		원 료	층 높이(cm)	통풍저항
된장용 미국(米麴)		환미(혼미)	30	3～11
		외쇄미	30	20～60
된장 덩이	큰 덩이	환대 탈지대두 혼합	20	5～10
	작은 덩이	환 대두	20	50
간장 국		탈지대두, 밀기울	20	150
피국(밀기울 국)		밀기울 : 왕겨 3 : 1 1 : 1	 20 30	- 150 150

된장 덩이의 손질은 수분을 증발시키는 것이 목적이므로 물료를 섞어 약간 단단하게 되어 오는 덩이와 덩이를 떼어놓게 다루고 비빌 필요는 없다. 출국은 보통 3일국으로 약국(若麴) 쪽이 된장의 색택, 풍미가 우수하다고 한다.

(2) 기계제국기

각종 형식의 기계제국기가 일찍부터 된장 덩이 국용에 도입되었다. 이것은 원료 대두의 모두를 제국하기 위한 설비 노력이 강하고 또한 앞에서 설명한 것과 같이 맛 된장 덩이 국에서 특히 중요한 수분관리가 국실의 경우보다도 쉽게 가능하기 때문이다.

또 기계제국 시의 온습조절 때문에 송풍의 효율 목표가 되는 통풍 저항 값도 맛 된장 덩이에서는 비교적 낮다(표 1-5). 기계제국의 품온 경과는 재우기 후 약 10시간까지는 27℃를 유지하고, 12시간 이후는 일관하여 30℃를 유지하는 방식이 채용되고 있다. 출국(3일국)은 원료 1톤에서 환 대두 사용 1,200～1,400 kg 탈지가공대두 사용 1,200～1.300 kg이다.

5) 출국의 건조

일본 된장 덩이 국의 수분은 덩이의 크기에 따라 다르나 3일국에서는 40～45%로 많고, 급수에 꽉 채워있는 Tamari 담금은 어렵다. 이전에는 식염용액의 된장 덩이 내부에의 침입에도 시간이 걸리기 때문에 원료 1톤에서의 국 1,000～1.030 kg로 될 때까지 건조하고 나서 담금에 사용하였다. 최근에는 담금에 있어서 국 총중량을 칭량하여 국의 수분을 측정하여 급수량, 담금 염수 농도를 결정하므로 건조는 거의 하지 않는다.

제 2 장

대두국의 효소 생성

1. 일본 된장국(味噌麴)

1.1 효소의 생성과 기능

국(麴)은 Takamine 박사의 diastase의 개발 이래 소위 효소의 보고로서 주목되어 왔다. 된장양조에 있어서 이들의 여러 효소그룹의 종합적인 작용의 결과로서 원료의 대두나 쌀(보리) 등은 전혀 다른 여러 성분의 창출이 이루어지고 있다.

된장의 발효·숙성의 중요한 역할을 하는 효소로서는 단백질 가수분해효소 그룹(peptidase를 포함하여), 다당류 가수분해효소 그룹, 지방질 가수분해효소 그룹, glutaminase, phytase 등이 있다. 미립에 국균이 생육할 때 생육조건으로서는 원료미의 품종과 도정 비율(정미비율), 배양온도, 수분, 접종량 등이 열거된다. Nara 등에 의하면 쌀의 품종에 대한 영향은 그렇게 크지 않고 도정비율(정미비율)에 대하여는 90%와 80%에서 증식에 활기를 회복하는 데 현저한 차가 인정되고, 최고 증식속도에 있어서도 85%의 경우에는 분명히 90%보다 낮았다.

배양온도 35℃를 중심으로 하여 상하로 벗어나면 도정비율의 저하가 증식속도의 저하에 현저히 양향하게 된다. 증미 수분에 관하여는 25~45℃에서는 35% 수분에서는 활기를 회복하나 40~45% 수분에 비하여 늦어진다. 증식속도의 변화는 가장 크고 피크도 높으며, 유도기를 지나서의 증식속도는 다른 수분량에 비하여 가장 빠르다. 국균의 증식에 최적인 수분활성은 0.980~0.990의 사이에 있고, 이것은 수분 35%가 나타내는 수분활성 값에 가깝다. 배양온도는 25~42℃의 사이에는 35℃가 최적이다. 접종 균량을 바꾸는 경우 증식곡선의 활기 회복의 지속에 영향하나 증식속도의 변화나 최고 속도에는 영향하지 않는다.

효소생산에 미치는 영향에 대하여는 쌀의 품종의 영향은 그다지 크지 않다. 도정

비율에 대하여는 amylase계 효소는 도정비율이 큰 것은 약하고, protease계 효소는 역으로 강하게 된다. Protease는 인산이 많을수록 활성이 최대로 되므로 겨가 많이 남아 있는 쪽이 알맞다. Protease 역가는 군균의 증식속도와 정의 상관관계를 나타내고, 당 조성의 다소가 이것과 관련되고 있다.

온도에 관하여는 glucoamylase의 생성은 30℃, α-amylase와 산성 carboxy-peptidase는 35℃, 그래서 proteases는 25~30℃이다. 수분과의 관련은 예로서 30~42℃에서는 수분 35%가 작당하다. 수분이 많아지면 국 중의 glucose 생성이 촉진되어 축적되는 결과, amylase, protease의 생산이 쇠퇴하게 된다. 종국의 접종량은 증식속도의 차를 일으키나 효소 생성에 있어서 현저한 차는 인정되지 않는다.

1.2 미국 protease의 증강법

미국 제조 시에 탄산칼슘을 원석에 대하여 1% 이내로 첨가하면 amylase 역가에서는 영향되지 않으므로 protease(pH 7.0)의 역가가 대조국의 2~3배로 증강된다. 그 후의 연구에 의하면 탄산칼슘 이외의 생리적 염기성 화합물(MSG, 인산나트륨, 숙신산나트륨)에도 마찬가지 효과가 있다는 것을 알았다. 이때 인산염의 첨가는 효력을 증가시킨다. 또한 protease 생산 증강법으로 Ishigami(石神) 등에 의하면 제국시간을 단지 연장하는 것만으로는 protease(pH 6.0)의 효소역가는 증강되지 않는다는 것, 제국 중의 수분 보급을 한 경우 protease(pH 6.0 활성은 제국시간 연장보다도 1.3배 증강하였다.

제국 중에는 제국 보조제(숙신산 이나트륨 : 인산 일나트륨 = 2 : 1)를 첨가하고 수분을 높이므로 protease(pH 4.0)는 다시 4배 가까이 증강하였다. 또 제국 중에 제국 보조제를 가하고 수분을 보급함으로써 통상의 제국시간 보다 10~15시간을 단축할 수 있었다. 그리고 Harayama(原山) 등에 의하면 제국 중에 수분을 보급하면 국균의 생육을 촉진시키나 glucose 저해에 의하여 protease 생산의 큰 증강은 기대되지 않는다. 그래서 제국 중에 제국 보조제를 수분의 보급과 함께 직접 혹은 bean flavor(두부 비지의 건조물)를 개재하여 간접 첨가하면 protease(pH 6.0) 활성이 48시간 이상에서 표준적인 국의 6~9배 생산되었다. 비교적 수분이 많은 국이라도 glucose 저해를 제국 보조제로서 방지할 수 있다. Glutaminase 활성은 단위 glucosamine당 거의 일정하였다.

1.3 Amylase의 활성과 protease 활성의 균형

된장용 미국의 효소 역가에 대하여 전분 당화효소에 대하여는 충분한 효소역가가 얻어지므로 아마도 단백질 분해를 담당하는 protease 역가가 높은 것이 요구된다. 특히 국 비율이 높은 쌀된장과 보리된장에 있어서는 amylase는 충분하고 보리된장의 경우에는 amylase 역가가 지나치게 높으면 담금 후의 된장의 당화, 연화를 촉진하여 오히려 좋지 않는 수가 있다.

따라서 된장용 국의 효소 구성을 보면 protease역가의 증감이 문제로 된다. Protease를 작용 최적 pH의 면에서 산성 protease(pH 3부근에 최적 pH 영역을 가지는 protease), 미산성 protease(pH 6부근의 최적 pH 영역을 가진다) 그리고 알칼리성 protease(pH 8 전후에 최적 pH 영역을 가진다)의 3그룹으로 나눈다. 이들의 protease 효소군 중 된장의 발효에 관계에 깊은 것은 미산성 protease이라는 것이 알려져 있다. 그리고 polypeptidase에 대하여서도 산성 carboxypeptidase Ⅰ, Ⅱ~Ⅳ, leucine aminopeptidase Ⅰ Ⅱ Ⅲ은 된장 중의 protease의 역가와 높은 상관관계를 가진 것으로 알려져 있다. 따라서 미국의 protease의 첨가방법으로서 실용적으로 미산성 protease의 역가를 측정하므로 적어도 leucine aminopeptidase의 역가를 예측하는 것은 가능하다.

미국의 protease가 대두단백질에 작용하여 peptide를 생성하여 여기에 peptidase가 작용하여 정미성의 아미노산(glutamic acid나 aspartic acid 등)을 생성하나 이 작용에는 leucine aminopeptidase가 주로 하여 관여하는 것으로 생각하고 있다. 그러면서도 미국의 특징으로 간장국이나 피국을 비교하여 leucine aminopeptidase가 약하다는 경향이 있다. 이 효소는 균체 내 효소이고, 이것을 높이기 위하여 국의 균체량을 증가시킬 필요가 있다.

1.4 Glutaminase

Glutaminase는 glutamine에서 glutamic acid를 생성하는 효소이고, 된장양조에 있어서 중요한 역할을 하고 있다. 이 효소도 균체 내에 머무르는 효소와 균체 외로 유리되는 효소로 되어 있으나 균체 내 효소는 pH 안정성과 내염성이 우수하다. 그리고 식염의 저해작용을 받기 어려우므로 된장 중에서의 glutamic acid 생성에 대하여 이것들 이외 것이 중요한 역할을 하고 있다.

된장보다 간장양조에 있어서는 glutaminase의 작용은 보다 중요하여 본 효소의 연구도 앞서 있고, 특히 glutaminase 효소활성이 높은 국균의 선발에 성공하고 있다. 된장양조에 있어서 glutamine, glutamic acid 그리고 pyroglutamic acid의 3자의 균형이 문제로 된다. 대두단백질의 가수분해에 의하여 생성되는 glutamine에서 glutaminase의 작용에 의하여 glutamic acid가 생성되나 이 때 낮은 pH, 고온의 조건하에서 pyroglutamic acid로 된다.

1.5 지방질 가수분해효소와 esterase화 효소

된장 숙성 중에는 lipase에 의하여 가수분해를 받아 지방산과 glycerol을 생성한다. 쌀된장의 경우에는 이리하여 생성된 유리 지방산은 총 지방산의 8~16%까지 증가한다. 그래서 그 일부는 다른 알코올 발효의 결과로 생성된 ethanol과 반응하여 ethyl ester를 형성한다. Ester화 율은 최고 90%, 최저 19% 그래서 평균 62.4%로 되어 있다. 지방산 ester는 된장의 향미인자로서 극히 중요할 뿐만 아니라 *Salmonella*균의 benzpyrene 등에 의한 변이원성 물질의 작용을 저지한다는 주목되는 연구발표가 있다. 각종의 지방산 ester 중에는 lenoleic acid ethyl가 특히 저지효과가 크다.

1.6 Phytase

곡물이나 두류 중에는 phytin, phytic acid가 함유되어 이들은 영양상 필요한 무기질과 강한 착화합물을 형성하여 흡수될 수 없는 상태로 되기 때문에 좋지 않은 성분으로 되고 있다. 이들에 대하여는 국 중에 함유되어 있는 phytase가 작용하여 인산과 inositol로 분해한다. 그 결과 phytin의 착화합물은 소실되고 새로이 내염성 효모의 생육인자인 inositol을 생성하게 된다.

1.7 Tyrosinase

된장의 갈변현상은 주로 비효소적인 amino-carbonyl 반응에 기초하나 polyphenol oxidase의 tyrosinase의 촉매로 하는 효소적인 갈변반응도 어떤 영향을 미치고 있다. 이 효소적인 갈변은 대두국 제조 중에는 확실히 나타나고, 미맥국의 경우에도 인정된다. 특히 이들 국의 물 추출액을 냉실에 두면 청자색으로 변색되고, 이것은 tyrosinase가 tyrosine, dopa 등의 phenol성 물질을 기질로 하여 효소적 반응을 한 결과로 본다. 이 종류의 효소반응은 고농도식염 존재 하에서 억제되나 된장의 경우에는 약간만 인정된다. 이 종류의 변색은 청자색이므로 된장의 색조를 어둡게 하고, 맑고 깨끗하게 하는 데는 약간이라도 좋지 않다.

1.8 Hemicellulase

국(麴)의 hemicellulase는 대두 등의 원료 중의 세포벽 기타의 조직을 구성하는

hemicellulose를 분해하여 내용물의 용출을 쉽게 하는 작용이 있는 동시에 분해 생성물인 단당류, 특히 오당류를 유리하여 이것이 된장의 갈변을 촉진한다.

국의 hemicellululase로서는 xylanase, arabinase, mannase 그리고 galactanase에 대하여는 효소 생성조건 그리고 다른 효소와의 관련 등이 밝혀져 있다. 균총의 녹색이 진한 깃, 분생자병이 짧은 것, 이들의 효소역가가 높은 것, arabinase 활성과 galactonase 활성과의 사이에 고도의 상관관계가 있고, arabinase 활성은 중성 그리고 알칼리성 protease 활성과의 사이에 상관관계가 있다.

2. 일본 간장국(醬油麴)

간장은 간장국의 만일 한 효소로 이루어진 것이 아니고 여러 종류의 효소의 공동 작용에 의하여 만들어 내므로 공존하는 각종의 효소의 양적 균형이 간장의 품질에 있어서 중요한 인자로 된다.

종래 간장국의 제조와 효소생성에 관한 총설이나 여러 재료집이 수없이 있다. 여기에서는 간장 국균 효소의 다양성, 간장에 있어서 protease의 생산량, 간장국으로서의 각 효소의 필요량의 목표, 간장국의 원료배합 비율과 효소생산 등에 대하여 최근의 지견을 소개한다.

2.1 일본 간장 국균 효소의 다양성

간장 국균이 생성하는 각종 효소에는 아주 다양하고 동일 작용의 효소라도 기질 특이성이 최적 작용 조건이 서로 다른 것도 있다. 이 사실은 간장의 원료인 대두와 소맥의 복잡한 조직과 화학조성을 가진 식물종자를 완전히 분해・가용화하는 데 유효하다.

1) Protease(proteinase와 peptidase)

대두, 소맥의 단백질은 간장 국균이 생성하는 소위 endo형 proteinase에 의하여 우선 평균 아미노산 잔기수로 약 9~13의 peptide로 분해・가용화한다. 이것이 다시 소위 exo형 proteinase에 의하여 아미노산까지 분해한다. 즉 국균의 proteinase에 의한 단백질의 분해에는 2단계에서 이루어지고, 각각 양 효소가 역할을 분담하고 있다.

간장 국균은 proteinase로서 지금까지 알려진 것만으로도 알칼리성이 1종, 중성이 2종, 산성이 3종, semi-alkaline성이 1종(표 2-1), peptidase로서는 적어도 leucine amino acid가 7종, 산성 caroboxy가 4종, alylamidase가 1종이나 이르는 다수의 proteinase를 생성한다(표 2-2).

이와 같이 다양성을 나타내는 proteinase는 기질특이성이 서로 다르고, 여러 종류의 peptide 결합을 분해될 수 있게 하여 고분자의 단백질을 완전히 분해·가용화·아미노산화 하는데 유효하다. 간장양조에서는 이 가용화가 양의 향상을 위하여 질소 이용률, 아미노산화가 질(지미)의 향상 때문에 분해율은 중요시 되고 있다. 즉 간장양조는 단백질 이용공업이다.

Protinase와 peptidase에 의하여 원료 단백질에서 유리된 glutamine(총 glutamic acid의 약 46%)은 간장국균이 생성하는 적어도 2중류의 glutaminase에 의하여 지미의 주체로 되는 glutamic acid로 분해한다.

2) 다당류 가수분해효소 등

간장 국균은 주로 소맥의 녹말을 dextrin, maltooligo당, maltose로 분해한다. α-Amylase를 적어도 1종 생성한다. 그리고 또 이들 생성물 maltose 등은 적어도 3종이 생성되는 glucoamylase에 의하여 glucose까지 분해한다. 주된 것은 소맥의 세포벽의 결정(불용성) cellulose는 cellulase C_1에 의하여 활성형(가용화) cellulose로 되

표 2-1. 간장 국균이 생성하는 proteinase의 다양성

Proteinase	종류·명칭	분자량/ 103
알칼리성 proteinase (미생물 serine) EC 3.4.21.14	1 2 Ⅰ~Ⅲ : Ⅰ~Ⅳ	23, 22, 25, 25~30, 20.5 18, 3525 -
중성 proteinase (미생물 금속) EC 3.4.24.4	Ⅰ, Ⅱ 1 Ⅰ. ⅡA, B 3	41, 19.3 ; 41.7, 19.8 ; 45, 19 70 38, 30 42
산성 proteinase (미생물 aspartic) EC 3.4.23.6	Ⅰ~Ⅲ 3 A1a, b, 2 2 E1, a, b, 2, M1, 2 1	39, 100, 31 36, 61, 125 63,32 40. 39.5, 65 60, 55, 49, 42, 220,130 38
Semi-alkali성 proteinase	1	32, 34, 24

고, 이것이 다시 적어도 4종이 생성되는 cellulase Cx에 의하여 cellobiose로 분해하여 다시 이것이 적어도 1종 생성되는 β-glucosidase에 의하여 glucose까지 분해한다. 간장 국균은 대두 세포벽의 pectin을 비환원말단의 C_4와 C_5 위치 사이에 불포화 결합을 가진 galacturonide로 분해하는 pectin lyase를 적어도 2종 생성한다. Pectin을 polygalacturonic acid(pectic acid)로 분해하는 pectin esterase는 적어도 2종 생성한다. 다시 이것을 oligo, monogalacturonic acid로 분해하는 polygalacturonase는 적어도 1종 생성한다.

표 2-2. 간장 국균이 생성하는 peptidase의 다양성

Peptidase	종류·명칭	분자량/ 103
Leucine aminopeptidase EC 3.4.1.1	Ⅰ ~ Ⅶ 5 3 1,2 1	26.5, 61, 55, 130, 100, 39, 170 26.5, 40, 61, 99, 145 - 140 -
Aminopeptidase Dipeptidase EC 3.4.13.1	1 1	60, 60, 60~65, 220 -
산성 carboxypeptidase (serinecarboxypeptidase) EC 3.4.16.1	Ⅰ ~ Ⅳ 3 01, 2, O Ⅰa, b, Ⅱa, b 1	120, 105, 61, 43 43, 61, 125 63, 155 230, 133, 59 70, 53
Allylamidase EC 3,5.1.13	1	130
Glutaminase EC 3.5.1.2	1 2 Ⅰ ~ Ⅳ	123 81 -
Trosinase EC 1.14.18.1 Aminoacylase EC 3.5.1.14	Ⅰ ~ Ⅲ 1	150 -
Amine oxidase EC1.4.3.4	1	225 × 5

표 2-3. 간장 국균이 생성하는 다당류 가수분해효소의 다양성

다당류 가수분해효소	종류 · 명칭	분자량/ 103
α-Amylase EC 3.2.1.1	1	51, 23
Glucoamylase EC 3.2.1.3	I ~ III 1	76, 38, 80
α-Glucosidase EC 3.21.20	I ~ III 5	107,
Cellulase C_X EC 3.2.1.4	4 A~D 2~3 13	17.5, 22, 31, 89, - - 고분자 8, 저분자 5
β-Glucosidase EC 3.2.1.21	1	218,
Pectin lyase EC 4.2.2.10	2 3~4 1	32, - 50
Pectin esterase EC 3.1.1. 11	2	50
Polygalacturonase EC 3.2.1.15	1	-
Oligoxyloglucanhydrolase	1	230
β-Mannase EC 3.2.1.78	1	53
α-Galactosidase EC 3.2.1.22	I ~ III	265, 254, 56
β-Galactosidase EC 3.2.1.23	1 I , II	112 110, 110
α-Mannosidase EC 3.2.1.24	1	50
β-*N*-Acetylglucosamidase EC 3.2.1.30	1	146
Transglucosidase	1	80
Fructosyltransferase	1	112
Tannase EC 3.1.1.20	1	200

주된 것은 대두 세포벽의 xyloglucan 부스러기 oligo당을 isopurimeberose로 분해하는 oligoxyloglucan hydrolase는 적어도 1종 생성한다. 주된 것은 대두 세포벽의 galacturomannan은 적어도 1종 생성하는 β-mannase에 의하여 분해한다.

적어도 3종류 생성된 α-galactosidase는 대두의 소당류인 raffinose, stachyose를 분해한다. 또 이것과 invertase는 대두 단용 국에 있어서 국균의 생육에 중요한 역힐을 하는 짓으로 생각한다(표 2-3).

3) 핵산 가수분해효소 등

원료, 간장 국균체, 유산균체, 효모균체 등의 ribonucleic acid는 간장 국균이 생성하는 적어도 5종의 ribonuclease 또는 phosphodiesterase의 작용을 받아 분해하여 nucleotide로 되고, 이것이 다시 적어도 7종류 생성되는 phosphatase에 의하여

표 2-4. 간장 국균이 생성하는 핵산 가수분해효소의 다양성

핵산 가수분해효소	종류・명칭	분자량/ 10^3
Ribonuclease EC 3.1.27.1	T_2A, B 고분자	36, 100
Ribonuclease EC 3.1.27.3	T1	11
Ribonuclease	L, $L_{s1,\ 2}$	46
Ribonuclease EC 3.1.4.23	II	
Endonuclease EC 3.1.30.1	S1	32
Nuclease	O	64
Deoxynuclease EC 3.1.22.2	$K_{1,\ 2}$	
Deoxynuclease	1	15, 6
알칼리성 nuclease EC 3.1.3.1	I ~ III	
산성 phosphthase EC 3.1.3.2	$I_{a,\ b}$, $II_{a,\ b}$	
Allylsulfatase EC 3.1.6.1	I ~ III 3	140, 105, 57, 94, ±7.1

nucleoside(uridine)로 되고, 이것이 다시 ribonucleosidase의 작용을 받아 핵산염기(hypoxanthine, xathine, guanine, cytosine, uracil, adenine)에 이르는 것으로 생각한다. 간장양조의 과정에서 일어나는 미생물의 자기 소화는 지미성분의 생성에 중요한 역할을 하고 있는 것으로 막연하게 생각하여 왔으나 특별한 지미성분은 발견되지 못하였다.

적어도 2종류 생성되는 phytase에 의하여 대두의 phytin이 inositol로 분해하여 이것이 간장발효의 주체로 하는 내염성 효모의 내염성 부활에 큰 역할을 하는 것으로 보고 있다(표 2-4).

4) 다양성의 해명

활성화되지 않는 세포내 alkaline proteinase Ⅰ은 alkaline proteinase inhibitor 복합체를 형성하여 보다 고분자의 불활성화체로서 존재한다. 마찬가지로 Ⅱ와 Ⅲ도 Ⅰ의 복합체보다도 더욱 고분자의 모양으로 존재하여 활성화에 의하여 활성이 증가하고 저분자 측으로 천이한다.

Alkaline proteinase는 Ⅳ → Ⅲ → Ⅰ → Ⅱ의 변화가 일어나고, Ⅲ과 Ⅳ는 가장 안정한 Ⅰ의 전구체로 되고, Ⅱ는 분자 내에 nick가 들어가기 쉽게 붕괴과정의 분자종이라고 추정하고 있다.

균체 외의 산성 proteinase(E1a, b, 2)의 단백질 부분은 모두 동일하고, 분자량의 차는 당 함량에 유래한다. 또 당 함량의 차는 거의 galactose 함량의 차에 의한다. 또 피국에서 생성되는 A_1과 A_2의 단백질 구분은 같으며, A1은 당단백질로 A_2는 당을 거의 함유하지 않는다.

Leucine aminopeptidase 1은 5.5S와 3.6S의 2개의 단백질 구분으로 되고, 2는 1,62S의 하나의 당단백질로 되어 있다. 산성 carboxypeptidase는 본래 고분자형의 O로 생성되어 serine(알칼리) proteinase에 의하여 한정적으로 processing을 받아 저분자형의 O_1, O_2로 변환한다.

Protyrosinase Ⅰ은 serine proteinase에 의하여 Ⅱ와 Ⅲ로 분자 전환되고, 다시 이들은 aspartic(산성) proteinase에 의하여 한정분해를 받아 활성화되는 것으로 추정된다.

2.2 효소 생성량의 목표

정제 효소표품의 비활성을 알면 간장국에 있어서 각종 효소의 생성량(단백질 중량)을 산출할 수 있다.

예를 들면 각종의 proteinase의 활성 생성량은 간장국의 추출액을 직접 gel 여과 chromatography에 걸어 비교적 간단히 알 수 있다(표 2-5, 표 2-6, 표 2-7). 이것으로 계산하면 간장국 1톤당 각종 proteinase의 생성량은 효소 단백질로서 약 2 kg로, 결국은 제국이란 효소공업이라는 것이다.

다음에 간장의 분석치 등과 여기에 관여하는 간장국에 있어서 활성과의 관계 등

표 2-5. 간장국에 있어서 proteinase의 생성량

Proteinase	분자량 $\times 10^3$	Casein(단위 /g국)		생성량 ug/g국
		pH 3	pH 7	
산성 I	39	44.1(75.1)	-	317(46.8)
산성 II	100	10.0(17.0)	-	-
산성III	31	4.6(7.8)	-	-
중성 I	41	-	80.0(7.5)	131(9.9)
중성 II	19.3	-	8.7(0.8)	152((11.5)
Semialkali성	32	-	55.4(5.2)	-
일칼리성	23	-	929(86.6)	418(31.7)
합 계		58.7(100)	1073.1(100)	1,318(100)

( )내는 %로 표시

표 2-6. 간장국에 있어서 leucine aminopeptidase의 생성량

Leucine amino peptidase	분자량 $\times 10^3$	Leu-Gly-Gly	Leu-β -naphthyl amide	Leu-p-nitro anilide	생성량 ug/g국
I	26.5	0.102(12.8)	0.684(61.9)	2.420(91.8)	319(36.5)
II	61	0.246(30.8) }	0.342(30.9) }	0.163(6.2)	54(6.2)
III	55	0.145(18.2) }	(III이 주체) }	0.047(1.8)	301(34.4)
IV	130	0.152(19.0)	0(0)	0(0)	200(22.9)
V	100	0.111(13.9)	0.003(0.3)	-	-
VI	39	0.009(1.1)	0.071(6.4)	-	-
VII	170	0.034(4.3)	0.001(1.1)	0.002(0.1)	-
Allyl amidase	130	0(0)	0.005(05)	0.003(0.1)	
합 계		0.799(100)	1.106(100)	2.635(100)	874(100)

( )내는 % 표시

표 2-7. 간장국에 있어서 산성 carboxypeptidase의 생성량

산성 carboxypeptidase	분자량 ×10³	Cbz-Glu-Tyr	Cbz-Ala-Glu	생성량 ug/g 국
		단위/g 국(%표시)		
I	120	0.180(52.9)	0.146(86.4)	9.9(9.9)
II	105	(II가 주체)	(I가 주체)	18.9(19.2)
III	61	0.049(14.4)	0.005(3.0)	61.6(62.5)
IV	43	0.111(32.7)	0.018(10.7)	6.2(8.3)
합 계		0.340(100)	0.169(100)	98.6(100)

에서 종래의 간장 제조법의 조건으로서 간장국에 있어서 국균효소 생성의 필요량을 목표를 구한다.

1) 총 protease

여기에서 30℃에서 1분간에 milk casein(pH 7)에서 1 ㎍의 tyrosine 상당량을 유리하는 효소량을 tyrosinase 활성의 1단위라 한다. 간장국 1g 당의 총 proteinase 활성을 증가시켜 가면 활성이 1,100 단위 이상의 경우 얻어진 간장 덧의 질소 이용률은 그렇게 증가하지 않게 된다(그림 2-1). 따라서 간장국으로서의 높은 질소 이용률을 얻기 위하여 총 proteinase 필요량의 목표는 1,100 단위/g · 국이다.

국균의 육종에 의하여 총 proteinase 활성이 1,100 단위/g · 국에 달한 경우, 그리고 질소 이용률을 향상하기 위해서는 총 proteinase 활성을 증기시키기 보다는 leucine aminopeptidase 활성을 증강시키는 쪽이 효율이 좋고 살균(화입) 앙금량도 감소되는 것으로 안다.

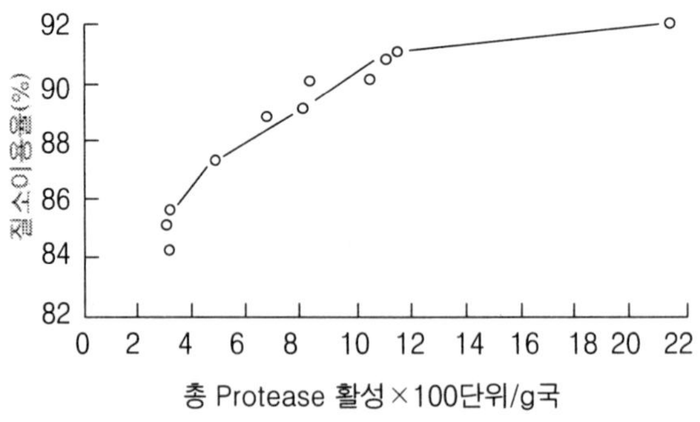

그림 2-1. 간장국 중의 총 proteinase 활성과 질소 이용률과의 관계

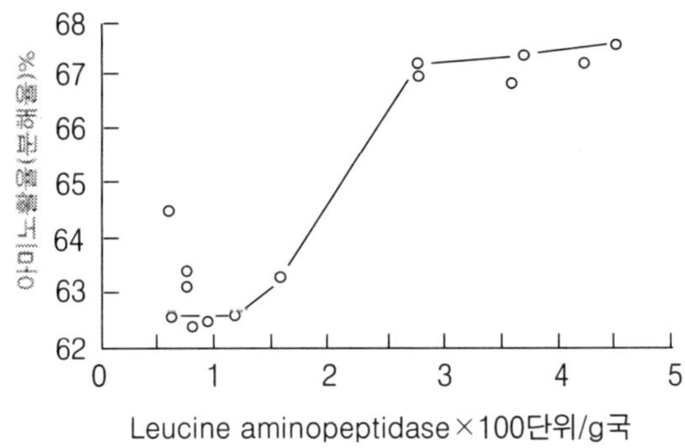

그림 2-2. 간장국의 leucine aminopeptidase E 활성과 생간장의 아미노화율과의 관계

2) Leucine aminopeptidase

37℃에서 1분간에 Leu-Gly-Gly에서 1umol의 leucine(효소법으로 측정)을 유리하는 효소량을 leucine minopeptidase E 활성의 1단위라 한다. 간장국 1 g당의 본 효소활성이 30단위 이상의 경우, 얻어진 생간장의 아미노산화율(formol 질소/총 질소)은 그렇게 증가하지 않는다(그림 2-2). 따라서 간장국으로서 높은 간장의 아미노화 비율을 얻기 위한 leucine aminopeptidase E 필요량의 목표는 30단위/g・국이다.

3) Glutaminase

국균의 glutaminase는 간장국에 있어서 대부분(약 94%)이 균체 내에 존재하므로 간장국의 glutaminase 활성으로서는 균체 내의 활성만을 측정하면 충분하다(표 2-8).

30℃에서 1분간에 glutamine에서 1umol의 glutamic acid(효소법으로 측정)을 생성하는 효소량을 glutaminase E 활성의 1단위로 한다. 간장국 1 g당의 균체 내 glu-

표 2-8. 간장국의 glutaminase 그리고 peptidase의 총 활성에 대한 균체 내 활성의 비율

효 소 명	균체 내 / 총 활성
Glutaminase E	94.2%
Leucine aminopeptidase G	19.3
Leucine aminopeptidase B	2.7
산성 carboxypeptidase	14.3

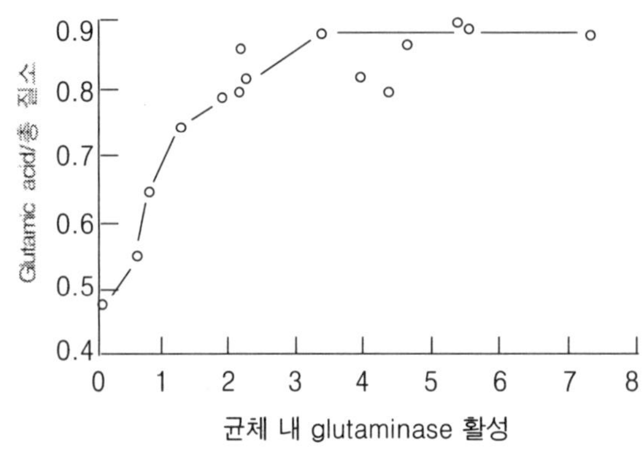

그림 2-3. 간장국 중의 균체 내 glutaminase E 활성과 생간장 중의 glutamic acid / 총 질소의 관계

taminase E 활성이 3.3단위 이상의 경우, 얻어진 생간장 중의 glutamic acid /총 질소는 0.885로 그 이상은 증가하지 않는다(그림 2-3). 따라서 높은 간장의 glutamic acid 생성량을 얻기 위하여 간장국으로서의 균체내 glutaminase 필요량의 목표는 3.3단위 /g · 국이다.

즉, 그 이상 간장국에 있어서 glutaminase를 생성시킨다는 것은 간장 국균에 의한다는 것은 간장 국균에 의한 단백질의 생성량에 한계도 있으므로 무의미한 것이고, 이 몫은 다른 유용한 효소의 생성으로 돌리는 것이 합리적으로 생각한다.

4) α-Amylase

간장양조에 있어서 α-amylase의 필요량은 *Aspergillus sojae*의 낮은 수준의 생성량으로 충분하고 *Asp. oryzae*의 높은 수준의 생성량은 필요하지 않은 것으로 생각한다. 녹말의 유효 이용을 위하여 간장의 α-amylase 생산량의 다소보다는 제국 시에 있어서 간장 국균에 의해서 간장국의 glucose 소비량의 대소 쪽이 크다고 생각된다(표 2-9). 또 간장 국균이 생성하는 효소는 언제나 살균(화입) 앙금으로 되므로 이들은 많으면 반드시 좋다는 것은 아니고 균형 있게 각종 효소를 생산하는 것이 필요하다.

5) Pectinase

간장 제조공정에 있어서 기계화가 가장 늦은 것은 압착공정으로 이것은 간장 덧이 잘 흘러내리지 않기 때문이라 한다. 간장 덧의 점도, 압착성에 크게 관여하고 있

표 2-9. 간장국에 있어서 *Asp. sojae*와 *Asp. oryzae*에 의한 α-amylase 생성과 glucose 소비량의 비교

	α-Amylase		Glucose 소비량	
국균	*Asp. sojae*	*Asp. oryzae*	*Asp. sojae*	*Asp. oryzae*
시료수	35	54	35	54
최고치	7,050	46,880	132	182
최저치	2,030	680	38	99
평균치	3.763	16,937	92.6	141.1
표준편차	1,574	3,400	23.5	19.0
to 값	6.86		10.71	
유의차 검정	***		***	

*** : 0.1% 유의

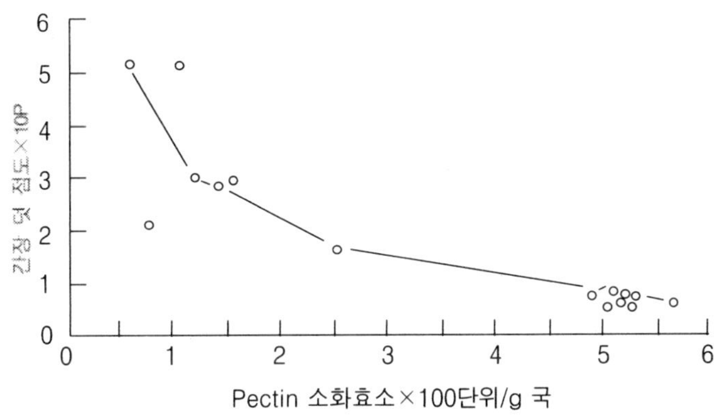

그림 2-4. 간장국의 pectic acid 액화효소 활성과 간장 덧 점도

는 효소는 pectin 액화효소(주로 pectin lyase라고 생각한다)와 CMC(carboxy-methylcellulose) 액화효소(주로 cellulase C_X라고 생각한다)라는 것을 알았다. 그런데 cellulase C_X는 여과조제로 되는 cellulose를 분해한다는 것보다 아마도 주로 대두 세포벽의 xyloglucan의 분해에 관여하는 것으로 생각한다.

25℃, 30분간에서 pectin용액의 점도를 59%저하시키는 효소량을 pectin 액화효소 활성의 1단위로 한다. 간장국 1 g당의 본 효소활성은 250단위 이상의 경우, 얻어진 간장 덧의 점도는 그렇게 저하되지 않는다(그림 2-4). 따라서 간장국으로서는 낮은 간장 덧 점도를 얻기 위하여 pectin 액화효소 필요량의 목적(목표)은 250단위/g·

국이라고 추정한다.

2.3 원료배합과 효소생성

간장국의 원료배합을 18단계(85 : 15 ~ 0 : 100)로 바꾸어 제국하고 소맥의 사용비율과 간장국에 있어서 효소생성과의 관계를 조사하였다.

그 결과 소맥의 사용비율이 증가할수록 산성 proteinase, 산성 carboxypeptidase,

표 2-10. 소맥 사용비율과 간장국에 있어서 효소생성과의 관계

효 소 명	측 정 기 질	상 관 관 계
간장국의 출국 pH		-0.990***
간장국의 glucose 소비량		0.947***
산성	Milk casein	0.957***
산성	Cbz-Glu-Tyr	0.951*********
Pectin	Pectic acid	0.931***
녹말 당화효소	녹말	0.790***
녹말 액화효소	녹말	0.675***
β-Glucosidase	Salicine	-0.980***
β-Galactosidase	ONPGal	-0.931***
Pectin lyase	Pectin	-0.926***
Glutaminase E	Glutamine	-0.917***
Leucine aminopeptidase B	Leu-2NNap	-0.878***
Alkaline proteinase M	Milk casein	-0.822***
Alkaline proteinase S	대두 단백질	-0.781***
Leucine aminopeptidase G	Leu-Gly-Gly	-0.780***
Xylanase	Xylan	-0.706**
Total proteinase S	대두단백질	-0.696***
중성 proteinase S	대두단백질	-0.649**
Pectin 당화효소	Pectin	-0.562*
Total proteinase M	Milk casein	-0469*
Pectic acid 당화효소	Pectic acid	0.456
중성 proteinase M	Milk casein	0.317
CMC 당화효소	CMC	0.208
Pectin 액화효소	Pectin	0.199

시료 수 = 18, *** : 0.1 유의, **: 1% 유의, * 5% : 유의

pectic acid 액화효소(endo-polygalacturonase), 녹말 당효소(주로 glucoamylase), 녹말 액화효소(α-amylase)의 생성이 많아지는 경향이 인정된다. 즉 소맥의 사용비율이 많을수록 국균에 의한 glucose 소비량의 증기에 따라 구연산 생성이 증가하기 때문에 간장국이 낮은 pH 경과를 거쳐 산성 측에서 작용하는 효소가 많이 생산되는 것으로 생각된다(표 2-10).

역으로 대두의 사용비율이 증가할수록 β-glucosidase, β-galactosidase, pectin lyase, glutaminase B(Leu-β-naphthylamide 기질)과 G(Leu-Gly-Gly 기질, nihhydrin법), alkalinc protcinasc M(milk casein 기질)과 S(대두단백질 기질), xylanase, 총 proteinase S와 M, 중성 proteinase S, pectin 당화효소의 효소생성이 많은 경향이 인정되었다. 즉 대두의 사용비율이 많을수록 간장국이 높은 pH 경과를 거쳐 알칼리·증성 측에서 작용하는 효소가 많이 생성되는 경향이 있다.

따라서 간장양조에 특히 필요하다고 하는 효소류(알칼리성·중성 proteinase, leucine amino-peptidase, glutaminase 등)는 대두의 사용비율이 많을수록 많이 생성되는 경향이 인정된다.

2.4 효소의 균체 내외의 분포

종래에 국균 peptidase는 균체 내 효소로 생각하였으나 본 효소는 물에서 간단히 추출되므로 대부분이 균체 외 효소이다. 또 역으로 국균 glutaminase는 간장국에 있어서 간단히 추출되지 않으므로 균체 내 효소이다. 이 효소 내의 glutaminase(약 96%)는 2종류가 존재하고, 균체 내 유리형(약 27%)은 periplasma(세포막과 세포벽 사이)에 국재하고 있거나 혹은 세포벽에 느슨하게 결합하고 있어 균체 내 결합형(약 70%)은 세포벽에 굳게 결합하고 있는 것으로 생각한다. 간장 덧 중에도 glutaminase는 균체에 존재하므로 기질인 glutasmine이 균체와 접촉하여 glutamic acid로 변환되는 것으로 생각한다.

〈결 론〉

이상과 같이 간장 국균은 여러 종류의 효소를 생성하나 간장국의 품질평가 때문에 총 proteinase(milk casein 기질, pH 7), leucine aminopeptidase P)(leu-*p*-nitro-anilide 기질), pection 액화효소, CMC 액화효소, 균체 내 glutaminase H(hydro-xysamat법)의 5종의 효소활성을 지표로 하여 측정하는 것을 권장하고 있다.

간장 국균에 의하여 생성되는 많은 효소의 정제되어 그 성질과 역할 등이 명확하게 되어 있다(표 2-7, 표 2-8, 표 2-9, 표 2-10). 그러나 flavor 효소에 관한 연구는 적어 장래 해명될 것을 기대한다. 예를 들면 간장의 중요한 향기성분인 4-guaiyacol은 ferulic acid에서 *Torulopsis* 효모에 의하여 생성된다.

종래 이 출발물질인 ferulic acid는 lignin이 간장 국균이 생성하는 lignin 분해효소에 의하여 분해하여 생성되는 것으로 생각한다. 그러면서 lignin은 lignocellulose 복합체로서 식물체에 존재하고 있기 때문에 lignin의 단위 골격구조 간 결합의 분해는 상당히 어렵다. 최근에 소맥의 세포벽 성분인 다당 ferulic acid ester를 분해하여 ferulic aid를 생성하는 ferulic acid esterase가 흑곰팡이에 존재한다는 것이 보고되어 있으므로 이 효소에 의한 ferulic acid가 생성되는 것으로 생각된다. 이와 같이 ferulic acid의 생성에 관여하는 간장 국균 효소에 대하여는 불명한 것이 많다.

단계적 중회기분석법을 사용하여 해석한 결과 간장 덧 점도와 여과성에 관여하는 효소로서 xylanse는 설명 변수로서 선택되지 않았다. 따라서 hemicellulase는 압착성에 대한 관여는 적고 hemicellulose보다 착색의 원인으로 되는 pentose도 생성되므로 간장국균에 의한 생성은 없는 쪽이 좋은 것으로 생각된다. 이점의 해명도 기대된다.

국균 glutaminase는 γ-glutamyltranspeptidase 활성을 가지며, 이 전달반응에 의하여 γ-glutamylserine, γ-glutamylglutamic acid, γ-glutamylalanine 등이 생성되어 pyroglutamic acid의 생성을 방지하는 역할이 있다. 또 이 반응에 의하여 단백질과 단백질이 결합하여 조직상물을 만들거나 분자 내 가교를 만들거나 간장 덧의 압착에 악영향을 미치는 것으로 생각한다. 이 점의 해명이 있기를 기대한다.

3. 일본 된장 덩이 국(味噌玉麴)

된장 덩이 국((味噌玉麴)은 대두만을 원료로 하여 이것을 공 모양(덩이)으로 성형하여 제국한 것으로 효소양상으로 보아 미국, 맥국과 다른 특징을 가진다.

3.1 Protease

그림 2-5에 각종 된장 덩이 국의 protease의 pH 작용 곡선을 나타내었다, 된장 덩이 국에는 작용최적 pH 3.0∼3.5의 산성 protease가, 그리고 작용최적 pH 6.0∼7.0의 중성 protease, 그리고 작용최적 pH 7.5∼9.0의 알칼리성 protease가 존재한다. 그래서 된장 덩이 국의 protease는 중성 내지 알칼리성 protease가 주체로 산성 protease(pH 3.3)의 역가를 100으로 하면 중성 protease(pH 6.0)의 역가는 236∼1,125로 된다. 마치 산성 protease가 주체로 중성∼알칼리성 protease는 약한 미국

과 대조적이다.

이와 같은 protease 조성의 특징은 제국원료의 C/N비(탄소화물/단백질의 비율)가 크게 영향하고 있다. 표 2-11에는 된장 덩이 국의 C/N비와 protease의 관계를 나타내었다. 대두 단용(C/N비 : 0.57)의 된장 덩이 국은 국균의 생육이 약간 떨어지고 또한 산성(pH 3.0) protease는 아주 미약하나 대두에 백미를 섞어 C/N비를 높이면 국균의 생육도 좋게 되고, 산성 protease의 현저한 증강 그리고 중성, 알칼리성 protease의 증강도 나타난다. 즉 대두 단용의 된장 덩이에서는 C원의 부족에서 국

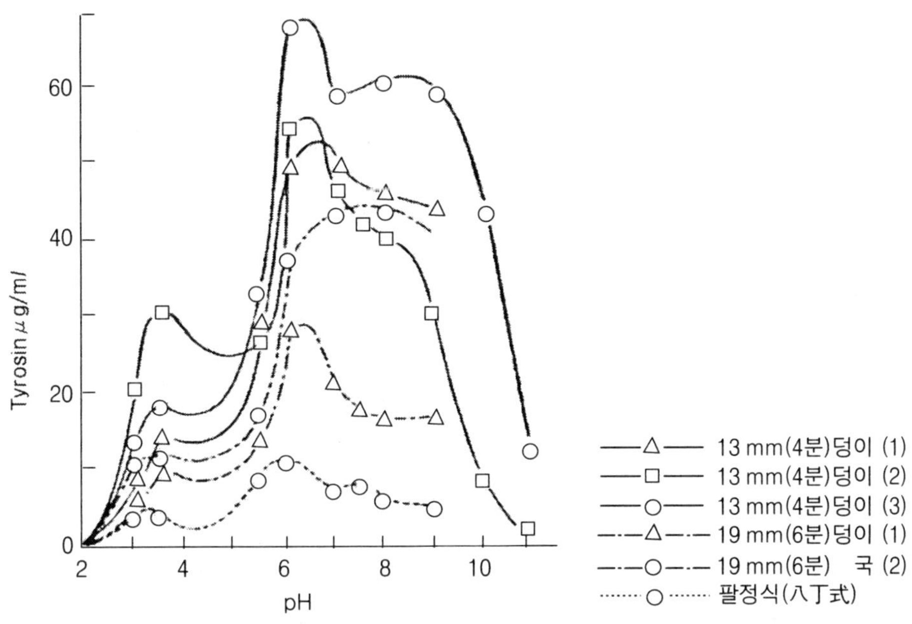

그림 2-5. 된장 덩이 국의 pH 작용곡선

표 2-11. 된장 덩이 국의 C/N와 protease

원료배합		C/N 비	Protease 역가(tyrosine ug/mℓ)		
대 두	백 미		pH 3.0	pH 6.0	pH 8.0
100%	0%	0.57	1.67	37.56	30.98
90	10	0.80	0.72	36.96	34.69
80	20	1.08	6.10	41.27	39.59
70	30	1.42	11.36	44.74	40.31

균의 생육, 효소생성의 억제가 생각된다.

역시 C/N 비를 바꾼 된장 덩이 국의 peptide의 형태에서 국균의 중성·알칼리성 protease는 대두단백질에 대하여 분해성이 강하고, 원료 C/N비가 달라도 숙성 된장의 peptide 형태는 아주 유사한 것이 인정되고 있다.

3.2 Protease 역가

표 2-12에 직경 19 mm의 된장 덩이 국을 나타내고, 표 2-13에는 크기(직경)가 다른 된장 덩이 국의 protease 역가를 나타내었다. 시료에 따라서는 상당한 차이가

표 2-12. 된장 덩이(직경 19 mm) protease, amylase

	Protease(U*)			Amylase(U/g)	
	pH 3.0	pH 6.o	pH 6.8	α	S
1	6.82	33.48	25.42	719	82
2	6.45	33.23	30.61	686	50
3	6.01	30.73	29.06	227	43
4	10.31	35.76	36.o9	294	51

* [PU] Cas. 35 · FR m.eq.try / 건물 1 g

표 2-13. 된장 덩이 국의 protease역가(tyrosine ug/mℓ)

덩이 직경		Proteinase 역가		
		pH 3.0	pH 6.0	pH 8.0
13 mm 4분	1	4.4	49.5	45.5
	2	5.7	37.7	45.7
	3	22.8	53.7	41.1
	4	12.6	69.1	65.6
	5	-	40.4	56.6
19 mm 6분	1	9.0	24.1	-
	2	10.0	38.1	44.0
	3	1.1	30.3	27.4
Hacho식	1	6.1	11.2	6.2
	2	2.5	16.7	6.4
	3	5.7	5.7	1.7

있으나 된장 덩이의 크기에 따라서 protease 역가에 큰 차이가 생긴다.

덩이가 클수록 산성, 중성, 알칼리성 protease 역가는 어느 것이나 약하게 되고, 특히 팔정식(八丁式) 된장 덩이(3)는 Tamari용의 13 mm 덩이 국의 10분 1 정도의 역가로 멈춘다. 된장 덩이 국의 amylase는 α, S 다 같이 미국, 맥국 등에 비하여 현저히 약하다.

표 2-14. 된장 덩이 국에 있어서 protease의 분포

시 료	부 위	pH	Protease 역가*			
			작용시간(분)	pH 3.0	pH 6.0	pH 8.0
13 mm (덩이) 4분	내층	6.70	30	1.1	21.7	22.7
			60	5.7	44.5	47.1
	전체 층	6.88	30	5.7	37.7	45.7
			60	6.2	61.1	71.9
	외층	6.97	30	5.7	50.2	63.9
			60	9.1	77.1	94.8
19 mm (덩이) 6분	내층	5.30	30	2.3	8.0	6.9
			60	4.6	18.3	12.6
	전체 층	5.90	30	1.1	30.3	27.4
			60	5.7	70.7 .	70.9
	외층	6.02	30	1.1	38.3	34.3
			60	7.9	70.8	71.62
Hacho식 덩이	내층	4.94	30	-	-	-
			60	2.3	2.5	2.1
	전체 층	5.29	30	2.5	16.7	6.4
			60	3.8	32.7	25.7
	외층	5.43	30	2.8	21.4	18.2
			60	10.7	52.6	51.7
Hacho식 덩이	내층	5.12	30	-	-	-
			60	-	-	-
	전체 층	5.36	30	1.1	5.7	1.7
			60	2.2	20.6	19.4
	외층	5.54	30	3.6	17.9	14.9
			60	4.6	46.8	44.5

* Tyrosine ug/mℓ

3.3. Protease의 분포

표 2-14에 크기(직경))가 다른 각종의 된장 덩이 국을 외층(표면 약 3 mm의 부분)과 내층(cork borer로 도려낸 덩이의 내부)으로 나누어 protease 역가를 비교한 것이다.

어느 된장 덩이 국에 있어서도 외층에 비하여 내층의 산성, 중성, 알칼리성 protease 역가는 약하고, 양자의 역가의 차는 큰 된장 덩이 국일수록 현저하게 된다. 특히 팔정식 된장 덩이 국에 있어서는 역가 측정 시의 작용시간을 60분으로 하여도 내층의 역가는 측정할 수 없을 정도로 약하다. 된장 덩이 국 제조에 있어서 국균 균사의 hazekomi(파정입, 破精込)는 덩이 표면에서 3~4 mm까지에서 생성된 protease가 덩이 내부에 침투하는 범위는 스스로 한정되어 팔정식(八丁式) 된장 덩이 국에서는 내부에는 거의 침투가 없는 것 같다.

한편, 된장 덩이 국의 pH는 소위 덩이에 있어서도 외층보다 내층이 낮고, 특히 큰 덩이일수록 pH 저하의 경향이 현저하다. 이것은 제 3장의 3(된장 덩이 국 성분)에서 설명한 것과 같이 덩이 내부에 있어서 유산균이 우세하게 증식하기 때문이다.

결론적으로 성형국인 된장 덩이 국은 효소생성의 면에서 보면 효소생성이 표층에 한정되어 효율적은 아니나 덩이의 내부에 있어서는 유산균의 증식, 유산의 생성을 꾀하고, *Bacillus* 등의 잡균을 억제하여 안전한 대두기질을 제국화하기 위한 기법이라 할 것이다.

제 3 장

대두국 성분

1. 일본 된장국(미소국, 味噌麴 : Miso koji)

국(麴)은 그 원료가 되는 도정미나 도정맥에 국균을 번식한 것이므로 그 성분은 본질적으로는 원료의 그것과 변하는 것은 없다. 단 제국 중에 원료성분의 일부는 국균의 생육과 호흡에 의하여 소비되고 또 국균의 여러 종의 효소에 의하여 분해작용을 받는다.

미국(米麴)의 일반 성분으로서는 수분 33.0%, 단백질 5.5%, 지질 1.1%, 당질 59.8%, 섬유 0.3%, 회분 0.3%, 칼슘 4 mg, 인 65 mg, 철 0.1 mg, 나트륨 2 mg, 칼륨 55 mg로 되어 있다.

미국 중의 녹말은 국균의 작용을 받아 일부는 분해하여 당류를 생성한다. Honma(本間)은 일본쌀의 조정비율 90%의 도정미를 사용하여 미국 중에 rhamnose, xylose, arabinose, fructose, mannose, kojibiose, isomaltose, maltobiose와 같은 당을 검출하였다. 또 Motohuji(本藤) 등은 액체 chromatography로 미국의 유리 당을 조사하여 총 당의 30%가 유리하고, 그 중 80%가 glucose이고, 올리고당은 총 당의 5.4% 존재하고 있는 외에 새로이 nigrose와 trehalose를 검출하였다.

맥국제조 중의 유리 당의 소장은 제국의 초기에는 원료 중의 sucrose는 급감하고 대신으로 glucose는 급증한다. 쌀의 단백질은 제국 중에 상당히 분해를 받아 저분자의 단백질로 변한다. Ito(伊東)는 파쇄 도정미를 원료로 하는 3일째 출국의 미국의 수용성 단백질을 disc 전기영동법으로 조사하여 21개의 피크를 얻어 이것을 SDS 전기영동법으로 조사하여 12개의 피크를 얻어 각각의 분자량은 10,000～90,000의 범위의 것이라 하였다. 이들의 전기영동법에 의하여 21개의 피크(pH 2.8～10.6)가 얻어지나 주요한 것은 pH 4부근의 산성 단백질이라는 것과 별도의 7개 당단백질의 존재를 확인하였다.

미국에는 특유의 밤 향기와 같은 방향이 있으나 이 향기와 관련하여 Kurihayashi(栗林)는 나맥의 원료로서 2일간 제국을 하여 이 출국을 사용하여 phenol성 물질을 검색하고 vanillic acid, ferulic acid 그리고 vanilline의 존재를 밝혀 주었다. 그래서 맥국의 밤 향기와 같은 방향은 이들 phenol성 물질이 하나의 인자로 되는 것으로 추론하였다.

국균이 생산하는 국산(麴酸 : kojic acid)에 대하여는 그 생성량이 사용균주에 따라 현저히 다르고, 오늘날에는 국산이 phenol성의 정색반응을 나타내는 외에 tryptophan, alanine, glutamic acid, tyrosine 등의 아미노산과 aminocarbonyl 반응에 의한 갈변을 일으키기 쉬운 사실에서 국균 생성균주는 사용하지 않는다. 또 국산 생성에는 보통의 제국시간으로는 불충분하므로 출국 중의 국산은 함유되는 경우에도 미량이다.

기타의 유기산은 구연산 44.4 mg, 호박산 29.7 mg, 유산 22.7 mg, 사과산 20.4 mg로 그 외 개미산, glycolic acid, 수산 등이 있다.

비타민에 대하여는 국균은 비타민 B_2, B_6, nicotinic acid, folic acid, pantothenic acid, inositol, biotin, thiamin, mevalonic acid 등을 생산하므로 국(麴) 중에는 이들의 대부분이 함유되었다. 비타민 B_2 생산성의 국균의 선택 육종에 의하여 비타민 B_2 함량이 많은 국을 만들어 된장을 담금하면 된장 중의 비타민 B_2 함유량을 높일 수 있다.

Mevalonic acid는 청주의 진성 화락균의 생육 필수인자이므로 된장 담금 후의 작용에 대하여는 밝혀져 있지 않다. 그리고 국균이 생산하는 deferrichrome은 청주의 착색에 관여하나 된장양조에서는 그 영향에 대하여는 밝혀지지 않았다.

2. 일본 간장국(장유국, 醬油麴)

간장국은 대두 또는 탈지 가공대두와 소맥의 소위 단백질 원료와 녹말원료의 혼합물을 국(麴)으로 제조한 것으로 일반 발효식품과 같이 녹말을 주체로 한 단일 원료로 국을 제조한 것과는 다르다. 간장의 농림규격에도 정의되어 있는 것과 같이 Usukuchi(淡口) 간장과 Koikuchi(濃口) 간장 원료의 혼합비율은 중량비로 대두(탈지 가공대두)와 소맥을 거의 동량으로 담는 것이 상법이다.

이 경우 탈지 가공대두에 120～130%의 살수를 하여 NK관에서 가압증자하고 jet condensor에 의하여 냉각된 증자대두의 수분의 표준치는 최근에는 60～65% 정도로 보고 있다. 여기에 할쇄 소맥을 섞어 담금 국료(麴料)의 수분은 42～50% 정도로 하여 제2 손질까지 수분은 그 정도 크기의 감소를 보이지 않고 이후 점차로 감소되어 출국에는 28～35% 정도로 마무리된다.

그 중에서도 Suzuki(鈴木)의 실험에서는 표 3-1에 나타낸 것과 같은 원료배합은 표 3-2에 나타낸 것과 같이 원료처리 조건으로 원(元) 9 kg(元 50석) 들이의 기계실에서 3일국을 표준적인 조건에서 제국한 바, 제국 시의 수분 그리고 pH의 변화는 그림 3-1에 나타낸 것과 같은 경과를 한다고 보고하였다.

이와 같이 1975년대에서는 출국의 수분은 33～35% 정도로 많고 저온 경과의 약국(若麴)이 적정한 것으로 되어 있었으나 기계제국이 나오기 시작하여 4～5년경부터는 출국 수분을 위시하여 질소, 탄수화물, 기타의 여러 제원은 아직 옛날의 국개(麴蓋) 국 이미지가 유형무형으로 남아 있어 표 3-3에 나타낸 것과 같은 수치를 보고하고 있다.

이와 같이 최근에는 전해진 표준대로 관리된 국이 얻어지게 되어 출국의 품질에 대한 연구보고는 그 공장의 기술 수준을 알리려는 걱정도 있고 이 종의 발표가 보

표 3-1. 원료의 배합

원 료 명	탈지 가공대두(kg)	소맥(kg)	계(kg)
대맥 : 소맥 5 : 5	2,900	2,900	5,800
6 : 4	3,450	2,300	5,750
7 : 3	3,900	1,900	5,800
8 : 2	3,700	1,000	4,700

원료 : 탈지대두가공, 연속 추출 타입
소맥, ICW

표 3-2. 원료의 처리 조건

처리조건	증자관	산수율(%)	증자조건	
			압 력	시 간
대맥 : 소맥 5 : 5	연속 증자관	135%	1.7 kg/cm^2	4분
6 : 4	〃	130%	〃	4분
7 : 3	〃	120%	〃	4분
8 : 2	〃	110%	〃	4분

소맥의 분쇄 정도는 30 mesh, 30%로 하였다.

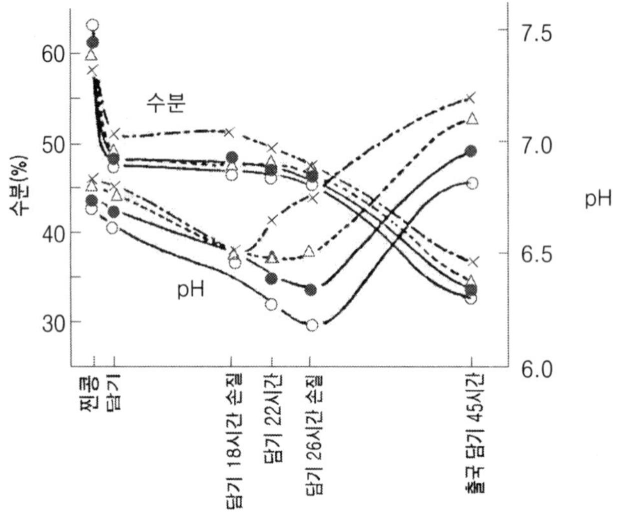

그림 3-1. 제국 시의 수분과 pH 변화

○——○ 대두 : 소맥 5 : 5
●——● 〃 6 : 4
△……△ 〃 7 : 3
×—·—× 〃 8 : 2

표 3-3. 출국의 분석치

	담 기	23°	25°	27.5°	30°	국개 국
국 수분	42.0	28.0	27.7	26.1	26.1	25.2
국 총중량	1,949.3	1,890.8	1,869.8	1,791.4	1,758.3	1,772.0
국에 대한 원료 중량	100	97.0	95.8	91.9	90.2	90.9
총 질소	5.65	5.87	5.80	6.22	6.20	6.05
총 질소 이용률	1000	101.1	98.5	101.2	99.0	97.7
Formol 질소	0.098	0.353	0.408	0.375	0.320	0.338
암모니아태 질소	0.013	0.032	0.031	0.034	0.037	-0.027
총 탄수화물	46.3	44.7	45.0	43.2	40.6	39.6
총 탄수화물 이용률	100	93.6	93.2	86.0	79.0	77.9
직접 환원당	1.71	2.34	2.75	3.11	2.91	2.97
전분과 호정	40.1	38.1	38.0	36.1	33.9	33.0

- 제국방법 : Nagada식 제국기에 의한 1실 용량 20석(石, 30㎥), 국 담기 두께 19～20 cm 23°, 25°, 27.5°, 30°, 35°로 일관 통풍하여 국 품온을 유지하였다.
- 원료 배합비 : 탈지대두, 소맥, 정맥 55 : 35 : 10 탈지대두 살수 120% 13 Lbs, 50 min 증자
- 제국시간 : 68시간(4일국)

이지 않게 되었다.

1955년대 초기는 아직 NK관 처리도 보급되지 않고 판국(板麴)에 의한 국은 Damura(田村)의 보고에서 보는 것과 같이 외온, 습도, 풍향 등의 그날그날의 기상 상황에 크게 좌우되어 극히 일부의 국개(麴蓋)에만 그 관리 기준은 들어맞지 않고 대부분은 본의 아닌 상태로 되어 있다. 이와 같은 조건에서는 Okamoto(岡本)는 수분의 변화, 건물량의 변화와 여기에 대한 국 중량의 변화 그리고 출국의 외관에 있어서는 대략의 경향을 정리하여 보았다. 그러나 이 경향도 동일 공장의 동일 조건의 국실에서는 같은 상태로 되는 수가 있으나 다른 공장의 조건에서는 전혀 들어맞는 것은 아니다.

이와 같은 견해에서 당시는 출국의 성분, 성상 등의 상세한 발표를 하여도 그것이 다른 공장의 기술 수준에 대하여는 적합하게 되는 것도 없었으므로 현재에는 발표를 삼가 할 내용이라도 당시는 기초실험으로서 발표하였다.

Hino(日野) 등은 강산성 교환수지 그리고 약산성 수지의 칼럼을 통한 분석 데이터를 표 3-4에, 그리고 Moriguchi(森口) 등의 silica gel에 의한 분배 chromatography를 주된 법으로 하여 기타의 방법을 섞어서 각 유기산을 측정한 데이터가 양조 성분의 일람에 게재되어 이것을 표 3-5, 표 3-6, 그리고 표 3-7에 각각 나타내었다.

표 3-4. 유기산 측정치

유 기 산	즉일 담기 출국	유부(留釜) 담기 출국
Levulinic acid	-	-
구연산	265	225
피로글루탐산	38	27
유 산	160	161
숙신산	-	-
말 산	82	8
푸마르산	39	23
수 산	-	-
초 산	75	24
의 산	-	-

- 출국(소맥 : 탈지대두 = 1 : 1wet 100 g당
- 출국은 homogenizer에 온탕에서 분쇄 추출한다.
- 초산, 의산 정량은 B. P. Wanner & L. Z. Raptis 등의 방법에 따름(단 일부 기지의 데이터 포함)

표 3-5. 제국 경과 중의 유기산의 변화(mg/100 g)

배양시간	수분 함량(%)	피로 피온산	초 산	미지산	피르브산	알파글루 타르산	호박산	유 산	피로 글루탐산	미지산	글리콜산	미지산	사과산	구연산	총 유기 산량
0	42.9	-	61.4	2.2	26.7	4.5	5.5	-	72.7	13.0	12.9	4.5	47.3	516.2	766.9
9	40.0	-	54.6	3.1	33.1	4.1	3.3	46.2	58.0	2.4	7.8	7.2	90.7	352.4	662.9
20.5	38.8	4.1	35.5	-	36.0	5.1	3.0	215.6	37.3	6.8	9.1	29.7	24.4	332.4	739.0
32	32.2	0.4	37.6	0.3	40.5	2.5	31.9	69.0	34.5	1.5	12.2	2.2	105.6	132.2	470.4
44	29.4	1.3	11.8	-	44.8	5.0	44.5	29.6	39.3	4.7	4.7	18.0	184.7	141.7	530.1
55	25.9	-	21.4	-	60.2	8.6	64.5*		40.5	-	3.2	43.2	194.3	172.6	608.5
67-I	24.0	3.3	11.5	3.3	87.7	5.7	57.5*		39.3	0.6	10.5	5.5	249.3	249.6	723.8
67-II	24.5	0.4	11.4	-	24.6	-	21.4	49.0	44.3	-	3.4	0.2	161.3	206.7	522.7

* 유산, 호박산을 호박산으로서 나타내었다.
담금 배합비율은 탈지대두 대 소맥의 비 1 : 1, 국개 제국법

표 3-6. 제국 중의 유기산 양(건물량 100 g당의 ㎎)

시료번호	채취월	피로 피온산	초 산	미지산 (2)	피르브산	알파글루 타르산	호박산	유 산	피로 글루탐산	미지산 (3)	글리콜산	미지산 (4)	사과산	구연산	총 유기 산량
A—1	5	1.4	16.5	0.7	74.4	6.3	67.8	68.3	44.8	1.7	17.1	22.2	336.3	227.8	935.3
A—2	5	-	12.7	-	49.6	-	39.2	81.0	9.7	-	6.7	75.7	230.3	176.3	681.2
A—3	5	-	17.3	-	61.3	11.1	54.5	72.1	37.3	0.4	5.3	6.2	273.4	161.3	700.2
A—4	5	-	20.6	3.2	47.5	-	39.7	50.3	23.0	0.5	5.7	18.8	180.1	379.6	769.0
A—5	5	-	55.4	-	77.2	3.4	37.4	161.1	25.3	0.5	4.1	-	197.3	263.9	825.6
A—6	5	-	19.4	4.2	113.9	7.4	74.7*		50.6	0.6	13.7	7.1	323.3	324.0	934.4
B—1	5	-	43.5	7.3	100.5	-	55.8	121.1	54.5	3.4	7.6	52.7	276.1	333.1	1,055.9
B—2	5	-	49.8	11.3	91.3	10.0	32.6	199.4	48.0	4.5	65.0	78.3	325.2	248.1	1,193.6
A—11	8	-	57.1	0.9	54.4	4.9	46.0	57.9	75.0	9.2	26.3	10.4	222.8	169.8	740.7
A—12	8	3.5	43.6	1.5	111.5	8.2	68.5	52.9	86.0	9.6	38.2	15.3	218.8	243.6	901.2
A—13	8	-	64.9	1.4	139.1	6.8	40.3	149.6	93.3	16.5	43.2	7.6	213.2	359.2	1,135.1
A—14	8	3.9	50.4	1.6	89.7	9.3	49.7	113.7	101.8	11.3	30.6	11.9	174.9	338.9	975.8

* 유산, 호박산을 호박산으로서 나타내었다.

표 3-7. 탈지 가공대두, 소맥으로 된 각종 미생물의 유기산 대사(mg/100 g)

균 주 명	배양 시간	낙 산	프로 피온산	초 산	미지산 (2)	푸마르 산	알파게토 글루타로산	유 산	호박산	피로 글루탐 산	미지산 (3)	글리 콜산	사과산	구연산	이소 구연산	총 유기 산량
대 조	0	-	-	68.6	-	19.1	-	-	13.4	62.4	-	2.0	89.1	771.7	11.0	1,037.4
A. oryzae	20	-	-	51.7	-	50.9	1.0	0.2	5.6	61.6	-	0.7	45.5	775.2	5.2	997.6
	67	-	0.9	60.2	-	129.4	2.3	1.9	89.2	47.3	-	1.3	85.2	47.3	2.2	476.2
S. rouxii	20	-	8.5	108.2	-	29.8	1.4	-	15.0	61.1	-	9.8	54.1	429.7	10.6	723.2
	67	-	0.8	11.6	-	21.7	0.9	-	11.2	61.6	1.0	10.3	42.1	479.9	8.0	649.1
B. subtilis	20	2.1	0.6	19.9	-	0.9	-	3.5	2.3	26.3	-	3.2	4.1	503.8	10.1	576.8
	67	8.1	7.6	96.7	-	37.6	0.6	1.3	39.9	19.5	0.8	2.0	1.4	7.2	2.1	224.8
P. soyae	20	-	6.7	87.8	-	26.6	0.2	44.2	2.0	31.6	0.1	7.3	15.4	182.0	9.6	413.5
	67	-	4.6	147.1	-	21.4	-	1,161.0	-	25.3	-	12.4	2.2	24.6	8.5	1,407.1
L. mesen-teroides	20	-	0.3	98.2	-	15.7	-	40.8	10.0	74.2	-	1.6	62.5	673.5	6.1	982.9
	67	-	3.6	597.3	-	16.4	0.6	649.6	-	57.5	-	4.1	31.8	725.6	12.8	2,099.3
M. caseoly-ticus	20	-	1.0	85.7	1.2	20.8	0.5	16.0	4.4	66.9	1.5	10.2	57.9	573.2	9.2	848.5
	67	-	0.2	13.3	0.2	4.9	1.3	2.3	11.9	57.6	-	7.9	28.4	521.7	9.1	658.8
M. caseoly-ticus	20	-	2.0	76.8	1.1	15.5	-	3.6	17.8	65.5	-	8.3	41.3	198.0	1.6	431.5
	67	-	2.8	17.8	0.2	6.4	2.4	251.4	37.8	77.4	0.7	15.4	22.5	612.1	13.8	1,060.7

3. 일본 된장 덩이 국(味噌玉麴)

그림 3-2에서 보기와 같이 된장 덩이의 담금 시의 수분은 50% 이상으로 되고, 출국의 수분도 45% 이상으로 된다. 이와 같이 제국 기질의 수분이 50% 이상이고, 출국 수분도 45% 이상이다. 이와 같이 제국 기질의 수분함량이 많을 때는 산 생성균(주로 *Streptococcus faecalis* 등의 유산균 그리고 *Micrococcus epidermidis* 등)의 현저한 증식을 촉진하여 많은 양의 유산을 생성하여 된장 덩이의 pH도 저하하게 된다.

또 표 3-7에 나타낸 것과 같이 된장 덩이 국에는 아주 다수의 유산균(*Streptococcus faecalis* 추정 균주), *Micrococcus*이 양 균주에 소수이기는 하나 *Bacillus subtilis*(추정)가 존재한다.

된장 덩이 국의 부위에 따라 각 균군의 증식 양상이 다른 것에 주목하여 호기성(산소성)의 *Bacillus*는 된장 덩이의 외층에 많고, 덩이의 내부에는 적다. 호기성의 *Micrococcus*도 마찬가지로 비교적 외층에 많으나 통성 무산소성 유산균은 덩이의 내부에 많다. 작은 덩이에 비하여 팔정식(八丁式) 큰 덩이로 되면 내층의 비율이 크게 되어 유산균의 비율이 높게 된다.

동일의 된장 덩이에 있어서는 내부일수록 또 큰 덩이일수록 유산균의 증식활동에

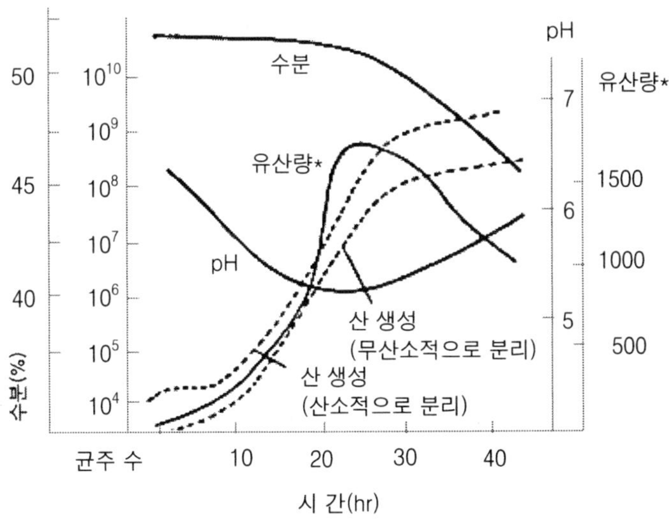

그림 3-2. 된장 덩이 국에 있어서 수분, pH, 유산량 그리고 산 생성균의 경과

* 유산균 양은 mg/건물 100 g을 표시한다.

표 3-8. 된장 덩이 국의 세균

공장	원료	지름 mm		산소적 분해 *Bacillus*	산소적 분해 생균수	무산소적 분리 산 생성균	추정 균수
O	환대	13	외	$<10^5$	7×10^7	5×10^7	L M
			내(<8 mm)	$<10^5$	1×10^7	6×10^5	
			전체	$<10^5$	2×10^7	1×10^7	
	탈대	13	외(>9.2 mm)	$<10^5$	2×10^8	2×10^8	L M
			중(9.2∼5 mm)	$<10^5$	2×10^8	2×10^7	
			내(<5 mm)	$<10^5$	1×10^8	$10^{7\sim8}$	
			전체	$<10^5$	2×10^8	2×10^8	
N		19*	외	$<10^5$	5×10^9	6×10^8	L M
			내	$<10^5$	33×10^9	3×10^8	
			전체	$<10^5$	3×10^9	5×10^9	
NA	환대	19	외	$<10^5$	3×10^{10}	2×10^8	L M
			내	$<10^5$	5×10^9	1×10^8	
			전체	$<10^5$	1×10^{10}	7×10^9	
Y	탈대	13	외	$<10^5$	6×10^9	6×10^{10}	L주, I부M
			내	$<10^6$	3×10^{10}	3×10^{10}	
			전체	$<10^5$	2×10^{10}	1×10^{10}	
H	환대	팔정식대옥	외	1×10^8	1×10^8	$10^{7\sim8}$	M L
			내	5×10^5	4×10^8	5×10^8	
			전체	5×10^7	$10^{7\sim8}$	$10^{7\sim8}$	
	환대		외	$<10^5$	2×10^9	2×10^9	L M
			내	$<10^5$	5×10^9	5×10^9	
			전체	$<10^5$	3×10^9	3×10^9	
Cu	환대		외	4×10^7	5×10^8	5×10^8	L M
			내	2×10^7	5×10^8	2×10^9	
			전체	10^7	5×10^8	2×10^9	

된장 덩이 각 부위의 pH

	(외)	(내)	(전체)
*	6.97	6.70	6.88
**	6.13	5.70	5.80
***	5.43	4.94	5.27

L : *Lactobacillaceae*

M : *Micrococcaceae*

의한 유산의 생성이 많은 것은 각 부위의 pH(표 3-8의 아래쪽 주 참조)에서도 밝혀져 있다. 이런 점에서 된장 덩이 국은 *Bacillus*로 침해되기 쉬운 대두기질을 덩이 모양으로 하여 덩이 내부에는 유산균을 우세하게 증식시켜 *Bacillus*를 억제하여 안

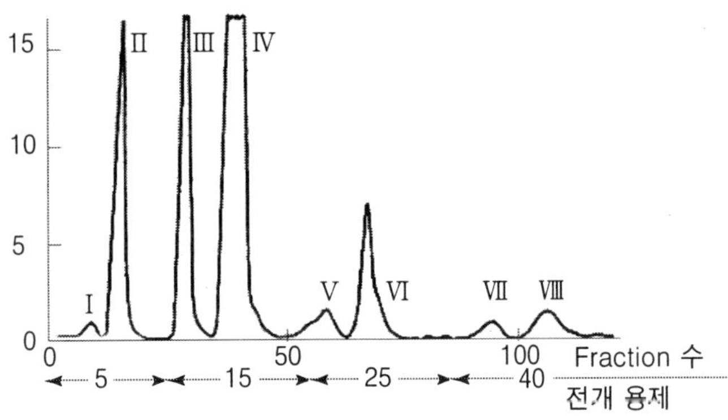

그림 3-3. 큰 덩이 국(팔정식)의 유기산 chromatogram

Ⅰ: 휘발성 산, Ⅱ : 초산, Ⅲ : 의산, Ⅳ : 숙신산, 유산,
Ⅴ: 피로글루탐산, Ⅵ : glycolic acid, 수신, Ⅶ : 사과산,
Ⅷ: 구연산

표 3-9. 된장 덩이의 성분 변화

		초 발	5일째	9일째	15일째	21일째
수분(%)	외층부	58.8	49.9	46.0	40.1	36.8
	내층부	58.8	58.2	58.4	56.6	54.3
pH	외층부	6.15	5.24	5.26	5.09	5.09
	내층부	6.15	5.20	5.18	5.02	4.97
산도 I(mℓ)	외층부	6.8	24.8	26.9	27.0	28.0
	내층부	6,8	28.9	31.5	34.3	35.2
유산(mg%)	외층부	109	1,309	1,293	1,531	1.063
	내층부	199	1,342	1,481	2.088	2,317
Ethanol(mg%)	외층부	141	206	274	334	269
	내층부	141	285	306	412	455

산도 I, 유산, ethanol은 건물 양에 대한 것

전하게 국균의 생육을 꾀하려는 선인들의 지혜가 만들어 낸 기술이다. 된장 덩이 국의 유기산을 그림 3-3에 나타내었다. 많은 양의 유산 이외에 초산함량이 많은 것이 주목되고, 이것이 콩 된장 특유의 산취, 산미에도 관계하고 있는 것으로 추정된다.

Shinshu(信州)의 전통적 된장 덩이에 있어서 마찬가지의 성분 변화가 보인다(표 3-9). 된장 덩이를 만들고 나고 21일째의 pH는 5.0 전후로 보통의 쌀된장의 숙성 종료 시의 값까지 내려가 있다. 많은 양의 유산을 생성하여 1산도 Ⅰ도가 증가하고 있다. 수분, 산소의 영향에 따라 덩이의 내부일수록 유산함량은 많고 또 알코올도 상당히 생성된다.

기타 된장 덩이 국의 특징적인 성분 변화로서는 대두지방의 산가의 상승이다. 이것은 된장 덩이 국 만들기 사이에 국균이 생성하는 lipase에 의하여 대두지방의 분해가 일어나기 때문이다.

제 4 장

대두국 유래의 이상

1. 간장의 화입(살균) 앙금

청주, 미린, 간장 등의 양조식품은 발효와 숙성 종료 후 착즙의 가열살균(화입)을 한다. 화입의 공정 중에는 혼탁물질(화입 앙금)을 생성한다. 청주의 경우 화입의 앙금은 생주 중의 국균 유래 glucoamylase가 화입에 의하여 열 변성을 받아 불용화하기 때문에 생기고, 이것은 주로 예과에 의하여 제거된다.

간장의 경우 화입앙금은 국균 유래의 여러 종류의 효소가 화입에 의하여 변성, 불용화 되어 생성된 것이다. 이 화입조작은 보통 80℃에서 수십 분간 가열한 후 냉각 또는 60℃ 전후로 급랭하고 수일간 유지한다. 수일간의 방치에 의하여 화입앙금을 자연 침강시켜 계속하여 그 고형분 분리조작(앙금제거)에 의하여 수세 잔사 중량으로서 250～500 mg/ℓ, 용량으로서 약 10%되는 화입앙금이 제거된다. 간장의 밀도는 1.18 g/cm^{3}이고, 화입앙금(밀도 1.26 g/cm^3)과의 밀도차가 작기 때문에 화입앙금은 침강하기 어렵다. 그리고 화입앙금 양이 간장의 비율에 영향을 주기 때문에 화입앙금의 저감 그리고 응집 촉진은 전량 여과를 하는 청주에 비하여 특히 중요한 문제이다.

이 절에 있어서 주로 간장의 화입앙금 생성 그리고 응집에 미치는 국균 유래의 여러 효소의 영향에 대하여 설명한다.

1.1 화입앙금의 유래

화입앙금 성분의 약 80% 이상이 단백질이므로 그 성분치는 화입조건, 간장의 로트에 따라 변종한다. 표 4-1에 성분조성의 한 예를 나타내었다. 단백질을 86.58%를 함유하는 외에 uronic acid 0.4%, 회분 2.4% 함유한다. 회분 중에는 K, P, Mg이 많

표 4-1. 앙금의 화학성분

당단백질(T. N. × 6.25)	86.38%
당질(glucose로서)	16.77%
Uronic acid(galacruronic acid로서)	0.40%
Amino acid	불검출
회분	2.40%
P_2O_5	0.12%
Ca	97.5 γ /mℓ
Mg	418.5 γ /mℓ
Mn	15.9 γ /mℓ
Co	74.4 γ /mℓ
K	5453.5 γ /mℓ

표 4-2. 화입앙금과 각종 국 효소의 관계

효 소	상관관계
α-Amylase	0.638***
Alkaline protease	0.937***
Neutral protease	-0.179
Acidic protease	0.580***
Aminopeptidase	0.374*
Carboxypeptidase	0.077

*** : 0.1% 유의, * : 50% 유의 N= 33

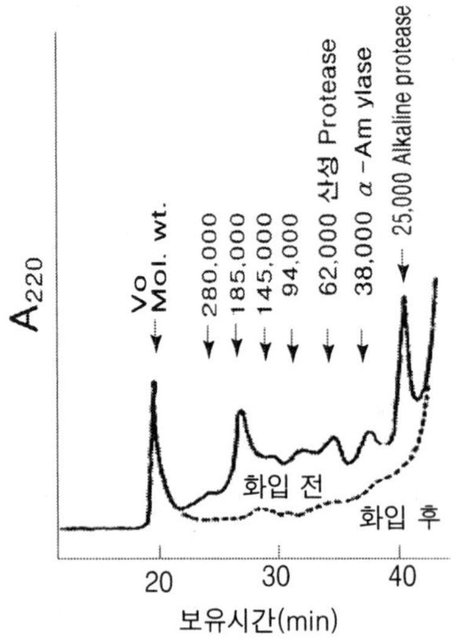

그림 4-1. 간장 중의 단백질의 TSK G3000SW에 의한 chromatography

다. 간장의 화입은 여러 종류의 단백질, 특히 효소단백질과 관련이 있다. 생간장 중의 TSK G3000SW에 의한 고속 겔 여과를 하면 8개의 피크가 분리된다(그림 4-1). 이들의 피크 중 국균 유래의 알칼리성 amylase, α-amylase, 산성 protease를 포함하는 7개의 피크는 화입을 하므로 소실된다.

즉 열변성의 결과, 이들의 성분은 불용화 하여 화입앙금으로 된 것이다. 그리고 표 4-2과 같이 화입앙금 양은 알칼리성 amylase, α-amylase, 산성 protease 양과 0.1%의 유의의 상관관계를 나타내고, 특히 알칼리 protease와 고도의 상관관계가 인정된다. 이와 같이 화입앙금의 생성에는 효소를 주체로 한 다종의 단백질이 관여하고 있다.

1.2 국 효소의 간장 덧 중의 변화

간장은 전체 국으로 담금을 하기 위하여 담금 초기의 간장 덧은 다양 다종의 효소를 함유하고 있으나 발효와 숙성 중에 효소는 서서히 실활되고 화입앙금 양도 감소된다. 간장 덧 품온 경과, 식염 그리고 ethanol 농도가 높을수록, pH가 낮을수록 국균이 생산하는 주요 효소인 알칼리 protease의 자기소화, α-amylase의 실활이 현저한 결과 화입앙금 양은 감소된다. 낮은 pH, 고 ethanol 농도는 개개에서는 효과가 거의 없으나 양자의 협동작용에 의하여 비로소 효과가 발휘된다.

즉 유산 발효로 간장 덧의 pH가 내려가고 이어져 시작되는 알코올 발효에 의하여 알코올이 생성되면 알칼리 protease의 자기소화에 의하여 실활되고, α-amylase의 실활이 현저하게 되어 그리고 이에 동반하여 화입앙금 양의 감소가 일어난다.

그림 4-2에 시험의 한 예를 나타내었다. 로트 1, 로트 2는 간장 덧 품온 경과 그리고 유산발효의 시기는 동일하나 로트 1의 알코올 발효의 시기를 주 발효성 효모 *Zygosaccharomyces rouxii* 의 첨가시기를 연장시키므로 알코올의 발효시기를 로트 2보다 약 1개월 늦게 하였다.

두 로트 공히 유산발효에 의허여 pH의 저하는 거의 담금 후 2개월로 종료되고 있으나 알칼리 protease 활성 그리고 화입앙금 양의 감소는 이 시기에는 일어나지 않는다. 그러나 알코올 발효가 시작하여 ethanol이 생성됨에 따라 양 로트 공히 알칼리 protease, 화입앙금 양의 감소가 인정된다. 로트 2 보다도 1개월 알코올 발효의 시기가 늦어진 로트 1은 알칼리 protease 활성, 화입앙금 양의 감소와 약 1개월 늦어진다.

이와 같이 알칼리 protease, 화입앙금 양은 pH의 저하만으로 일어나지 않고 ethanol이 증가하고 나서 처음으로 감소되었다. 즉 낮은 pH와 높은 알코올 농도의

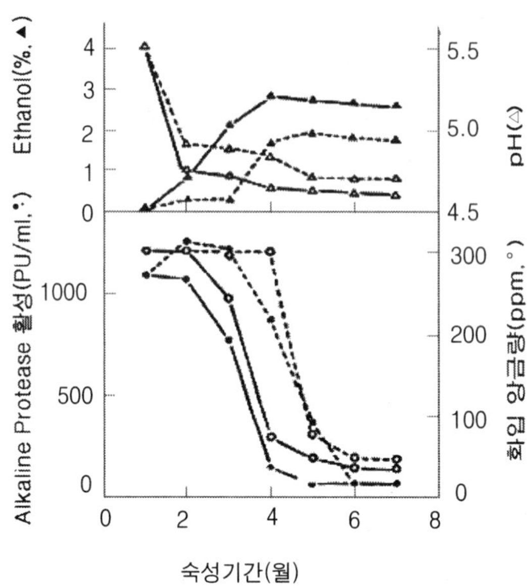

그림 4-2. 간장 덧 숙성 중의 알칼리 protease, 화입앙금 양의 소장

원 0.3 kℓ 시험양조, --- : 로트 1, — : 로트 2

협동작용에 의하여 알칼리 protease의 자기소화, 여기에 탈기, 화입앙금 양의 감소가 효과적으로 일어난다. 마찬가지 결과는 pH 저하와 α-amylase에 대하여도 얻어진다.

1.3 앙금의 응집에 대한 국균 여러 효소의 기여

화입공정 중 화입앙금은 화입 직후 5～13 um의 비교적 큰 입자가 주성분이나 방치시간의 경과와 더불어 일단 최소의 0.8～1.3 um의 입자로 붕괴하여 그 후 다시 응집하여 최종적으로는 2～5 um의 입지로 성장한다.

한편, 화입앙금의 밀도는 방치시간의 경과에 따라서 밀도 1.26 g/cm^{3}의 피크가 증대한다. 또 침강하기 쉬운 화입앙금일수록 ① 밀도 1.26 g/cm^{3}의 입자의 비율이 높은 것, ② 입자 지름 2～3.2 um, 3.2～5 um의 입자비율이 크고 0.8～1.3 um의 미소 입자의 비율이 낮은 것이 특징이다.

화입앙금의 침강은 현탁액의 침강속도 식인 Robinson의 식으로 나타낸다.

$$v = dH/d\theta = k \cdot D_p^2(\rho p - \rho)/\mu s$$

(v: 침강속도, H: 청징액과 현탁액의 경계면 높이, θ : 시간, k: 상수, Dp: 입

자경, ρ_p, ρ : 입자 그리고 현탁액의 점도, μ_S : 점도)

이 식에 따라 현탁액의 침강에는 입지와 현탁액의 밀도 차, 입지 지름, 점도가 관여하고 있고, 특히 입지지름의 영향이 크다는 것을 알았다. 이와 같은 사실에 근거하여 국균이 생성하는 주요 효소인 알칼리 protease, α-amylase, 산성 protease의 화입앙금 응집에의 영향을 입도면에서 조사하면 ① 알칼리 protease는 응집을 저해한다. ② 산성 protease는 응집을 촉진한다. ③ α-Amylase는 응집에 관여하지 않는 것이 판명되었다.

그림 4-3은 성제 알칼리 protease를 생간장에 첨가하여 화입한 경우의 입도의 변화를 나타내고 있다. 그 첨가량이 많을수록 침강하기 어려운 0.8～1.3 um의 입지가 많아져 침강되기 쉬운 2～3.2 um의 입자에의 응집이 늦어진다. 알칼리 protease의 응집저해효과는 단백질 자체에 의한 것으로 protease 작용에서는 없었다.

산성 protease의 응집촉진 효과는 명확하고 산성 protease 함유 간장 쪽이 0.8～

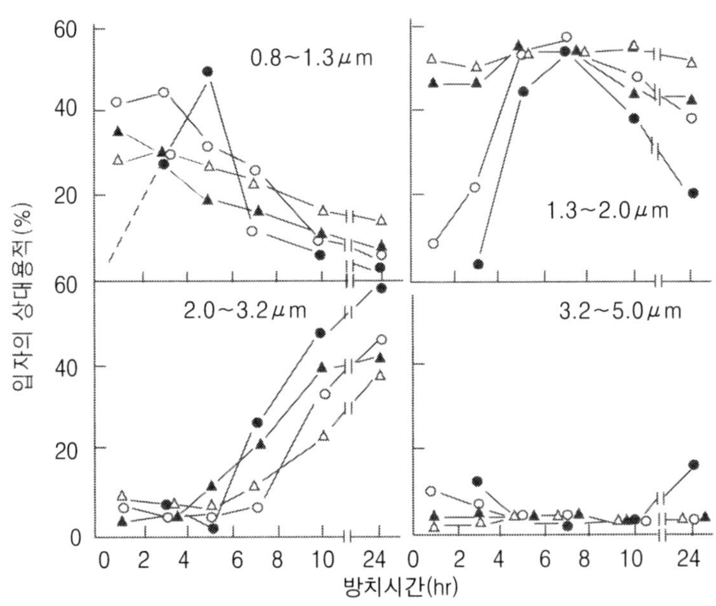

그림 4-3. 알칼리 protease의 화입살균 앙금 입도에의 영향

-●- : 무첨가 간장(40PU/mℓ 첨가
-○- : 250PU/mℓ 첨가
-▲- : 500PU/mℓ 첨가
-△- : 750PU/mℓ 첨가

화입조건 : 85℃ 20min 화입 후 60℃에 방치
점도는 collector counter에서 측정하였다.

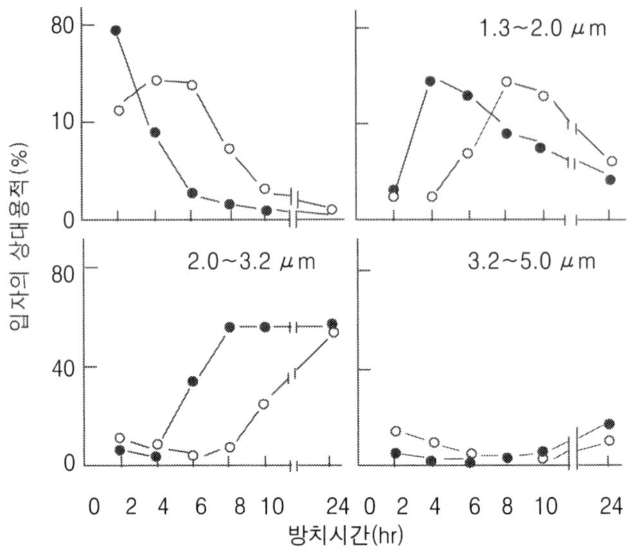

그림 4-4. 산성 protease의 화입앙금 입도에의 영향

-●- : 산성 protease 함유 간장
-○- : 무함유 간장
화입조건 : 그림 4-3과 같음.
산성 protease는 pepstantin sepharose column에 보통의 생간장을 통과시키므로 제거하였다.

1.3 um 입자의 감소, 2～3.2 um 입자에의 응집이 빨랐다(그림 4-4). 국균 이외에서도 생성촉진 효과가 인정되었다. 청주에 있어서도 화입앙금의 응집이 산성 protease에 의하여 촉진 되는 것으로 보고하고 있다. 간장의 경우 산성 protease 이외에서도 국균의 중성 protease II가 80℃ 주변의 화입에 있어서 화입앙금의 응집촉진에 효과가 있다고 추정하고 있다.

1.4 앙금질의 문제점

생간장 중 효소의 잔존 활성은 사용하는 국균 중의 차이, *Asp. oryzae*와 *Asp. sojae*의 차이, 제국조건의 차이에 따라 다르게 된다. 또 동일 국에서도 앞에서 설명한 것과 같이 간장 덧의 발효 그리고 숙성 조건에 따라서 잔존 활성은 현저히 영향을 받는다. 그 결과 생간장 중에 잔존하는 제종 효소 용량의 변동은 크므로 화입에 의하여 생기는 화입앙금 양, 화입앙금의 침강정도는 여러 조건을 달리하는 로트에 따라 변하게 된다. 따라서 새로운 앙금 제거방법을 고안하여도 간장 로트의 변동이 크기 때문에 잘 이루어지지 않는 경우가 많다. 즉 모든 간장에 적용되는 앙금제거방법의 개발은 어렵고 개발하는 경우는 로트의 차이를 고려하여 대응할 필요가 있다.

제 III 편

중국의 대두국

제 1 장

중국 발효식품의 미생물

1. 미생물(微生物)의 분류

미생물이라 불리는 것은 원생동물, 조류, 지의류, 균류 등이 있고, 이들 여러 종류의 미생물은 종래의 분류에서는 원생동물만을 동물계에 포함시키고 다른 전부는 식물계에 속하는 것으로 하여 분류되고 있다. 그러나 현재에는 종류가 많은 미생물을 동물계와 식물계에서 독립시키고 있고, 다시 진핵세포(핵막을 가지며 인, 미토콘드리아 등의 세포내 기관을 가진다)를 가진 고등미생물과 원핵세포(뚜렷한 핵막을 가지며, 미토콘드리아 등을 가지지 않는다)를 가진 하등미생물로 분류한다(그림 1-1).

원핵세포(原核細胞)를 가지는 원핵생물에는 대장균 등의 세균과 남조균류가 속하고 원시미생물이 있다. 이들은 고온성 세균이나 고농도 식염의 극한의 환경조건에 적응하기 위하여 지질막을 가지며, 고농도 식염 중에 생식하는 호염성이나 내염성의 세균이 속하고, 어장유(魚醬油)나 대두 장유(醬油)에 이용되고 있다. 또 진균(곰팡이, 효모류)은 진핵세포를 가지는 고등미생물이다.

이들의 미생물은 극히 미소하여 구조는 단세포 혹은 간단한 세포로 되었고, 자연계에는 세균, 방사선균(방선균), 곰팡이, 스피로헤타, 리케차, 마이코플라스마, 바이러스 등이 존재한다. 대다수의 세균은 오직 현미경 또는 전자현미경을 사용하여 개개의 형태를 관찰하고 그 모양을 확인하여 그 미생물의 기능성이 밝혀지고 있다. 이들 미생물은 공기, 물, 각종의 유기물 그리고 미생물 내에서 생식하여 그 종류나 수도 극히 많고, 자연계의 물질 변환에 중요한 작용을 하고 환경 개선에 역할을 하고 있다. 농업[발효비료(퇴비), 발효사료 등]이나 의약공업(항생물질, 효소제 등), 양조공업, 식품공업 그리고 석유 등에서 미생물이 이용되고 있다. 또 식물이나 사람의 병, 식품의 변질이나 부패를 일으키는 미생물도 적지 않게 존재한다.

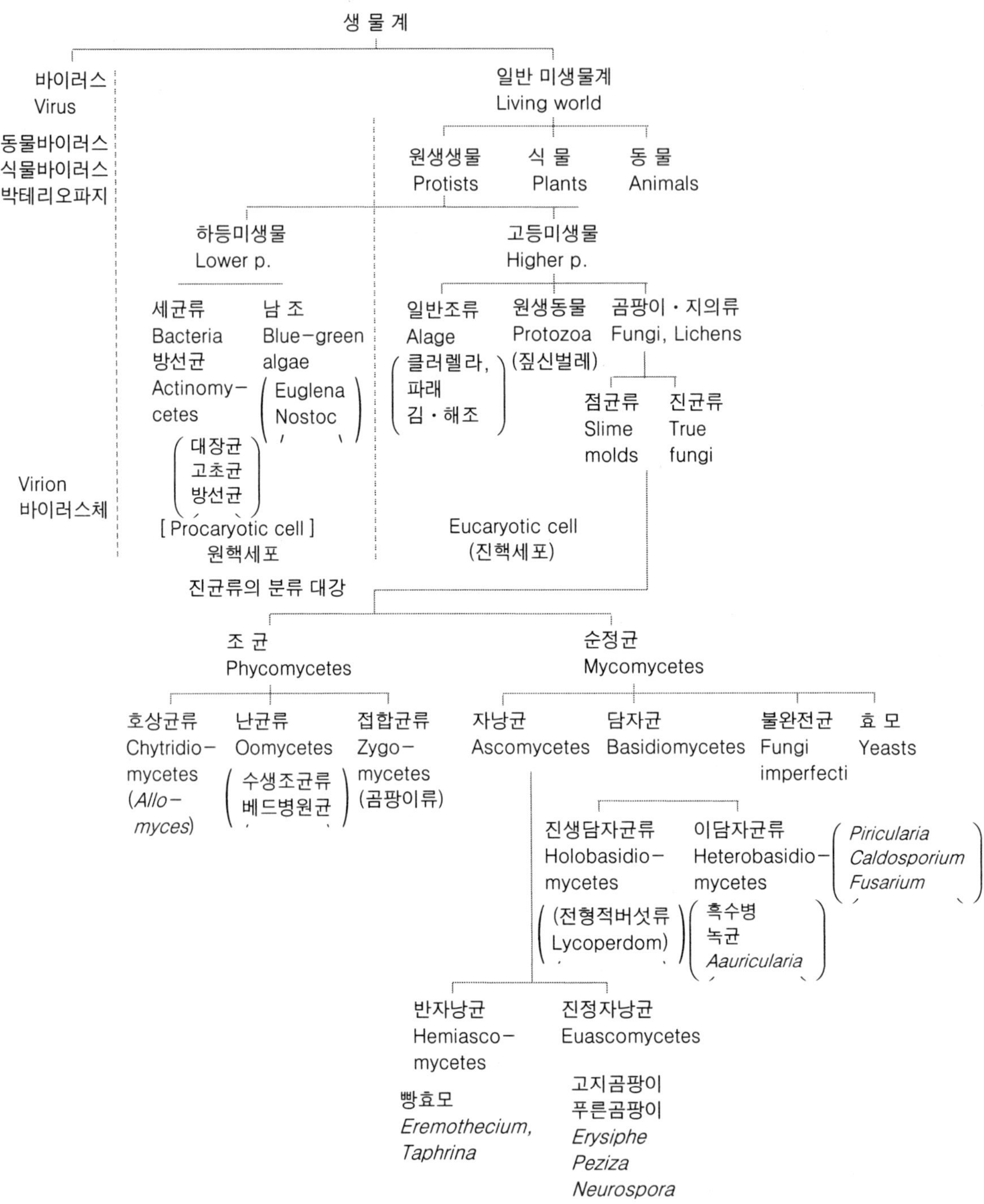

그림 1-1. 미생물의 분류학상의 위치

1.1 진균(眞菌)

진균은 식물로 분류한 경우는 비교적 하등으로 균사체가 많고 뿌리, 줄기, 잎이 있고 엽록소를 함유한 종류가 있다. 기생, 부생 방식으로 생존하여 소수의 균군(菌群)에는 단세포의 것도 있으나 기타의 것은 오직 분지(分枝)되었거나 분지하지 않는 균사를 내거나 유성 혹은 무성 생식을 하는 것도 있다.

진균에는 식품공업에 응용되고 있는 곰팡이와 효모가 있고, 또 의약품으로서 penicillin을 생산하는 *Penicillium* 속이나 cephalosporin계의 항생물질을 생산하는 *Cephalosporium* 속의 균이다. 또 마고(磨菇), 향고(香菇 ; 표고버섯), 은용(銀茸 ; 흰들버섯, 목이(木茸), 영지(靈芝), 복령(茯笭) 등의 버섯이다. 또 진균의 종류에는 식물과 동물에 병을 주는 것이 있으나 농산식품, 방적품, 전자기계와 광학기기, 피혁 등에 번식하여 해를 주는 곰팡이도 있다.

1) 형태와 증식기관

곰팡이와 효모는 분류상 진균에 포함되고, 진균류는 균사에 격벽(隔壁)이 없는 조균류(Phycomycetes)와 격벽(隔壁)이 있는 순정균류(Mycomycetes)로 나눈다. 다시 유성 생식기관에 의하여 조균류(藻菌類)는 포자를 형성하는 난균류(卵菌類)와 접합포자를 형성하는 접합균류(接合菌類)로, 순정균류(純正菌類)는 자낭포자를 형성하는 자낭균류(子囊菌類), 담자포자를 형성하는 담자균류(擔子菌類), 유성포자의 형성이 인정되지 않는 불완전균류(不完全菌類)로 나누어진다.

균사는 격벽이 없는 조균류(藻菌類)는 쉽게 다른 곰팡이와 식별된다. 균류는 증식 시에 균사가 접근하거나 기계로 손상되거나 혹은 균사가 노쇠하면 격벽을 생성한다. 균사는 비교적 거칠고, 또 비교적 고등인 균종에는 고체기질 상에 가근(假根)을 생성하는 것이 있다. 부생(腐生) 혹은 기생, 수중 혹은 토양 중에 생육하여 토양중의 조균(藻菌)의 대부분은 농작물에 피해를 가한다. 그러나 식품양조에는 언제나 솜털곰팡이(*Mucor*), 거미줄곰팡이(*Rhizopus*), 활털곰팡이(*Absidia*)속의 곰팡이를 응용하고 있다.

곰팡이는 실 모양으로 분지한 균사(菌絲, hyphae)로 집합한 균사체(菌絲体, mycelium)와 포자를 착생하는 자실체(子實体, sporophore)로 되어 있다. 곰팡이는 주로 무성포자로 증식하나 유성포자를 형성하는 것이 있고, 그 포자의 형상이나 형성방법은 다양하여 진균류(眞菌類) 분류의 중요한 지표로 된다.

(1) 유성생식(有性生殖)

2개의 세포핵이 융합한 핵을 중심에 만드는 포자로 난포자(oospore), 접합포자(zygospore), 담자포자(basidospore), 자낭포자(ascospore)의 4종류가 있다.

① 접합포자(接合胞子) : 접근한 2개의 균사에서 각각 분지가 나와 접합하고 각각의 세포의 핵이 융합하여 그 접합부분이 부풀어 포자가 된다(그림 1-2).

② 자낭포자(子囊胞子) : 자낭(子囊, ascus)이라 부르는 특수한 세포 중에 생긴 포자이다.

(2) 무성포자(無性胞子)

세포핵의 융합이 없이 분열만을 거듭하여 무성적으로 만들어지는 포자로 포자낭포자(sporangiospore), 분생자(conidium), 후막포자(chlamydospore), 분열자(oidia) 등이 있다.

① 포자낭포자(胞子囊胞子) : 배지의 뿌리 원천인 균사에서 분지하여 기중(氣中)에 신장한 포자낭병(sporangiophore)의 선단에 포자낭(sporangium)을 착생하고 그 안에 다수의 포자를 생성한다.

② 분생자(分生子) : 배지의 근원이 되는 균사에서 분지하여 기중(氣中)에 신장한 분생자병(conidiophore)의 선단에 착생하는 포자이다.

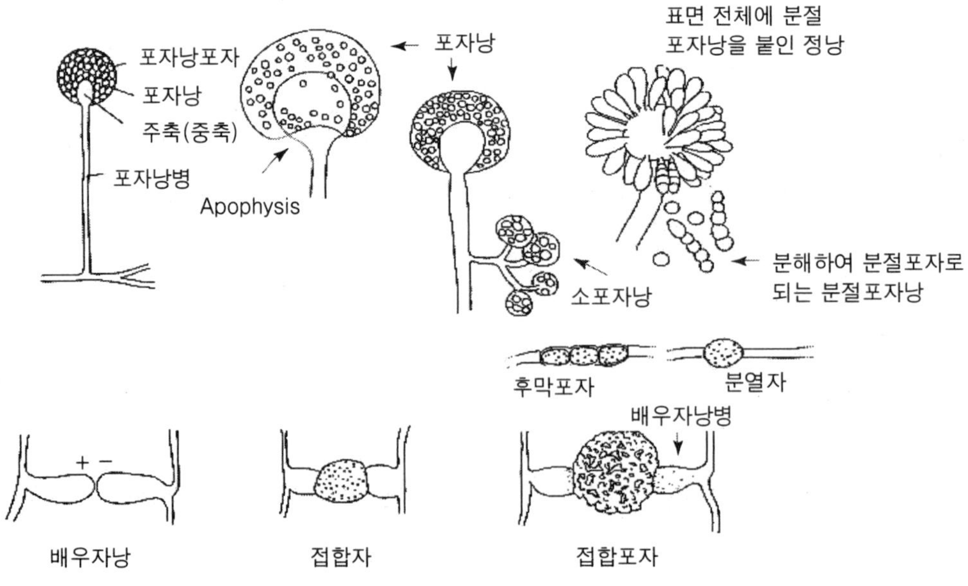

그림 1-2. 접합균류의 형태적 특징

2) 주 곰팡이(매균, 霉菌 : mold)

조균류 중에는 접합균류에 속하는 거미줄곰팡이(*Rhizopus*), 솜털곰팡이(*Mucor*), 활털곰팡이(*Absidia*)가 옛날부터 미주(米酒), 고량주(高粱酒), 소국[小麴(麯) ; 병국(餅麴)] 등에 사용되어 이들의 균류는 양조식품에 중요하다.

(1) 접합균류(接合菌類)

접합균류	솜털곰팡이목	Syncephalastraceae과 Syncephalstrum	
Zygomycetes	Mucorales	솜털곰팡이과	거미줄곰팡이[*Rhizopus*, 근매(根霉)] 활털곰팡이[*Absidia*, 이두매(梨頭霉)] 솜털곰팡이[*Mucor*, 모매(毛霉)]

접합균류의 균사체는 다핵성으로 불념성의 균사체에서 포자낭, 접합포자 등의 특수한 기관을 형성할 때만 격벽이 형성된다. 무성생식은 구형에서 서양 배 모양의 포자낭에 내생적으로 생성하거나 혹은 분절포자낭(원통형의 포자낭으로 분열하여 1열의 분절포자로 된다) 안에 형성되는 포자낭포자(단세포의 부동포자)에 의하여 이루어진다(표 1-1).

자낭과(ascocarp) 단독 또는 연쇄상으로 후막포자나 분열자를 형성되는 종이 있다. 포자낭포자, 후막포자, 분열자는 발아하여 새로운 균사를 형성한다. 유성생식은 2개의 다핵성의 배우자낭이 융합하여 이루어진다. 대개의 경우 침상돌기 또는 기타의 돌기물질로 싸여진 접합자를 생긴다. 접합자의 각 선단에는 2개의 균사부분이

표 1-1. 접합균류의 주요 균속의 검색표

1a. 포자낭포자는 포자낭병의 팽대한 선단을 덮은 분절포자낭 중에 형성된다. *Syncephalastrum*

1b. 포자낭포자는 중축이 있는 구형 또는 서양 배 모양의 포자낭 중에 형성된다. → 2

2a. 포자낭과 포자낭병은 보통 암색, 포자낭병은 거의 분지하지 않고 일반적으로 집합하여 생긴다. 포자낭은 직경 50～360 ㎛로 여러 가지가 있으며, 포자에는 간혹 띠 모양의 줄무늬가 있다. *Rhizopus*

2b. 포자낭과 포자낭병은 착색하지 않으나 간혹 약간은 착색하고 분지한다. 포자낭은 직경이 100 ㎛을 넘지 않고, 포자에는 띠 모양의 줄무늬가 없다. → 3

3a. 포자낭에는 명료한 apophysis가 있고, 서양 배 모양이다. 직경 10～40 ㎛(선단의 포자낭은 80 ㎛까지로 된다. *Absidia*

3b. 포자낭은 apophysis가 없고 구형이다. 대부분은 직경 40 ㎛ 이상이다. *Mucor*

있어 배우자낭병이라 한다.

Apophysis(포자낭 바로 밑에 있는 포자낭병의 팽대한 부분)를 특징으로 하는 속이 있다. 포자낭에는 중축(中軸, 柱軸, 囊軸, columella)를 가지는 것과 가지지 않는 것이 있다. 분절포자낭은 중축을 형성하지 않으며, 포자낭은 중축의 주위에 구상으로 형성되고, 그 안에 포자낭 포자를 생성한다. 포자낭병에 단독으로 신장하여 전혀 분지하지 않는 Monomucor형, 방상으로 분지하는 Racemomucor형, 가축상으로 분지하는 Cynomcor형이 있다. Monomucor형이 솜털곰팡이(*Mucor*)이다.

① 거미줄곰팡이[근매(根霉), *Rhizopus*속]

Rhizopus Ehrenb. 콜로니의 생장은 빠르고 격벽을 가지지 않는 균사에서 포복지(葡匐枝, stolon)로 되어 신장된다. 기질과 접합하면 여기에 가근(假根, rhizoid)을 형성하여 부착하고, 가근이 생긴 부분에서 1개 내지 몇 개의 포자낭이병이 분지한다. 포자낭병의 선단은 팽대하여 apophysis를 생성하고, 일반적으로 반구형의 중축으로 되고 주위에 구상의 포자낭을 만든다(그림 1-3), (표 1-2), (표 1-3).

포자낭은 많은 포자를 내장하고 대부분은 대형으로 최초는 백색, 후에는 성숙과 더불어 흑갈색으로 된다. 중축은 갈색, 구형~아구형, 포자는 단타원형, 보통은 능형, 간혹 주름이 있고 후막포자 수는 몇 종이 있다. 접합포자는 *Mucor*에 유사하다. 대부분의 종은 heterothallic(자웅이성주)이다.

거미줄곰팡이의 사용 균주 : 두부유(豆腐乳)의 곰팡이 접종 두부는 보통은 *Mucor*와 *Actinomucor*속의 곰팡이가 사용된다. *Rhizopus*속의 균을 사용하는 수도 있다. 미소국[米小麴(麯)]은 *Rhizopus oryzae*(AS. 3866)이나 *R. chinensis, R. javanicus, R. arrhizus* 등의 곰팡이와 *Saccharomyces cerevisiae*의 K호 효모나 남양효모(南陽酵母)가 자주 사용된다. 이들의 균주(菌株)에는 중국과학원, 북경미생

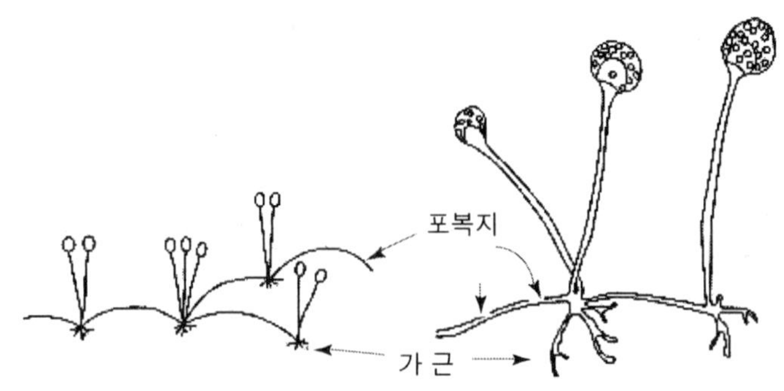

그림 1-3. *Rhizopus*속의 형태

표 1-2. *Rhizopus* 속의 분류 검색표

A. 37℃에서 생육하지 않는다.	
a. 30℃에서 생육하지 않으나 약한 생육. Homothalism의 접합포자를 형성한다.	Sexualis section
	1. *R. sexualis*
b. 30℃에서 잘 생육한다. 접합포자는 형성하지 않는다.	Nigricans section
ba. 포자낭병은 곧 바로 직립한다.	2. *R. stolonifer* var. *stolonifer*(*R. nigricans*)
포자낭병은 직립하고 반대로 하고 있다.	*R. stolnifer* var. *lycoccus*
bb. 포자낭병은 중축이 쏠린다.	3. *R. reflexus*
B. 37℃에서 잘 생육한다.	
a. 45℃에서 생육하지 않는다.	Oryzae section aa.
후막포자는 없다. 혹은 드물게 포복지를 형성한다.	Achladorhizopus type
α. 포자낭이나 가근은 드물게 생성한다. 포자낭병은 대부분 굽어지고 거의 무색 혹은 담황색이다.	Niveus series
	4. *R. niveus*
β 포자낭이나 가근은 쉽게 생성한다. 포자낭병은 곧 바로 서고 담황갈색, 암회갈색이다.	Formosaensis series
	5. *R. formosaensis*
	Syn. *R. achlamydosporus*
ab. 포복지 위에 쉽게 후막포자를 형성한다.	Chlamydorhizopus type
α. 포자낭이나 가근은 드물게 생성한다. 포자낭병은 대부분 굽어있고 거의 무색 혹은 담홍색이다.	Arrhizus series
αa. 포자낭은 보통 직경 100㎛보다 크다	6. *R. arrhizus*
αb. 포자낭은 보통 직경 100㎛보다 작다.	7. *R. semarangenesis*
β 포자낭이나 가근은 쉽게 생성한다. 포자낭병은 곧 바로 서고 담황갈색, 암회갈색이다.	Oryzae series
βa Sodium glutamate를 함유하는 질소원의 최소 액체배지에서 균막의 반대측이 거의 무색 혹은 담황갈색이다.	Oryzae-Oryzae subseries
βaa. 표면배양에서 유산을 주로 생성한다.	8. *R. oryzae*
접합포자를 형성하지 않고 포자낭포자가 타원형.	*R. microsprus* var. *microsporus*
접합포자를 형성하지 않고 포자낭포자는 48℃, 120시간으로 콜로니가 10 mm이다.	*R. microsporus* var. *oligosporus*
	Syn. *R. batatas, R. nodosus. R. peka* II, *R. tonkiensis, R. tritici, R. usamii*
βab. 표면배양에서 fumaric acid를 생산한다.	9. *R delemar, R. acidus*
	Syn. *R. acidus, R. chiuniang, R. chungkuoensis, R. chungkupensis* var. *isofermenrtarius, R. formosaensis* var. *chlamydosporeus*
βac. 표면배양에서 유산과 fumaric acid를 생성한다.	10. *R. japonicus, R. borea, R. thermosus*
βb. Sodium glutamate를 함유하는 질소원의 최소액체배지에서 균막의 반대측이 거의 회갈색 혹은 암회갈색이다.	11. *R. javanicus*
b. 45℃에서 잘 생육한다.	12. *R. chinensis*
	13. *R. pseudochienensis*

표 1-3. *Rhizopus* 속의 균주와 그 분리원

균 종	분 리 원
1. *Rhi. sexualis*	-
2. *R. stlonifer(R. nigricans)*	토양, 곡류, 메주, 백주국(운남사아), 경홍주국(경홍주국(국)
3. *R. stolonifer* var. *lycococcus* *R. stolonifer* var. *stolonifer*	첨주약(첨주약), 귀주뇌산(귀주뇌산) 주국, 첨주국(운남경홍), 첨주약(귀주뇌산) 백주국(운남사아)
4. *R. niveus*	주양(주약) (항주)
5. *R. formosaensis. R. chlamydorporus,* *R. achlamydosporus*	Tempe, Peka(대만) Tempe(인도네시아)
6. *R. arrhizus*	Tempe, Ragi
7. *R. semarangensis*	Ragi(인도네시아)
8. *R. oryzae*	소주국(귀주뇌산), 주국(운남곤명) 경홍, 사아, 귀주귀양, 대만), 백주국(운남사아), Ragi, Usar(인도네시아)
R. microsporus var. *microsporus* *R. microsporus* var. *oligosporus*	첨주국(운남아사) 첨주국(운남아사), 주국(산동성, 대만) Tempe
R. tritici Saito *R. peka* II *R. tonkinensis* *R. tritici* *R. usamii*	소홍주국 Peka(대만) 베트남 소홍 일본 Amylo법에 사용되는 중국 주국
9. *R. delemar, R. acidus* *R. chiuniang* *R. chungkuoensis* var. *isofermentarius* *R. formosaensis* var. *chlamydospore*	상해 주약 고량주 주약(안휘성) 인도네시아 장유국 Peka(대만), 소홍주 주약
10. *R. japonicus, R. thermosus*	Ragi, 일본의 국(amylo법)
11. *R. javanicus*	Ragi, 주맥(항주)
12. *R. chinenesis* *R. liquefaciensis*	병국(소홍, 대만), Tempe 소홍주 주약, Ragi
13. *R. pseudochinensis*	고량주 주약(장춘), Ragi

물연구소의 균주보장소(Institute of Microiology, Academia Sinaca of China : SA)에 등록되어 있는 균과 중국경공업국 북경식품발효연구소(Institute of Food and Fermentation Industry : IFFI)의 공업미생물보장소 그리고 중국상업국 북경식품양

조연구소의 균주 보관실에 보존되어 있는 균이 있고, 각각 경공업부나 상업국 산하의 양조장에서 이들 균을 사용하고 있다.

② 솜털곰팡이[모매(毛霉), *Mucor*속]

Mucor(솜털곰팡이)속의 균사는 백색 또는 회색, 높이는 2, 3 mm～수 cm까지로 여러 가지이다. 포자낭병에는 간혹 분지되어 있고 그 선단은 apophysis를 가지지 않고 다수의 포자를 내장하는 포자낭을 언제나 형성한다. 포자낭의 크기는 여러 가지이고 중축은 잘 발달한다(그림 1-4, 표 1-4, 표 1-5).

격벽은 파열 또는 용해한다. 포자의 형성은 여러 가지고 평활면 또는 몇 가지의 모양이 있다. 접합포자의 배우자는 배우자낭병 위에 생긴다. 부속지(附屬枝)는 없다. 수종의 후막포자를 형성한다. 곰팡이의 분리, 선별, 육종 : 털곰팡이에 의한 두시(豆豉)의 주요한 산지의 사천성 삼태현 양조창(四川省 三台縣 釀造廠), 영천현 양조창(永川縣 釀造廠), 성도시 굉발장양조청(成都市 宏發長釀造廠), 성도시태

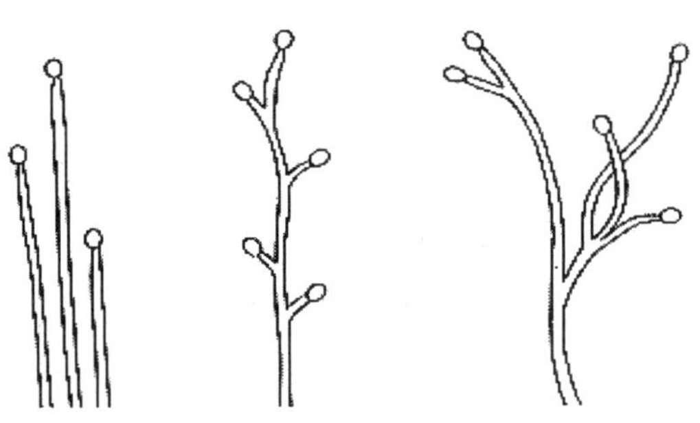

그림 1-4. *Mucor* 속의 형태

표 1-4. *Mucor* 속의 분류와 검색표

1a. 중축에는 보통 1～수개의 돌기가 있다. 포자낭포자는 약간 활면. *M. plumbeus*

1b. 중축에는 돌기가 없다 ; 포자낭 포자는 활면 → 2

2a. 콜로니는 최초는 분지하지 않는다 ; 후에 약간 가축형으로 분지하는 포자낭병으로 된다 ; 후막포자는 보이지 않는다 ; 분생자는 때로는 기질 중의 균사에서 생기는 수가 있다. *M. piemalis*

2b. 콜로니는 장단 2종류의 포자낭병으로 되고 병은 가축형과 단축형 양방 혹은 가축형만의 분지를 생성한다 ; 후막포자는 보이지 않는 경우도 있고 존재하는 수도 있다. → 3

3a. 후막포자가 포자낭병 중 때로는 중축 중에도 다수 존재한다. *M. racemosus*

3b. 후막포자는 보통 보이지 않고, 존재하는 경우도 기질 중 또는 기질 상에 소수 형성된다. *M. circinelloides*

표 1-5. *Mucor*속의 균주와 그 분리원

균 종	분 리 원
M. plumbeus	메주(한국)
M. hiemalis	메주(한국)
M. racemosus	메주(한국)
M. circinelloides	메주(한국), Bubod
sufu	두부유(豆腐乳)
rouxianus Wehmer	노씨모매(魯氏毛霉) 대만주국[臺灣酒麴(麯)]
Wutungkiao Fang	오통교(五通橋) 모매두부유(毛霉豆腐乳)
javaicum	조와(爪哇) 모매소국주[毛霉小麴(麯)酒]
Actinomucor elegans	아치방사(雅致放射) 모매부유(毛霉腐乳)
Stncephalstrum racemosus	메주(한국), 귀주뇌산, 운남사아, 홍경, Murcha(네팔)
Absidia	누룩(한국), 천진(天津) 중국국[中國麴(麯)]

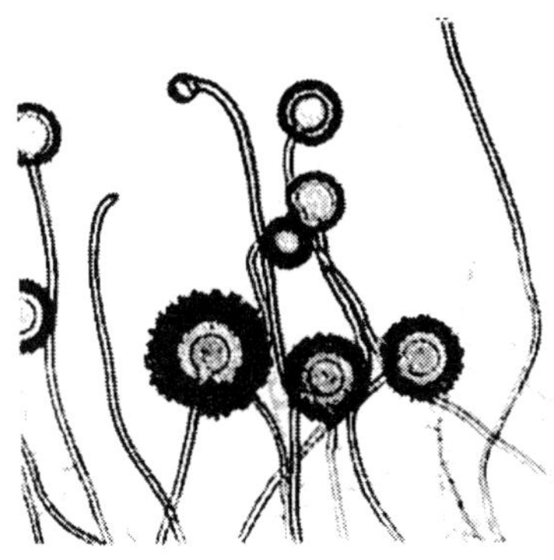

사진 1-1. *Syncepalastrum racemosum*

표 1-6. *Absidia* 속의 분류의 검색표

포자낭포자는 난형. 영양균사는 잘 발달, 성장이 빠르다. 포복지를 형성하고, 가근을 가지며 백색-회색이다.

그룹 A. 40℃에서 생육가능. NO_3, NH_3를 잘 자화한다. Thiamin을 요구한다.
포자낭포자의 크기는 2.5～3.5 × 5.0～5.3 ㎛ ; 포자낭의 크기는 50～60 ㎛.
접합포자는 인정되지 않는다. *A. ramosa*

그룹 B. 15℃에서 생육가능. NO_3를 자화하지 않고 NH_3를 자화한다. Thiamin은 요구하지 않는다.
포자낭포자의 크기는 2.5～3.0 × 3.75～5.0. 포자낭의 크기는 40～50 ㎛.
접합포자는 인정되지 않는다. *A. corymbifera*
액화력, 당화력의 활성은 없다.

화양조창(成都市 台和釀造廠)의 자연발효의 솜털곰팡이 두시국(豆豉麴) 중에서 분리, 선별, 육종을 하였다.

솜털곰팡이를 순수 분리하여 성장속도가 빠르고 균사의 신장이 왕성하여 포자수가 많고 내구성이 강하고 단백질 가수분해효소 활성이 높은 균을 선별하였다. 이 균을 사용하여 전통적 발효방법으로 양조하여 생산품에서 사천성 표준국(四川省標準局)의 우수명산 제품의 솜털곰팡이형 두시의 품질기준에 부합하는 균을 선별하였다.

현미경 촬영에 의하여 솜털곰팡이의 균주에 해당하는 균의 생육 그리고 형태 변화를 관찰하였다. 이 결과, 배양시간이 24시간으로 단축되어 성장이 왕성하고 균사가 밀집하고, 포자의 생산능력이 비교적 강한 균을 선택하였다. 생육 60시간 이후, 균사가 노화하여 서로 얽혀 단단해지고 포자낭이 생기고, 이어 포자가 생긴다. 70시간 후 솜털곰팡이가 성숙한다. 솜털곰팡이의 생육기간은 3일간에 완료한다. 저온성의 환경조건 하에서 생육하고 있는 곰팡이를 분리하였으나 중온조건 하에서도 생육되는 균이 있다. 이외에 병국(餠麴)에는 *Syncephalastrum racemosum*이 함유되고 있다(사진 1-1).

③ 활털곰팡이[이두매(梨頭霉), *Absidia* 속]

거미줄곰팡이와 유사한 포복지(葡匐枝)를 가지나 가근(假根)은 균가의 선단이나 포자낭병의 분지부의 중간부에 생기는 점이 다르다. 또 서양 배 모양의 포자낭이 생긴다. *Absidia* 속의 포자낭포자의 모양이나 생육온도, 질산, 암모니아의 자화성, 티티아민(thiamin) 요구성에서 분리되지만 Kozaki 등은 실용적이 면에서 국을 만들고 액화력, 당화력의 활성으로 분류하고 있다.

(2) 자낭균류[(子囊菌類)의 곰팡이(mold)]

자낭균류의 균사는 격벽(隔壁)을 가지며, 잘 분지(分枝)되어 있다. 모성포자는 분생포자(分生胞子, 分生子)로 된 자실체에 내생하여 유성생식에 의하여 자낭 중에 자낭포자를 만든 것이 특징이고 *Aspergillus* 속, *Penicillium* 속, *Monascus* 속, *Neurospora* 속 등이 있다. *Aspergillus* 속, *Penicillium* 속에서는 유성생식으로 인정되는 것은 아주 드물고 무성포자만을 생성하는 불완전세대의 것이 대부분이다.

① 국균속[국매(麴(麯)霉), *Aspergillus* 속]

균총(콜로니)은 치밀하고 백색, 황색, 황갈색, 갈색~홍색 혹은 녹색을 띠고 이 속의 형태는 격벽(隔壁) 혹은 기중균사(氣中菌絲)의 일부나 약간 비대한 병족세포

(柄足細胞)에서 분생포자병(分生胞子柄)을 직립하여 밀집한 균사층(菌絲層)으로 되었다.

분생포자병은 분지하지 않고 그 선단이 팽대하여 구상, 플라스크 모양, 곤봉모양을 한 정낭(頂囊, vesicle)으로 된다. 정낭의 표면에 방사상으로 다수의 경자(梗子,

표 1-7. *Aspergillus* 속의 분류의 검색표

1a.	균총은 백색, 황색, 또는 흑색	→ 2
1b.	균총은 녹색을 띤다.	→ 6
2a.	분생자두는 백색, 간혹 축축하다.	*A. candidus*
2b.	분생자두는 황색, 갈색 또는 흑색	→ 3
3a.	분생자두는 암갈색~흑색	*A. niger*
3b.	분생자두는 황색~갈색	→ 4
4a.	분생자두는 원주상, 간혹 시나몬 갈~핑크갈색	*A. terreus*
4b.	분생자두는 원주상으로 되지 않고 황색 또는 갈색	→ 5
5a.	분생자두는 황색, 분생포자는 평활면~약간 거친 면	*A. ochraceus*
5b.	분생자두는 갈색, 분생포자는 현저한 무늬가 있다.	*A. tamarii*
6a.	분생포자병은 갈색, huelle 세포가 있다.	*A. nidulans*
6b.	분생포자병은 갈색으로 되지 않는다.	→ 7
7a.	균총은 맥아엑기스 한천배지에서 생육이 나쁘다(1주간 이내에 직경 1cm 이하)	→ 8
7b.	균총의 생육은 빠르다.	→ 10
8a.	균총의 색은 여러 가지, 분생자두는 복열	*A. versicolor*
8b.	균총은 회녹색, 분생자두는 단열, 분생포자는 간혹 무늬가 있다.	→ 9
9a.	분생자두는 원주상, 자당 또는 식염을 첨가한 배지상에서 *Eurotium* telemorph가 보이지 않는다.	*A. Penicinilloides*
9b.	분생자두는 원주상으로 되지 않는다. *Eurotium* telemorph가 오랜 배지 혹은 자당 또는 식염을 첨가한 배지상에서 형성된다.	*A. glaucus*
10a.	분생자두는 황록색	→ 11
10b.	분생자두는 청록색~암녹색	→ 13
11a.	분생자두는 단열로만 된다.	*A. parasiticus*
11b.	분생자두는 단열 또는 복열이 혼재한다.	→12
12a.	분생포자는 뚜렷한 밤송이 모양	*A. flavus*
12b.	분생포자는 불규칙으로 조면 또는 평활면	*A. oryzae*
13a.	분생자두는 원주상, 정낭은 폭이 넓은 곤봉모양, 분생자두는 거친 면 밤송이모양	*A. fumigatus*
13b.	분생자두는 원주상으로 되지 않고 정낭은 가는 곤봉모양, 분생포자는 활면	*A. clavatus*

philide)를 착생하고 그 선단에 분생자를 연쇄상으로 착생하는 것도 있다(그림 1-5). Muragami는 *Aspergillus* 속의 균의 식별에 분생포자 표면의 돌기 유무 등을 사용하여 표 1-8에 나타낸 방법으로 분류하고 있다.

*Asp. oryzae*의 균총(菌叢)은 분생포자가 착생하면 황색에서 황록색으로 되고, 오랜 배양으로는 녹갈색 내지 갈색을 띠고 분생포자의 표면은 거칠다. *Asp. sojae*는 *Asp. oryzae*와 유사하고 있으나 metulae를 가지지 않고 분생포자의 표면에 소돌기가 있다. *Asp. tamarii*는 *Asp. sojae*에 유사하나 분생자의 표면에 소돌기가 없고 다갈색의 색소 입자를 가지며 컵 모양을 하고 있다.

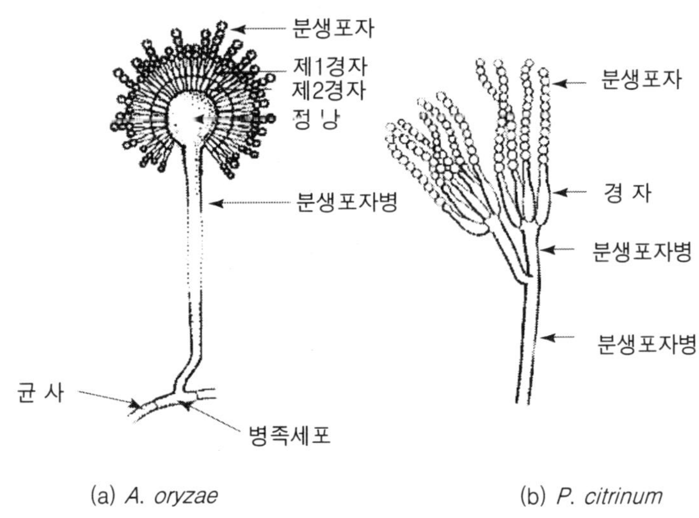

(a) *A. oryzae* (b) *P. citrinum*

그림 1-5. *Aspergillus oryzae* 그리고 *Penicillium citrinum*의 형태

표 1-8. 황록색 *Aspergillus* 속의 식별표

분 생 자			Metule	균 핵	핑크 분생자	국산	Aflatoxin	균 종
표 면	직 경	진한녹색*						
소돌기	4～6 ㎛	+	+	+～−	−	+	+++	*A. toxicaris*
	4～6 ㎛	+	+	+～−	+	+	++～−	*A. paprasiticus*
	4～6 ㎛	−	−	−	−	～−	−	*A. sojae*
비돌기	4～5 ㎛	+～	+～−	+～−	+～−	+	+～−	*A. flavus*
비평활	～ 8 ㎛	+～	+～	(+～−	+～−	～−	−	*A. oryzae*

균총은 일반적으로 다갈색을 띠고 있다. *Asp. flavus. Asp. parasiticus. Asp. toaxicarius*는 야생의 곰팡이로 균총의 오랜 배에서도 녹갈색, 녹색, 농녹색을 띠고 언제나 녹색을 잃지 않는다. Aflatoxin을 생성하지 않는다.

② 푸른곰팡이[청매(青霉), *Penicillium* 속]

균총은 생육이 빠르고 녹색을 띠고 때로는 백색이다. 보통 분생자병은 단병(單炳) 또는 속상(束狀)으로 병의 선단에 정낭(頂囊)을 만들지 않고 직접 분지하여 그 선단에 경자가 비자루 모양으로 분생자두(分生子頭)를 형성한다. 분생자두는 좌우 비대칭의 것이 많다(그림 1-5).

1.2 중국에서 사용되고 있는 곰팡이(mold)

중국에서는 전통이 있는 천연국(天然麴)을 사용한 조미식품은 전체의 10～20%

표 1-9. 중국에서 사용되고 있는 곰팡이

균 주	용 도
Asp. niger AS. 34309(별명; UV-11) *Asp. niger* var. UV-48 *Asp. awamori* var. 하내백주(河内白酒)	고량, 옥수수 등의 분해력이 강하다. 백주나 알코올 발효에 사용된다. 첨면장(甛麵醬)에도 가용된다.
Asp. oryzae AS. 3800	쌀의 분해력이 강하다. 미소국[(米小麴(麯)]
소주(蘇州)16호	중국의 황주
Rhizopus oryzae AS. 341, As.3866	두부유의 제미
Rh. japonicus AS. 3249	첨면장(甛麵醬)
Rh. arrhizus AS. 32893	-
Asp. oryzae AS. 3951[호양(滬釀)3042]	장유, 두장
AS. 32792(별명 ; 두시균)	두시(豆豉)
Asp. sojae AS. 3494, AS. 3765	첨면장
Mucor wutungkiao AS. 325	두부유(豆腐乳)
M. racemosus IFFI. 03039	두시
Actinomucor elegans AS. 32778	두부유
Monascus anka IFF. 05028	두부유의 홍국[紅麴(麯)]
IFFI. 05027, IFFI. 05026	홍국[紅麴(麯)]
Monascus ruber IFFI. 05005	홍국[紅麴(麯)]

AS. : 중국과학원 미생물연구소 등록번호, 상해시의 등록

를 차지하고 지방의 특산품으로서 생산하고 있다. 대부분은 각각의 발효식품의 생산에 알맞은 성질로 개량하여 개발한 매균(霉菌, 곰팡이)을 사용하여 제국을 하는 인공국[人工麴(麯)]이다. 현재 중국에서 자주 사용되고 있는 곰팡이류를 표 1-9에 나타내었다.

1) 미매균(米霉, *Aspergillus* 속 균)

일본에서는 *Asp. oryzae* 중에서 단백질 분해력이 강한 균을 장유양조(醬油釀造)에 사용하고 전분 분해력이 강한 균을 청주양조(淸酒釀造)에 사용하고, 미증양조(味噌釀造)에는 단백질 분해력과 전분 분해력을 가진 균을 사용하고 있다. 중국에서는 쌀에 대하여 전분 분해력이 강한 장모균(長毛菌) *Asp. oryzae*(AS. 3800)을 맥소국[麥小麴(麯): 黃酒釀造] 또는 첨면장(甛麵醬)이나 두장(豆醬)의 제미(諸味)에 자주 사용한다.

단백질 분해력이 강한 단모균(短毛菌) *Asp. oryzae*(AS. 3951)를 장유양조(醬油釀造)에 사용하고 있다. 이 균은 상해시(上海市) 양조과학연구소에서 1970년 AS. 3863 균주(菌株)를 자외선 조사법으로 조사하여 장기간, 순양한 균으로 생육속도가 빠르고 24시간에 제국시간이 단축되어 잡균의 억제능력이 강하고 제국하기 쉽다. 또 단백질 가수분해효소의 활성이 약 30% 이상 높게 되고, 이 때문에 장유(醬油) 원료의 총 질소 이용률이 분명히 높아지고 장유(醬油)나 장(醬)의 양조에 알맞은 균이다. 또 이 균은 배지의 pH를 내려도 생육하고 중국의 장유양조의 저염(低塩) 고온 고체발효에 적응하여 중국 전체로 보급되고 있다.

이 외에 중국 남방과 서북의 일부의 장유 양조공장에서는 UE-336, UV-1229의 장유제국(醬油製麴) *Asp. sojae*(AS. 3311, 서양 8201 혹은 X-13 균주)를 사용한다. UE-336은 상해시 양조과학연구소에서 호양(滬釀) 3042 균주의 원주에 60Co의 고속 중성자, methylsulfonic acid ester로 변이처리를 하여 얻은 신 균주이다. 이 균주는 원균에 비하여 비교하여 단백질 분해활성은 배 이상으로 높았다. 그러나 이 균은 사멸되기 쉽고 제국의 관리가 어려워서 사용하는 공장은 적다. UV-3811의 장유 국균(麴菌)은 중경시(中京市) 조미품연구소에서 변이 처리하여 육종한 신 균주로 사천성(四川省)에서 일반적으로 사용되고 있다.

서양(西釀) 8201과 X-13 균주는 서안시(西安市) 양조공사와 서북대학에서 선별된 신 균주로 장유양조에 사용되어 성장속도가 빠르고 효소활성 역가 등이 높은 특징이 있고, 현재 서북지구의 일부의 공장에서 사용되고 있다.

Asp. niger(AS. 34309)는 1970년에 ^{60}Co방사선 조사법으로 변이된 균으로 고량

(高粱)이나 옥수수 등의 곡물의 전분 분해력이 강하여 중국 대부분의 백주(白酒)와 알코올공장에서 잘 사용되는 균이다. 첨면장(甛麵醬)에도 사용하는 수도 있다.

2) 솜털곰팡이(*Mucor*)와 거미줄곰팡이(*Rhizopus*)

중국의 북방에서는 황국균(黃麴菌)을 사용하여 두장(豆醬)이나 장유를 만드나 남방에서는 황국균의 야생주의 *Asp. flavus* 등의 aflatoxin 생성 균주가 생식되기 쉬므로 녹색의 곰팡이는 사용하지 않는다. 또 청록색을 띠는 *Penicillium*속의 곰팡이는 식중독의 위험성이 있는 균주가 존재하기 때문에 사용하지 않는다. 포자의 색이 흑색이거나 회색의 *Asp. niger*, 솜털곰팡이나 거미줄곰팡이 또는 홍국균(紅麴菌)을 사용하고 있다.

종국으로서는 소맥분과 찹쌀가루를 섞어 굳게 한 병국(餅麴 : 직경 2 cm, 두께 3 cm의 떡 모양에서 직경 2～3.5 cm, 두께 1.5 cm의 떡 모양, 작은 것은 완두 알맹이의 크기까지 여러 가지 크기의 것이 있다)을 사용하고 있다(그림 1-6). 이 병국은 3종류(생것, 찐 것, 볶은 것)의 소맥분말에 찹쌀가루를 혼합한 것이다.

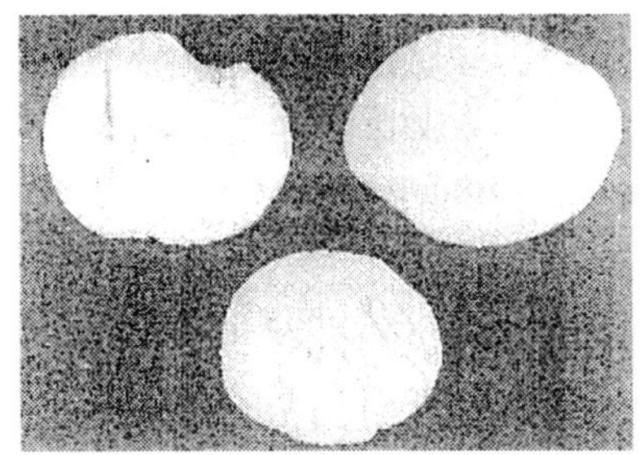

그림 1-6. 병국(인도네시아에서는 Ragi라고 한다)

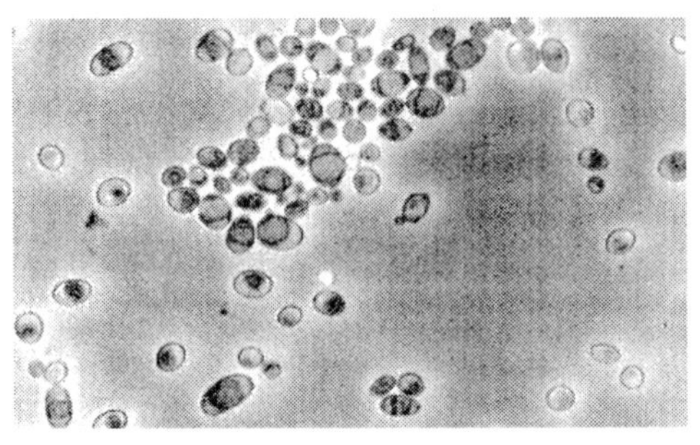

그림 1-7. *Saccharomycopsis fibuligera*의 포자

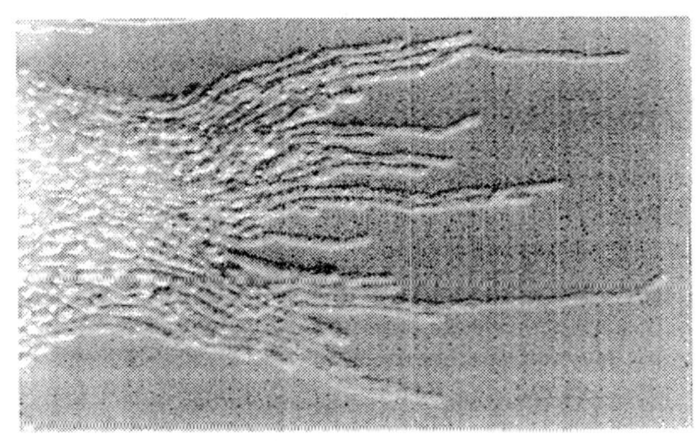

그림 1-8. *Saccharomycopsis fibuligera*의 균사

특히 찌거나 볶은 것은 국균(麴菌)이 잘 번식하고 생의 곡물에는 거미줄곰팡이, 솜털곰팡이가 증식하기 쉽다. 또 15~20℃에서는 솜털곰팡이가 그리고 25℃ 이상에서는 거미줄곰팡이가 증식되기 쉽다.

병국(餠麴)에는 *Rhizopus* 속이나 *Mucor* 속의 균주와 효모의 *Saccharomyces* 속이나 *Saccharomycopsis* 속(동남아시아의 병국이나 인도네시아의 Ragi에 함유되어 있다)이 함유되어 있다. 또 유산균으로서 건조에 강한 *Pediococcus pentosaceus* 가 함유되어 두시(豆豉)나 술의 발효에 이용되고 있다(그림 1-7).

1.3 내염성(耐鹽性) 효모와 유산균

장유나 장(醬), 두시(豆豉) 중에서 작용하는 주요한 효모에는 유포자효모(有胞子酵母) *Zygosaccharomyces rouxii*(*Saccharmyces rouxii* 로 개명, 그리고 후숙(後熟) 효모로서 *Candida versatilis*(*Torulopsis versatilus*로 개명)와 *Candida etchellsii* (*T. etcellsii* 로 개명)가 있다. 후숙 효모는 가온하지 않는 천연 장기 숙성효모로서 장이나 장유의 향기나 맛에 관여하고 있다. 동북지방(하얼빈)의 장유나 장의 제미(諸味 : 간장 덧)에서 분리하였다(표 1-10).

효모 균체의 자기소화에 의하여 guanylic acid의 지미(旨味)가 생성되어 농순미(감칠맛)가 부여된다. *Zygosacch. rouxii*의 증식에 따라 호박산이 생성되어 다시 지미가 증가된다. 또한 효모의 역할로서는 원료취(原料臭), 미숙취[두취(豆臭), 강취(糠臭)], 기름탄내 같은 냄새 등의 소취(消臭)나 악취(惡臭)의 마스크, 장(醬)과 장유(醬油)의 방향 부여가 있다.

한편 4-ethylguaiacol이 장유의 향이라 말하고 있으나 향이 지나치게 강하고 품질이 좋은 장유에는 4-hydroxy-2(혹은 5)-ethyl-5(혹은 2)-methyl-3(2*H*)-furanone

표 1-10. 새로운 *Zygosaccharomyces* 속의 분류 검색

1a. 1,000 ㎍ / ㎖ cycroheximide 존재 하에서 생육 가능	→2
1b. 1,000 ㎍ / ㎖ cycroheximide 존재 하에서 생육 불가능	→5
2a. 37℃에서 생육 가능	*Z. fermentati*
2b. 37℃에서 생육 불가능	→3
3a. 생육에 inositol을 요구	*Z. cidri*
3b. 생육에 inositol을 불요구	→4
4a. α-Methyl-D-glucoside를 자화한다.	*Z. florentinus*
4b. α-Methyl-D-glucoside를 자화하지 못한다.	*Z. mrakii*
5a. Meliiose를 자화한다.	*Z. microellipsoides*
5b. Meliiose를 자화하지 못한다.	→6
6a. 1% 초산한천배지에 생육 가능	→7
6b. 1% 초산한천배지에 생육 불가능	→8
7a. Trehalose를 자화한다.	*Z. bailii*
7b. Trehalose를 자화자지 못한다.	*Z. bisporus*
8a. 16% 식염 / 15% glucose 배지에서 생육 가능	*Z. rouxii*
8b. 16% 식염 / 15% glucose 배지에서 생육 가능	*Z. mellis*

이 함유되어 있다. 장유의 염미(塩味)를 순하게 하고 부드럽게 하여 캐러멜 같은 단맛의 향을 가진다. 최근 기능성 면에서 효모가 생성에 관여하는 linoleic acid의 ester에 항변이원성이 있는 것이 증명되었다.

1) 내염성(耐鹽性) 효모의 성질

장유(醬油)나 장(醬)에서 분리된 *Zygosacch. rouxii*는 자웅 이주성(雌雄異株性, heterothallic) 반수체(半數体)로 증식되는 효모이다. 같은 균주가 사탕이나 함당(含糖) 식품에서 분리되어 이 분리된 균주는 항삼투압성 효모로 대부분의 균주가 자웅동주성(雌雄同株性, homothallic)이다. 장유에서 분리된 균주는 식염을 함유하는 배지 중에서 배양하므로 균체 내에 glycerol, aldehyde 등을 축적하여 내염성을 획득하였다.

내염성(耐塩性) 효모는 항삼투압성(抗滲透壓性)을 나타내나 삼투압성의 효모는 반드시 내염성을 나타내는 것은 아니다. 식염 감수성 균주가 존재하기 때문에 16% 식염배지에서 생육하는 균주는 *Zygosacch. rouxii*와 16%에서 생육 안 하는 균주 *Z. mellis*로 분류된다. 또 *Z. rouxii*도 19% 고농도 식염배지에서는 생육최적 pH 4.0~5.0의 범위에서만 생육하는 균주, pH 3.5~6.0의 광범위에서 왕성하게 생육하는 그룹, 이 중간의 그룹의 세 그룹으로 나눈다. *Candida* 속의 효모는 17% 이상의

식염배지에서도 pH 3～6.5의 넓은 범위에서 생육이 가능하다.

*Zygosacch. rouxii*는 무염(無塩)하에서는 최적온도 25～30℃에서 생육하고, 40℃에서는 생육되지 않으나 식염 18%에서는 40℃에서도 생육이 가능하다. 식염농도 22%까지도 생육되는 내염성 효모가 있다. *Candida* 속의 효모는 적온 20～30℃에서 생육하고, 35℃ 이상에서는 생육되지 않는다. *Candida* 속의 효모는 무염보다 7～10%의 식염농도에서 잘 생육하고 23%에서도 생육하는 균도 있다.

*Zygosacch. rouxii*는 배양액의 식염농도의 증가에 따라 inositol과 pantothenic acid, biotin의 요구성이 증대되고, 식염 18%를 함유하는 glucose 배지에서는 생육하고, 무염(無塩)하에서는 maltose 배지에서 생육되지만 15% 이상의 고농도 식염배지에서는 생육할 수 없다. 이 성질을 이용하여 *Z. rouxii*와 *Candida* 속의 효모를 분별하여 생육상태의 균수를 계산한다.

이외에 *Candida* 속의 효모는 ortho-vanilline(1.2 mg/100 ㎖ 배지)에서 저해되어 생육하지 않는다. 또 *Zygosacch. rouxii*는 리튬이나 아연의 금속염에서 생육을 완전히 저해되나 *Candida* 속의 효모는 저해하기 때문에 배지에 가하여 선별계수를 하고 있다.

2) 내염성(耐鹽性) 효모의 배양조건

장유나 장(醬) 그리고 두시(豆豉)에 함유되는 내염성 효모는 고농도 식염 중에서 생육하기 위하여 전술과 같은 비타민 등을 필요로 하나 이들은 대두가 분해하여 두시(豆豉)나 장유에 함유되어 이들의 제미(諸味 : 간장 덧)의 성분을 가하면 증식이 좋아진다.

예를 들면 종 배양이나 분리배지에 5～7%의 두시나 1～12%의 생장유(生醬油 ; 살균이나 보존료 등을 가하지 아니한 것)를 가하면 증식이 좋아진다. 30℃에서 *Zygosacch rouxii*는 2～3일에서, *Candida* 속의 효모는 5～7일에서 증식하여 콜로니가 검출된다. 보통의 효모보다 배양기간이 길고, *Candida* 속의 효모는 콜로니가 적고 매끈매끈하다. *Z. rouxii*에서는 잘 증식한 콜로니는 거친 면으로 주름모양으로 되고, *Candida* 속의 효모와 판별되기 쉽다.

효모를 사면배지에서 보존하는 경우 0～5℃에서 3～6개월 간 계대배양 할 필요가 있다. 그러나 두시나 장의 제미(諸味 : 두시나 장의 덧)를 물로서 5～10배로 희석하여 2% glucose를 보충하고 7～8%의 식염농도에서(식염을 가하면 내염성을 얻기 쉽다) pH 4.5～5.0로 조정하여 효모를 접종하면 건조하지 않는 한 2～5℃에서 3～4년간 보존이 가능하다. 특히 *Candida* 속의 효모는 두시(豆豉)나 장의 제미 중에서 보존할 필요가 있다.

장과 장유의 담금에 첨가하는 종균은 *Z. rouxii* 에서는 액체배지에 전 배양하여 종수(種水)로서 가한다. *Candida* 속의 효모는 장이나 장유 제미(諸味 : 간장 덧)에 전 배양하여 가하는 것이 가장 좋다.

3) 유산균(乳酸菌)

(1) *Tetragenococcus halophilus*

장(醬), 두시(豆豉), 장유(醬油)의 제조에 유효한 유산균은 *Tetragenoccocus*(*Pediococcus* 속을 개명) *halophilus* 로 glucose에서 유산만을 생성하는 homo형 사련구균이다. 이 사련구균은 미증(味噌), 장유(醬油)의 제미(諸味 : 간장 덧) 중에서 5~10% 식염농도에서 최적의 증식을 나타내고 호염성으로 22% 식염농도에서도 생육된다. 고농도 식염 중에서 생육하는 경우 biotin, pyridoxine, nicotinic acid, pantothenic acid, riboflavin이 필수이고, 이 외에 betaine, choline이나 어느 종류의 peptide나 uracil을 요구한다. 이들 성분은 국이나 두시, 장유의 대두 분해산물에 함유하므로 스타터나 보존배지, 분리배지에 두시나 장유 제미를 가하는 것이 필수조건이다.

국 중에서 *Micrococcus* 속의 균이 비정상으로 증식하여 pH를 내려 산취(酸臭)를 내거 되면 *Micrococcus* 속의 균이 *Tetra. halophilus*의 영양원을 먼저 섭취하므로 제미(간장 덧) 중에서는 *T. halophilus* 가 증식하지 못한다. 이 때문에 장유에서는 국실(麴室)의 세정을 하여 *Micrococcus*속 균의 오염을 방지하고 있다.

*Tetra. halophilus*는 다른 유산균에 비교하여 장시간의 배양이 필요하고 30℃, 4~7일간 이상 배양하면 콜로니가 검출된다. 이 균은 탈지분유 중에서 동결건조하면 장시간 보존이 가능하다. 이 균의 역할은 두시, 장유 제미 중에서 유산을 생성하여 제미의 pH를 내리고 식염함유 배지에서 증식하는 내염성 효모의 증식 최적 pH로 하는 것이다. 또 낮은 pH는 장유의 변질이나 미생물의 오염을 방지하고 보존성을 증가시키는 효과가 있다. 예를 들면 담금 후의 제미 발효기간에 장유의 유해균인 산막성(産膜性) 효모(*Hanseula, Pichia, Debaryomyces* 속 균)나 세균의 균수가 pH의 저하와 숙성과 함께 감소하여 최후에는 거의 검출되지 않는다. 이 외에 두시(豆豉)나 두장(豆醬)의 유산이 증가하면 순한 염미(같은 식염농도에서도 산을 미량으로 가하면 짠맛이 감지되지 않는다)를 부여한다.

최근 *T. halophilus*는 다음과 같이 유기산 대사의 다양성이 있는 것이 밝혀졌다.

① 사과산, 구연산을 분해하는 균주(菌株)

② 어느 것이나 분해하지 않는 균주
③ 어느 한 쪽을 분해하는 균주
④ 초산을 생성하지 않는 균주

초산은 내염성 효모의 생육을 저해하기 때문에 향미가 나빠지므로 초산을 생성하지 않는 균주를 선택한다.

(2) 기타 유산균

식염 농도가 낮은 두시나 장유 제미, 국 중에는 *Tetragenococcus. halophilus* 이외에 유산균이 검출된다. 두국(豆麴) 중에는 *Enterococcus faecalis*(*Streptococcus faecalis*를 개명), 면국[麵麴(麯)], 소맥국에는 *Pediococcus acidilactici*(보리의 분해 성분이 함유하면 이 산패 유산균이 잘 증식한다)가 자주 검출되어 산패되기 쉽다. *E. faecalis*는 대두분해 성분이나 장유 제미를, *Pedioc. acidilactici*는 맥분해 성분을 가하여 순양(馴養)하므로 13% 이상의 식염에서도 증식하게 되어 내염성을 얻는다. 국 중에서 증식하여 검출되는 여러 미생물은 담금 후 두시나 장유의 제미 중에서는 균수가 감소되나 내염성을 획득한 유산균은 일시 증가하여 그 후는 서서히 감소된다.

2. 미생물의 발효관리

미증(味噌), 장유(醬油)의 기원은 오래 두류를 발효한 두시[豆豉 : 발효하여 두립(豆粒)이 남아 있는 것]나 두장(豆醬 : 두립이 국의 효소로 분해 혹은 눌러 으깨도 눅진눅진한 제미 모양의 것)이 중국에 있고, 이 두시(豆豉)나 두장(豆醬)에서 생성되는 액체가 장유(醬油)이다. 이들의 제법은 중국의 동북부에서 한반도로 거쳐 일본 Shimane현, Yamaguchi현에 전해져 감로장유(甘露醬油, Saishikomi shouyu, 再仕込醬油)로 되었다고 한다.

이 제조방법은 한국의 간장과 같은 제조법이다. 현재 중국의 남쪽 사람들은 두시(豆豉)를 좋아하고, 북쪽 사람은 장(醬)을 좋아서 먹는다. 이들의 공통된 비전은 남아 있다. 보통 증자된 콩에서 국을 만들기는 어렵다. 대두를 물에 침지하여 증자하고 나뭇재를 가하여 알칼리성을 하면 납두(納豆, natto)로 된다. 그러나 중국의 남쪽에서는 침지할 때 유산발효를 하여 pH가 내려가 증자 대두에 곰팡이가 증식하기 쉽다.

또 증자 대두를 미증(味噌) 덩이로 하여 소맥분말을 섞어서 제국하면 미증(味

噌) 덩이의 표면의 물 방울이이 건조하여 곰팡이가 증식하기 쉬운 수분으로 되고 또 미증(味噌) 덩이의 내부는 유산균이 증식하여 pH를 내려 납두균(納豆菌)보다도 곰팡이가 증식하기 쉽게 된다. 대두의 한정 침지(일반적으로 흡수한 중량이 200~300%로 되면 150%로 되게 침지한다)와 갈변될 때까지 증자하는 방법이 일본의 두미증(豆味噌)이나 Tamari 장유(溜醬油)에 사용되고 있다.

한반도에서는 증자 대두를 단단하게 한 메주(醬麴)에서 간장(醬油)나 된장(豆味噌)으로 가공하고 있다. 중국의 북방에서는 와와두(窩窩豆 : 증자한 원료를 원통모양으로 둥글게 한 것)로 한 단국(單麴)이 있고, 이것은 일본의 미증(味噌)덩이 국(味噌玉麴)이다. 또 중국에서는 대국[大麴(麯)], 소국[小麴(麯), 병국(餠麴)도 포함된다]을 만들어 두시(豆豉), 두장(豆醬)을 제조한다. 이 미증(味噌) 덩이 국은 곰팡이류를 위시하여 효모나 세균류도 함유되어 양조상 풍미에 관여하고 있다.

또 담금 후의 두장(豆醬)이나 두시(豆豉)의 제미(諸味) 중에서 주요한 미생물은 식염을 함유하고 있어도 생육하여 활동되는 것이 필요조건이다.

2.1 곰팡이의 작용

곰팡이가 증식한 보리, 소맥분말 또는 잠두(蠶豆)에서 국을 만들어 두시(豆豉), 두장(豆醬)이나 두판장(豆瓣醬)을 만들어 이들의 액체를 장유(醬油) 등으로 이용하고 있다. 이들 국이 생성한 효소(amylase, protease, peptidase, glutaminase)가 원료의 전분이나 단백질을 분해하여 dextrin이나 당, peptide나 아미노산을 생성하여 맛에 관여하고 있다. 또 이들의 생성물질이 유산균이나 효모의 증식 인자와 영양소의 보급에 역할을 하고 다시 풍미의 전구물질 생성에 역할을 한다.

2.2 국(麴)의 효소와 생성조건

국균(麴菌)은 여러 종류의 효소를 생성하여 장(醬), 두시(豆豉), 장유(醬油)에 이용되고 있다. 단백질의 분해에는 산성(pH 3 부근), 약산성(pH 6.0)과 중성(pH 7.0)의 protease와 peptidase(leucine aminopeptidase, 산성 carboxypeptidase)를 사용하고, 장유에서는 또한 이들 외에 glutaminase나 cellulase, pectinase 등을 이용하고 있다.

Rhizopus 속, *Mucor* 속 균이나 *Asp. niger*는 *Asp. oryzae* 보다 amylase, protease 활성이 약하나 cellulase 활성이 강하고 더욱이 pH 3.5의 산성 amylase나 산성 protease 활성이 강하다. 이 성질을 이용하여 장유국(醬油麴)이나 면국(麵麴)과 상기의 곰팡이를 병용하여 섬유성분이 많은 비지나 잡곡류에서 두류 발효식품을 제조

하고 있다. 또 제국의 온도조건에 따라 생성되는 protease나 amylase의 효소활성이 다르다. 28~30℃ 이하에서는 제국하면 protease 활성이 강하게 되는 종국을 장유에 이용하고 있다. 또 2번 손질 후에 40℃ 이상에서 제국하면 amylase 활성이 강한 제국이 되어 첨면장(甛麵醬)에 이용된다(표 1-11, 표 1-12).

국(麴)의 제소에 0.5% 탄산칼슘을 가하면 중성 protease 활성이 대조의 국의 2~3배로 되어 인산염의 공존 하에서 sodium glutamate나 sodium succinate, sodium citrate의 제국 보조제를 첨가하면 protease활성이 현저히 증강된다. 또 제국 중에 습도를 높여 상기의 제국 보조제를 가하면 protease활성(pH 6.0)이 다시 증강된다. 장(醬), 장유(醬油), 두시(豆豉)의 제조상 pH 6.0으로 측정되는 약 산성 protease 활성이 강하게 영향을 하여 중요한 역할을 차지한다.

Leucine aminopeptidase는 균체 내 효소이기 때문에 배양한 국 균체를 가하면 glutamic acid가 증가하여 지미(旨味)가 증가한다. 또 국의 phytase에 의하여 phytin을 분해하여 인산과 inositol을 생성하고 내염성 효모의 생육인자로 된다.

표 1-11. 중국에서 사용되고 있는 *Rhizopus* 속의 균주가 생성하는 효소활성

균 주	효 소	효소생산 최적배양 온도(℃)	효소활성이 최대로 되는 배양시간			최대효소활성 (unit/g 국)
			25℃	30℃	37℃	
R. javanicus AS. 3849	α-Amylase	30~37	160	100	120	2.6×106
	α-Glucosidase	35~30	180	100	50	9,000
	Proteinase	25~30	160	100	75	9,000
	Exo-cellulase	25~30	110	90	60	250
	Endo-cellulase	30~37	110	110	110	3,000
R. oryzae AS. 341	α-Amylase	30~37	130	120	60	4.4×106
	α-Glucosidase	30~37	10	95	100	13,000
	Proteinase	25~34	50	60	40	3,800
	Exo-cellulae	25~34	100	60	50	360
	Endo-cellulase	30~37	140	60	50	3,200
R. oryzae AS. 32893	α-Amylase	37	110	95	95	4.6×106
	α-Glucosidase	37	140	120	85	7,800
	Proteinase	30~34	130	120	85	7,500
	Exo-cellulase	37	110	95	110	440
	Endo-cellulase	25	110	110	100	3,700

표 1-12. 중국에서 사용되고 있는 *Aspergillus* 속의 균주가 생성하는 효소활성

균 주	효 소	효소생산 최적배양 온도(℃)	효소활성이 최대로 되는 배양시간			최대 효소활성 (unit/g 국)
			25℃	30℃	37℃	
A. niger UV-48	α-Amylase	30～37	-	65	100	5.8×106
	α-Glucosidase	35～34	65	90	-	55,000
	Proteinase	25～30	125	70	-	4,800
	Exo-cellulase	30	-	60	65	450
	Endo-cellulase	25	110	115	115	2,700
A. oryzae AS. 3800	α-Amylase	30～37	78	100	110	4.2×106
	α-Glucosidase	30～37	110	990	110	13,000
	Proteinase	25～37	50	42	40	3,800
	Exo-cellulae	30	50	60	50	320
	Endo-cellulase	25	500		50	2,200
A. oryzae AS. 3951	α-Amylase	30	-	80	-	4.6×106
	α-Glucosidase	30	-	56	-	7,800
	Proteinase	25～30	120	70	-	7,500
	Exo-cellulase	30	-	50	-	440
	Endo-cellulase	30～35	130	100	-	2,300

삼각플라스크에서 배양한 밀기울 국의 효소활성

이 외에 제국 중에 pantothenic acid, biotin, 비타민 B_1 등의 생육인자를 생성한다.

2.3 발효관리

1) 제국 중의 미생물의 동태와 관리

제국 중 국균(麴菌)의 자기발열에 의하여 국이 야무지고 덩어리로 되면 무산소적으로 되기 때문에 덩어리를 비벼서 깨뜨리고 교반하여 상하를 뒤집어 주고 손질을 하여 통기를 좋게 한다. 1번 손질까지 혼입된 세균은 일시적으로 증가하나 그 후 다시 품온(品溫)이 35℃로 상승하여 국의 2번 손질을 하면 이 사이에 국의 자기발열과 국균의 증식에 따라 혼입된 미생물이 감소된다.

그러나 유포자(有胞子), 내열성의 *Bacillus* 속, *Clostridium* 속 균이 국 중에 혼입하면 발효식품의 향미가 나빠지기 때문에 국실의 살균, 세정과 건조를 엄하게 하여

오염을 방지하고 있다. 특히 두국(豆麴)을 제조할 때 증자대두에 *Bacillus* 속 균이 증식하기 쉽고 30℃ 이상의 여름에는 오염이 현저하기 때문에 옛날에는 잡균이 적은 겨울이나 이른 봄에 제국을 하였다. 이외의 때에 제국을 하는 경우는 *Bacillus* 속의 증식을 억제하기 위하여 여러 가지의 전통적인 방법이 옛날부터 이루어져 왔다.

① 중국의 남쪽 지방에서는 침지 시에 수온이 30℃로 되어 유산발효를 하여 pH가 저하하고 또는 산을 가하여 pH를 내린 때의 *Bacillus* 속 균의 포자는 발아하여 영양세포로 되기 때문에 이것을 증자하면 살균하기 쉽다

② 첨면장(甛麵醬)이나 저염(低塩) 고체발효의 장유(醬油) 등은 대두의 침지시간을 단축하여 물 빼기 후의 중량 증가를 1.6～1.7배[일반의 미증(味噌)은 2.2배]로 되게 한정 침지하여 증자 후의 수분이 40% 이하로 되게 한다.

③ 장유의 경우는 초오(炒熬) 할쇄(割碎) 소맥을 가하여 증자대두의 수분을 약 45%가 되게 조절한다. 저염(低塩) 고체발효의 장유는 향전(香煎 : 보리를 볶아 가루로 한 것)이나 소맥분말을 가하여 수분을 조절하기 때문에 증자대두의 건조는 중국의 경산사두시(徑山寺豆豉)나 일본의 사납두(絲納豆 : Ito natto)에서는 천일건조를 구분하여 조절하고 있다.

④ 중국의 저염(低塩) 고체발효에 의한 장유(醬油)의 제조에는 과도한 증자를 하여 갈변한 대두(주로 당이나 아미노산의 갈변반응에 의하여 pyrazine 화합물 등의 갈변물질이 생성된다)를 만들어 *Bacillus* 속 균의 증식을 방지한다.

⑤ 증자 대두에 종균을 접종한 후 미증(味噌) 덩이를 만들고 옥외의 처마 밑에 매달거나 혹은 국실에서 제국을 한다. 미증(味噌) 덩어리의 크기는 작은 것(1.9～2.4 cm)에서 최대의 것은 직경 4.5 cm의 것이 있다. 클수록 내부에는 혐기성으로 되어 유산발효(주로 *Enterococcus. facaelis*가 많다)를 하여 pH가 저하하고 *Bacillus* 속의 균의 증식을 방지한다. 표면은 약간 건조하여 국균(麴菌)이 증식하기 쉬운 조건으로 되고 국의 균사가 증식하여 표면을 덮는다. 이 미증덩이국(味噌玉麴)과 유사하여 한국의 메주나 중국의 대국[大麴(麯)]이나 소국[小麴(麯)]을 전통적인 제조방법으로 채용하고 있다.

2) 담금 후 제미(製味) 중의 미생물의 동태와 관리

(1) 물에 대한 식염농도

국(麴), 증자대두, 식염 그리고 적량의 종수(種水 : 유산균이나 효모의 종이 함유하는 물)를 가하여 균일하게 혼합하여 발효용기에 담근다. 이 경우 식염농도가 균

일하게 담근다. 혼합이 균일하지 않아 식염농도가 낮은 경우에는 산패(酸敗), 부조(腐造)나 이상발효(異常醱酵)가 일어나기 쉽다. 또 높은 경우에는 국에 의한 효소의 분해가 나쁘고 유산균이나 효모의 발효가 일어나지 않는다.

국균(麴菌)이 증식하는 경우에는 온도와 습도에 관련하는 수분 활성에 의하여 영향이 되어 담근 두장(豆醬)이나 장유의 제미(諸味) 중에서는 액상 중의 식염농도에 영향이 된다. 이 관계를 물에 대한 식염농도로서 나타낸다.

$$\text{물에 대한 식염농도} = \frac{\text{미증(味噌)의 식염(\%)}}{\text{미증의 수분(\%)} + \text{미증의 식염(\%)}}$$

중국의 두장(豆醬)이나 장(醬油) 제미(諸味)의 물에 대한 식염농도를 그림 1-9에 나타내었다. 물에 대한 식염농도에 따라 미생물의 증식과 발효가 영향이 된다. 물에 대한 식염농도 23% 이상에서는 내염성(耐塩性) 효모에 의한 알코올 발효나 유산균에 의한 유산발효는 이루어지지 않는다.

식염농도가 높은 제미(간장 덧) 중에서 효모의 발효를 촉진하기 때문에 담금에 가하는 종수(種水)를 많이 하면 눅진눅진한 제미로 된다. 중국의 장유는 저염(低塩)으로 단시간의 양조 목적 때문에 수분함량을 적게 한 고체발효로 장유를 만든다. 소맥 분말로 만든 첨면장(甛麵醬)은 식염농도가 낮고 물에 대한 식염농도도 낮으나 제미의 담금의 수분함량을 40% 이하로 하여 미생물의 오염을 방지한다. 또

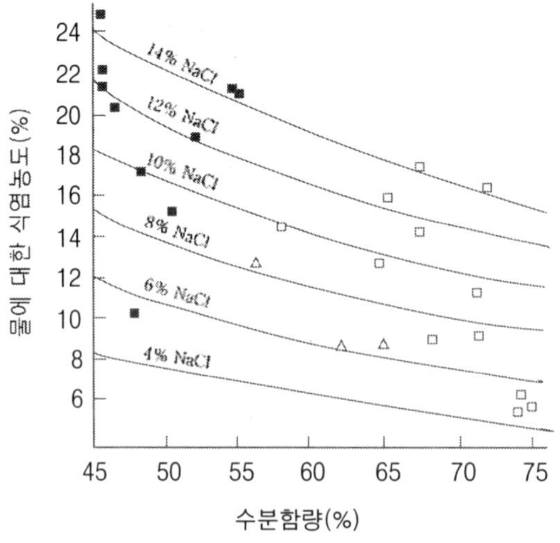

그림 1-9. 중국 장유와 장류의 물에 대한 식염농도

□ : 장 유, ■ : 장, △ : 장유제미

두국(豆麴) 유래의 *Bacillus* 속의 균을 억제하는 방법이나 알코올의 첨가나 효모가 생성하는 알코올로 미생물의 증식을 억제하는 방법이 있다. 현재 저염(低塩) 또는 감염두장(減塩豆醬)이나 장유를 제조하는 데는 다시 수분을 감소시킨 증자대두의 건조나 출국의 천일 건조가 이루어지고 있다.

(2) 장유의 원료배합 비율과 담금 염수[일본에서는 급수(汲水)라고 한다]

장유(醬油)의 원료배합은 용적비 단백질 원료(대두 또는 탈지가공대두) : 전분질 원료(소맥분말 또는 밀기울) = 55 : 45로 12수(水)의 포화식염수를 가한다. 12수(水)란 원 원료(대두와 소맥) 10 kℓ에 대하여 담금 포화식염수를 12 kℓ를 사용하는 것이다. 이 담금 염수(塩水)가 많으면 식염농도가 높고 발효를 억제하며, 국의 효소에 의한 단백질 원료의 분해가 나쁘다. 가하는 담금 용수가 적으면 제미(諸味)의 식염농도가 낮아져 효소에 의한 분해나 발효 성숙이 촉진된다. 또 저염(低塩)이 되면 제미의 산미가 증가한다. 현재는 11.5수(水)를 가하여 성분이 진한 장유를 제조하고 있다.

잡균의 혼입을 막기 위하여 출국에 5℃로 냉각한 포화식염수를 가하고 잘 혼화하여 동시에 *T. halophilus*를 10^6/mℓ로 가하여 유산발효를 시킨다. 다시 교반하여 효모의 발효를 촉진하고 장유의 향미를 생성시킨다. 중국 장유의 저염(低塩) 고체발효에서는 탈지대두 : 밀기울 = 50 : 50 에 대하여 6수(水)의 포화식염수를 가하고 1개월의 단기간으로 분해 발효시킨다.

(3) 장유의 발효관리

저염(低塩)의 식염수로 담그고 내부까지 식염수를 충분히 흡수시킨다. 그리고 국(麴) 중의 유해세균을 억제하기 위하여 막대기로 교반한다. 그러나 과도하게 교반하면 제미(諸味 : 간장 덧)가 끈적거리고 무산소성으로 되어 질소 이용률도 저하하며, 효모가 발효하지 않고 향기가 떨어진다.

처음에는 1주간에 1회의 비율로 교반한다. 담금 후 약 20℃에서 7~10일간마다 pH가 내려가면 효모(*Zygosacch. rouxii*를 10^5/mℓ와 *Candida. versatilus*를 10^6/mℓ)를 첨가한다. 그 후 효모의 증식과 발효를 촉진하기 위하여 제미의 품온을 25℃로 올리고 통기 교반의 회수를 많게 하고, 효모의 발효 최성기(最盛期)인 여름철에는 2~3일에 1회, 겨울에는 8~10일에 1회의 비율로 통기 교반한다.

담금 직후는 효모를 첨가하는 수도 있다. 그러나 탈지가공대두는 으깨기가 쉬우므로 환대두(丸大豆)보다 교반을 적게 한다. 담금 직후에 효모를 첨가하는 수도 있다. 더욱이 *Cand. versatilus* 등의 제미(諸味)의 pH가 5.3 정도로 저하되고 나서 가하는 수도 있다. *Candida* 속의 효모는 대두의 분해성분이 함유되는 제미 중에서 배양한 종 제미를 첨가하면 가장 효과가 있다.

증식이 알맞은 조건 하에서 *Zygosaccharomyces rouxii* 를 제미(간장 덧)에 가하여도 효모의 증식과 발효가 일어나지 않는 수도 있다. 이것을 조사하면 야생효모가 첨가효모를 죽이는 killer 현상이 있고, 내염성 killer(식염의 농도가 증가와 더불어 killer 활성이 증대하는 성질) 효모가 장유의 제미에서 분리된다. *Zygosacch. rouxii* 의 생육을 저해하고 있는 것을 알았다. 현재 *Z. rouxii*에 대한 killer 효모로서 *Hansenula anomala* (장유 제미에서 분리), *Pichia farinosa*, *Kluveromyces thermotolerans* 가 강한 내염성 killer 저해를 한다. 이 외에 *Zygosacch. rouxii* 에 대하여 *Kluveromyces* 속의 효모 중 *Kluv. vanudenii* 와 *Kluv. lactis* 가 식염의 존재 하에서 식염이 존재하지 않는 경우에도 killer성을 나타내는 효모로서 검출되고 있다.

침채류(沈菜類)나 장유를 오염하여 변패(變敗)시키는 유해한 효모 *Hansenula anomala* 를 죽이는 내염성 killer 효모를 Takuan의 공장에서 분리하였다. 이 효모는 침채류 공장에서 유해한 곰팡이(신막성 효모는 표면 곰팡이 모양이기 때문에 흰곰팡이라 한다)가 발생한다고 생각된다. 다음은 곰팡이의 발생이 발견되지 않았으므로 조사한 바 단무지의 담금용액 중에서 내염성 killer 효모 *Debarymyces hansenii* 를 분리하였다. 이 효모의 배양액을 가하면 *Hasenula anomala* 의 증식이 저해되어 산막효모(產膜酵母)의 곰팡이가 검출되지 않았다.

Zygosacch. rouxii 는 호기적 조건에서만 증식하므로 통기 교반이나 고체발효에서는 공기에 접촉시키기 위하여 뒤지기를 한다. *Candida* 속의 효모는 유산이 단백질이 분해하여 질소성분이 많은 제미 중에서는 *Zygosacch. rouxii* 보다 용존산소가 적은 상태에서도 증식하여 발효한다.

3) 품질이 좋은 제품을 만들기 위한 조건

대두 발효식품의 장이나 장유의 제미(諸味) 중에는 작용하는 효모나 유산균은 고농도 식염에서 증식하는 내염성(耐塩性)이나 호염성(好塩性)의 균으로 대두는 곡류(깔, 보리 등)를 분해한 성분이 함유되는 제미 중에서 증식, 발효를 하여 술이나 낙농제품에 함유되는 효모나 유산균과 현저히 성질이 다르다. 액체보다 고형상의 제미 중에서 증식하기 때문에 단립(單粒) 구조의 틈새에 산소를 함유하는 두시(豆豉)나 장(醬)의 제미가 들어 있다.

예로서 담금 시에 증자대두와 국과 소금을 혼합하여 뇌쇄기(choper)가 가늘게 거르면 끈적거리고 혐기성으로 되어 효모의 증식이 나쁘다. 이 때문에 거르는 체 구멍의 직경이 거친 6～14 inch 구멍을 통하고 단립(單粒) 구조의 틈새가 생기게 한다. 그러나 효모의 증식을 필요로 하지 않는 첨두시(甛豆豉)는 가늘게 거르고 공기가 들어가는 틈새가 없게 담아서 분해시킨다.

장유 제미에는 가는 탈지대두보다 알맹이를 갖춘 탈지가공대두를 사용하고 있다. 또 밀기울이 남아 있는 국맥(麴麥)노 과립상의 것이 좋고, 발효하어 제미 중에서 공기를 넣어 좋은 장유가 된다. 이와 같이 품질이 좋은 두장(豆醬)이나 장유를 제조하는 것은 효모나 유산균의 성질을 알고 증식이나 발효를 억제하거나 촉진시키는 환경조건을 만든 것이 필요하다.

장이나 장유의 제미(간장 덧)에서 분리한 *Zygosacch. halohilus* 나 *Z. rouxii, Candida. versatilus* 는 어장유의 제미 침출액(미리 활성탄에서 thiamin을제거한 침출액)을 7～8% 배양액에 가하여 20%의 고농도 식염의 제미 중에서도 잘 번식하게 된다. 어장유가 분해한 성분에는 이들의 장유 유산균이나 효모의 내염성 증식인자가 함유되어 있다. 또 이들의 장유나 분리한 균도 두장유(頭醬油)의 발효에 이용된다.

두시(豆豉)나 두장(豆醬) 그리고 장유(醬油)의 저염(低塩) 고열 고체발효법으로 대두를 과도하게 증자하거나 담금 시의 국을 퇴적하여 자기발열로 품온이 45℃ 이상으로 되는 경우나 45℃ 이상의 고온발효 혹은 과도한 가열살균에 의하여 대두가 갈변하여 pyrazine이 생성된다. Pyrazine은 향기로운 향기를 띠나 과하면 *Z. rouxii* 나 납두균(納豆菌)의 증식을 저해한다. 이 때문에 갈변하여 pyrazine의 생성이 두장(豆醬), 두시(豆豉), 장유(醬油)는 미생물에 의한 오염이나 부패가 일어나지 않는다. 이들의 pyrazine은 항변이원성을 나타낸다.

제 2 장

특색 있는 중국의 국(麴)

수천 년 전에 중국에서 시작한 대두 발효식품은 동남아시아, 한반도를 거쳐 일본으로 전해졌다. 중국에서는 각 지방의 원료사정, 기후풍도 혹은 습관에 따라 지방의 특색이 있는 여러 종류의 발효식품을 만들어 내었고, 이들 식품은 어느 것이나 동양인의 식생활을 풍요롭게 하여 영양을 유지하는 데 중요한 역할을 하였다. 이 발효식품은 미생물의 작용으로 만들어지며, 특히 국(麴)과 밀접한 관계가 있다.

중국에서 국을 사용하여 술을 만드는 것은 5000년 이전의 용문문화(龍山文化) 시대에 시작하여 후한(後漢)의 고서에서 처음으로 초국(草麴)이 기재되어 기원 300년경의 『방원(方言)』에 국은 원료별로 병국(餠麴), 대맥국[大麥麴, 모(麰)], 소맥국(小麥麴), 가는 병국(餠麴), 유의국(有衣麴 : 곰팡이로 싸여 있는 국) 등의 5종류가 기재되어 있다. 그 후 『제민요술(齊民要術)』에는 8종류[신국(神麴), 이국(頤麴), 백료국(白醪麴), 분국(笨麴), 하동신국(河東神麴), 대주백수국(大州百隋麴), 황의(黃衣), 황증(黃蒸)] 등의 제국(製麴)과 사용법이 상세히 기록되어 있다.

중국의 전통적인 양조식품은 거의 대부분이 국(麴)을 사용하고, 이들의 국에 함유된 미생물의 종류에 따라 제품이 되는 것이 좌우되고 현대 중국에서는 전통적인 경험에 기초하여 성질이 다른 국이 만들어지고 있다.

1 국(麴)의 종류

국(麴)은 중국 간체자로 곡(曲)으로 쓴다. 제국방법은 각각의 방법, 생산품, 특징 또는 계절에 따라 다르다. 국의 명칭은 백주(白酒), 황주(黃酒), 식초(食醋), 장(醬) 그리고 장유 제조업에 따라 다른 명칭과 통속 명을 쓰고 있다. 현재 국(麴)은 오래 동안 사용되어 온 국실(麴室), 국상(麴床)이나 대나무 광주리 등에 부착한 미생물을 곡물에 착생시켜 제국(製麴)하는 천연국(天然麴)과 순수 배양한 종국(種麴)을 접종하는 인공국(人工麴)의 2종류가 있다.

1.1 천연국[天然麴(麯)]과 인공국[人工麴(麯)]

천연국은 별명, 노법국[老法麴(麯), 옛날 방법으로 만든 국]이라 하며 증자한 원료에 그 반분 이상의 생의 곡물이나 밀기울, 왕겨 등을 적량의 물과 같이 살포하고 장방형 혹은 원형의 떡 모양으로 굳게 한 것으로 옛날의 방법이다. 즉 사용하고 있는 국실(麴室)이나 대바구니(광주리), 멍석(자리)에 부착하고 있는 곰팡이, 효모나 세균류를 배양하여 만든 국이다.

천연 국에는 곡물을 분해하는 전분 가수분해효소나 단백질 가수분해효소를 생산하는 곰팡이류 외에 좋은 향을 생성하는 효모나 세균이 함유하고 있다. 또 인공국은 보통으로 찐 곡물이나 밀기울, 왕겨에 순수 배양한 곰팡이류나 효모, 유산균 등을 접종하여 만든 국으로 국의 당화력과 단백질 분해력을 이용하고 있다. 또한 국의 원료가 되는 곡물의 종류에 따라 세분할 수가 있다. 이것을 그림 2-1에 나타내었다.

미국[米麴(麯)]에는 증미에 *Aspergillus oryzae* 를 접종한 맥미국[白米麴(麯]), *Monascus*속 곰팡이를 접종한 홍국(紅麴) 그리고 *Monascus*속 곰팡이와 *Aspergillus niger* 를 혼합한 오의홍국(烏衣紅麴)이 있다. 이들 국은 중국의 전통 황주(黃酒), 식초나 두부유(豆腐乳) 등의 생산에 이용되고 있다. 부국(麩麴)은 곡물, 밀기울을

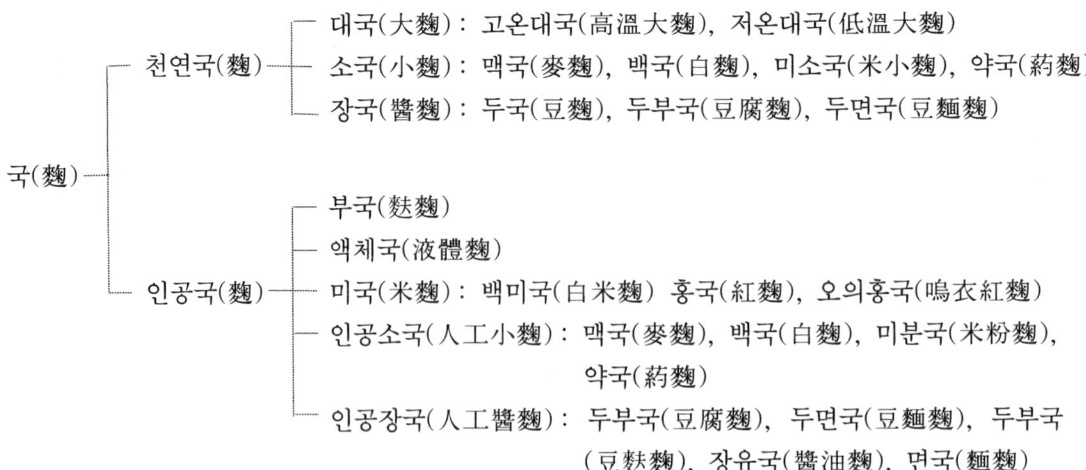

그림 2-1. 중국 국(麴)의 분류

증자한 원료에 *Asp. oryzae*의 종국(種麴)을 접종하여 배양한 국으로 백주(白酒), 식초(食醋), 된장, 간장 등의 생산에 사용된다.

액체국(液體麴)은 알코올생산에 사용되고 있다. 중국의 전통인 장유(醬油)는 대두, 탈피 잠두(豌豆), 낙화생과 소맥분말 등을 원료로 하여 *Asp. oryzae*, *Rhizopus* 속, *Mucor* 속 곰팡이를 접종하거나 혹은 전연배양으로 만든 국으로 특징이 있는 장류(醬類)와 장유(醬油), 두부유(豆腐乳) 등의 제조에 사용된다. 두국[豆麴(麯)]은 대두, 잠두 등을 원료로 하여 두장[豆醬 : 중국 북방에서는 대장(大醬)이라 부른다]과 두판장(豆瓣醬)의 생산에 사용되고 있다.

두국에는 일본에서는 증자한 대두를 굳게 한 미증 덩어리(味噌玉, Nagano 지방의 10 ×10 ×10 cm의 입방체 또는 원주형), Aichi(愛知)의 두미증(豆味噌) 경우 직경 20~40 mm, 한국은 메주이고 된장이나 간장을 만들고 있다. 맥국[麥麴(麯)]은 대맥 또는 소맥을 할쇄하여 볶거나 침맥 후 증자하여 제국한 맥국이다. 면고국[麵糕麴(麯)]은 소맥 분말을 벽돌모양으로 굳히거나 혹은 둥근 떡 모양이나 작은 판형으로 하여 증자하고, 냉각 후에 종국을 접종하고 40℃ 이하의 통풍 제국(製麴)한 것으로 첨면장(甛麵漿)이나 두부의 부원료로서 사용한다.

국의 제조법은 사용하는 미생물에 따라 다르다. 일본의 국은 미국(米麴)이나 맥국(麥麴)과 같이 증자한 원료에 종국(種麴)을 접종하여 그 표면에 국균(麴菌)이 번식한 산국(散麴)이나 중국의 천연국[天然麴(麯)]은 원료의 곡류를 증자하지 아니하고 생 그대로 분쇄한 후 살수하여 굳게 하고 성형하여 배양한 것으로, 특히 종국(種麴)을 가하지 않고 전회에 사용한 광주리나 국실, 용기 등에 부착한 살아 있는 곰팡이를 이용하거나 또는 병국(餠麴)의 종을 가하여 배양하여 이것을 술이나 두시(豆豉)의 제조에 사용하는 것이다.

생 원료를 사용하면 *Rhizopus* 속의 균이나 *Asp. niger* 가 증식하기 쉽다. 중국 남방에서는 *Asp. oryzae* 와 같은 녹색의 포자를 형성하는 것 중에 곰팡이 독을 생성하는 *Asp. flavus* 등의 야생균(野生菌)이 서식하여 오염되기 쉬므로 녹~농녹색을 띠는 곰팡이는 거의 사용하지 않는다. 그러나 북방에서는 야생의 곰팡이 독을 생성하는 균이 생식할 수 없으므로 대부분의 발효식품에 *Asp. oryzae* 를 사용하고 대두에서 산국(散麴)을 만들고, 장(醬)이나 장유를 제조하고 있다.

또 *Rhizopus* 속의 균이나 *Asp. niger* 는 단백질 분해력이 *Asp. oryzae* 나 *Asp. sojae* 보다 약하기 때문에 콩 알맹이가 남아 있는 두시(豆豉)가 되어 단백질의 분해력이 강한 *Asp. oryzae* 나 *Asp. sojae* 를 사용하여 장유국[醬油麴(麯)]이나 부국[麩麴(麯)]을 만들어 담그면 발효 중에 두류의 단백질이 잘 분해하여 콩 알맹이가 남지 않는 걸쭉한 장(醬)이나 제미(諸味)가 된다.

또 벽돌 모양의 대국[大麴(麯)]보다 작은 2～3 cm의 공 모양의 작은 편평 타원형(떡 모양, 작은 판형)으로 형성하여 제국하는 소국[小麴(麯)]이 있다. 소국[小麴(麯)]의 경우는 곰팡이와 효모를 함께 접종 배양하고 있으므로 발효작용도 함께 한다.

1.2 대국[大麴(麯)]

6세기 초기경의 『제민요술(齊民要術)』에 신국(神麴), 백료국(白醪麴), 분국(笨麴)이 있다. 이들은 대국[大麴(麯)]의 원조이다. 현재 중국의 대국은 소맥을 주원료로 하고, 생 원료를 자연 배양하여 만든 국으로 일부의 공장에서는 특징이 있는 제품을 만들기 위하여 대맥, 잠두(豌豆), 대두를 넣은 것도 있다. 대국은 중국의 백주나 대국주[大麴(麯)酒]의 생산에 사용하는 국이다. 식초(일본에서는 초산은 액체발효로 만드나 중국에서는 국과 물을 혼합한 반고체 발효이다)나 조미식품의 제조에 사용한다.

1) 대국[大麴(麯)]의 제조방법

정선된 소맥의 수분을 측정하고 목표 수분이 15%가 되도록 5～10%의 물을 살포하고 방치 후 분쇄한다. 가루의 50%가 20 mesh의 체를 통과한 가루에 3～5%의 모국분[(母麴(麯))粉]: 소맥분에 종 효모와 종국을 혼합한 것]과 20～30%의 물을 살포하여 장방형 목제의 형틀로 벽돌모양으로 굳게 하고 2～5 kg의 크기로 형성한다. 그 크기는 각 지방이나 공장에서 술의 종류에 따라 다르나 한 예를 표 2-1에

표 2-1. 대국의 크기와 국의 성상

국 명	생산지	크기(cm)	무게(kg)	국의 성 상
분주대국	산서성	27.5 × 16 × 5.5	1.7	국의 표면이 백색, 양측에 밤 껍질이 부착하여 곰팡이 향이 있다.
노주대국	사천성	34 × 20 × 5	2.5～2.8	국의 표면에 흰 반점 혹은 균사에 무늬가 있고 곰팡이 향이 있다.
모태대국	귀주성	37 × 23 × 6.5	4.8	곰팡이 향이 있고 자극적인 향이 있다.
서봉대국	협서성	28 × 18 × 6	2.2	대국의 양측에 밤 껍질이 부착하고 곰팡이 향이 있다.

나타내었다.

국을 굳게 하고 밟아 눌러 만든 대국이므로 전국[磚麴(麯)]이라는 별명이 있고, 백주와 대국주의 생산에 사용한다. 이 덩어리를 국배[麴(麯)坏]라고 한다. 각 지방의 특산의 곡류를 형성하여 옛날부터 사용하여 온 국실에 넣어 국상(麴床)에 짚을 15 cm의 두께로 깔고 그 위에 국괴[麴(麯)塊]를 2 cm 간격으로 늘어세우고 이것을 반복하여 4～5단 겹친다. 최상단에 짚을 펴고 물을 분무하여 습도를 보존하고 바구니나 항아리(독) 등의 용기에 생식하고 있던 곰팡이나 효모가 착생하여 자연 발열로 생긴 열로 품온이 상승한다. 이 때문에 온도를 내려 대국의 상하의 뒤바꿈을 하여 품온을 제어한다.

4일째부터 품온이 45℃를 넘어 국의 중심이 곰팡이의 균사가 침투하여 점차 국은 단단하게 되고 그대로 방치하면 국의 중심온도가 65℃까지 이르는 것이 있다. 고온으로 되면 열에 약한 균류가 도태되이 내열성의 세균이나 *Rhizopus* 속의 곰팡이 포자가 남는다. 뒤집기를 반복하여 40～50일 방치하면 국괴[麴(麯)塊]의 품온이 상온으로 되고 건조하여 수분이 15%로 된다. 이것을 담그면 당화력이 있는 국으로 되고, 각 지방의 특색이 있는 중국주(中國酒)가 된다. 또 중국술의 제조에 제국 후 국을 3개월간 재워서 약간 건조시켜 사용하는데 이를 진국[陳麴(麯)]이라 한다.

국의 온도가 60～65℃에 이르는 것을 고온국[高溫麴(麯)], 50～60℃의 것을 중온국[中溫麯(麯)], 40～50℃의 것을 저온국[低溫麴(麯)]이라 한다. 온도와 각 지방의 술 관계를 표 2-2에 나타내었다. 제국관리의 온도경과가 다른 국의 중심온도

표 2-2. 대국의 제국온도와 술의 종류

국의 종류	원 료	최고 배양온도(℃)	배양시간(일)	용도와 성상
고온대국 [高溫大麴(麯)]	소 맥	60～65	45～50	마태주 등 장향형 주 제조
중온대국 [中溫大麴(麯)]	① 소맥 ② 소맥 : 대두 : 완두 = 7 : 2 : 1 또는 6 : 3 : 1	50～60	30	노주, 대국주 등 농향형 주 제조
저온대국 [低溫大國(麯)]	① 소맥 ② 소맥 : 완두	40～50	25～28	분주 등의 청향형 주, 식초 등의 제조

최고 배양온도는 국의 중심온도.

최고 온도에 따라 각각의 지방 특색의 풍미가 있는 술이 된다. 향미의 타입에 따라 다음과 같이 분류한다.

(1) 농향형 백주(濃香型 白酒)

중국의 규격 관능평가에 교향(窖香)은 농욱(濃郁)이 있고, 지면에 판 굴 안의 탱크에서 발효한 향이 교향(窖香)으로 methyl caprylate(ethyl caprorylic acid), iso-amyl acetate, enthyl acetate, butyric acid, caproric acid 등이 주요 성분이다. 카프린산(caproic acid)균(*Clostridium kluyveri*), methane균(*Methanobacterium bragantii*)의 혼합배양으로 생성된 향의 술이다.

(2) 장향형 백주(醬香型 白酒)

모태주(茅台酒)의 acetoin, diacetyl, furfural, benzaldehyde, ethylguaiacol, vaniline이나 ferulic acid의 ester 외에 pyrazine 등이 갈색반응으로 생성된 향의 술이다. 60℃ 이상에서 제국하면 갈색반응이 진행하여 소백의 리그닌이 열과 효소로 aniline이나 ferulic acid로 분해하여 세균에 의하여 ethylguaiacol이 생성된 장향(醬香)의 술이 생성된다. 이 대국[大麹(麯)]의 제국 중의 곰팡이는 14일째까지 증식한 후에 품온이 60℃ 이상으로 상승하면 급속하게 감소하고 대신으로 세균이 번식하여 출국은 90%가 세균으로 차지하게 된다. 이 주된 세균은 *Bacillus megaterium*, *B. cereus*, *B. licheniformis*, *B. subtilis*와 효모가 분리된다.

(3) 청향형 백주(淸香型 白酒)

분주(汾酒)의 ethyl acetate의 상쾌한 향으로 농향형(濃香型)이나 장향형(醬香型) 백주와 달라 이취가 없는 술이 된다. 청향형(淸香型)에서는 제국 중의 최고온도가 40～50℃ 이하로 장향형의 60℃ 이상이나 농향형의 50～60℃ 이상의 최고온도를 알지 못하므로 제국 중에 갈색변화에 의하여 생성하는 성분이나 세균의 효소에 의하여 장향(醬香)의 생성이 없고 효모에 의한 ethyl acetate가 생성한다. 주로 *Saccharomyces*, *Hasenula*, *Candida* 속의 효모나 세균으로서 *Streptococcus* 속, *Pedioccoccus* 속, *Acetobacter* 속, *Bacillus* 속 등의 세균이 분리된다.

2) 대국[大麹(麯)]에 함유되는 미생물

대국은 옛날부터 천연국[天然麹(麯)]을 사용하여 자연의 생식하고 있는 미생물을 이용하여 왔다. 많은 연구자들에 의해서 대국에서 여러 종류의 미생물이 분리 동정되었다.

이 주요 속은 표 2-3에 나타내었다. 각각 분리된 균명(菌名)에 대하여는 제3장에서 상세히 기재하였다. 중국의 백주에 사용되는 대국[大麴(麯)]의 곰팡이류는 주로 *Rhizopus*속, *Mucor*속, 때로는 *Monascus*속, *Absidia*속, *Asperguillus*속, *Penicillium*속 균도 혼재하고 있다. 최근 보고에 의하면 천진(天津 : 크기는 22 × 15 cm, 높이 6 cm의 국)의 곰팡이의 균은 *Rhizopus*속이 아니고 대부분이 *Absidia*속이고, 국을 5층으로 나누어 조사하면 표면에서 그 다음의 안쪽에 많고 다시 중심에 가까울수록 감소되었다.

α-Amylase나 glucoamylase, 산성 protease활성도 표면보다 내층에 갈수록 강하고 그러나 중심에서는 감소되었다. 또 알코올도 표면보다 내층에 많고 효모수도 표면에는 적으나 다음 내층에 많고 그러나 다시 내부에 들어감에 따라 감소되었다.

표 2-3. 천연국에 존재하는 미생물

곰팡이류	효모류	세균류
Rhizopus 속	*Saccharomyces* 속	*Bacillus* 속
Mucor 속	*Candida* 속	*Streptococcus* 속
Monascus 속	*Hansenula* 속	*Lactobacillus* 속
Absidia 속	*Trichosporon* 속	*Pediococcus* 속
Aspergillus 속	*Geotrichum* 속	*Aerobacter* 속
Penicillium 속		*Acetobacter* 속

표 2-4. 대국[大麴(麯)] 배양 중의 미생물과 수분, 당화력의 비교

제 국 기		초기의 저온기	고온기	출국기
품 온		30℃	55℃	32℃
수 분	표층부	34	20	32
	내 부	37	29	16.5
효모수(균수/g국)	표층부	1.2×10^8	2.8×10^6	1.0×10^6
	내 부	8.6×10^7	4.0×10^4	7.6×10^5
세균수(균수/g국)	표층부	1.0×10^8	2.8×10^6	1.0×10^6
	내 부	4.0×10^6	5.0×10^4	8.6×10^5
당화력(mg glucose/h · g 국)	표층부	-	528	557
	내 부	-	29	288

- 효모수 : 맥아배지에 생육한 균수,
- 세균수 : 육엑기스 배지에 생육한 균수.
- 표층부 : 표면에서 1 cm의 부분,
- 내 부 : 중심부분

세균수는 표면에 많고 내부에는 감소하였다. 또 알코올도 표면보다 내층에 많고 효모수에서는 적으나 다음의 내층에는 많고 그러나 다시 안으로 들어감에 따라 감소된다고 하였다.

효모로서는 *Saccharomcopsis fibuligera* 등이 확인되었다. 일반적으로 효모류는 발효력이 강한 *Saccharomyces* 속과 좋은 향을 생성하는 *Candida* 속, *Hansenula* 속, 이외 *Trichoderma* 속, *Geotrichum* 속의 균도 존재하고, 세균류는 *Bacillus* 속의 균이나 유산균이 존재하고 있다.

대국[(大麴(麯)] 배양 중의 미생물과 당화역가를 표 2-4에 나타내었다. 대국[大麴(麯)]을 30℃ 이하에서 제국의 초기배양을 한 경우 미생물은 10^8개/g(이 중에서 80%는 세균, 약 18%가 효모, 2%가 곰팡이류)로 되나 고온기로 되면 3×10^6개/g로 감소하고, 건조된 국에서는 10^6개/g로 된다.

1.3 소국[小麴(麯)]

소국[小麴(麯)]에는 주약[酒葯(藥)], 약국[葯(藥)麴(麯)] 혹은 약병[葯(藥)餅)]의 별명이 있다. 중국의 남쪽에서는 많이 만들어 남국[南麴(麯)]이라 부르고, 크기가 대국보다 작으므로 소국[小麴(麯)]이라 부른다. 소국[小麴(麯)]은 대맥, 소맥, 쌀, 찹쌀, 이외 왕겨를 주원료로 하고, 때로는 여러 가지 약초를 혼합하여 만든다(표 2-5).

모양의 크기는 공장이 지방, 제품에 따라 다르다. 큰 것으로는 20 × 20 × 3 cm(약 0.5 kg)에서 직경 13~5 cm의 떡 모양이나 2 × 2 × 2 cm의 입방체, 직경 1.5~3 cm의 구형, 작은 것은 원두크기 등 여러 가지가 있으며, 소국[小國(麯)]은 생원료로 만든 것이 많으나 증자한 것도 있다 소맥으로 만든 국을 맥소국[麥小麴(麯)], 백강[白糠 : 도정한 미강(米糠)]으로 만든 국을 백소국[白小麴(麯)], 찹쌀가루에 한방약을 넣어 만든 약소국[葯(藥)小(麴)麯]이라 한다. 소국에 한방약을 가하면 제품의 맛과 향에 영향을 준다. 한방약의 성분이 잡균의 오염을 억제하고 곰팡이와 효모의 증식을 촉진한다.

소국[小麴(麯)]에는 자연의 미생물을 이용하는 천연국[天然麴(麯)]과 인공접종으로 만든 인공국[人工麴(麯)]이 있다. 이들 소국은 중국의 황주(黃酒), 소국주[小麴(麯)酒], 식초 그리고 두시(豆豉)와 두부유(豆腐乳) 등의 생산에 사용된다. 중국의 소국[小麴(麯)]과 같은 병국(餠麴)이 동남아시아의 중국계 사람들이 만들고 떡 모양이나 작은 판형, 도우넛 모양, 그리고 구형이고 미주(米酒), 대두제품의 tempe[중국에서는 담두시(淡豆豉)라고 한다], 식초의 조에 사용되고 있다.

표 2-5. 약초의 명칭 일람 천궁

생 약 명	과 명	이용부위	별명 성분
위령선(威靈仙)	미나리아재비과	뿌 리	-
황백(黃柏)	운향과	수 피	Verberine
황련(黃蓮)	미나리아재비과	근 경	-
활석(滑石)		-	Kaolin, 함수 규산알미늄
애(艾)	곡화과	경 엽	-
감초(甘草)	두과	뿌 리	Glycyrrhizin
감송(甘松)	마타리과	근 경	감송향, jatamansone
행인(杏仁)	장미과	종 자	-
화초(花草)	운향과	종 실	Methylchabicol
아조(牙皀)	두 과	두 과	Saponin
자호(紫胡)	미나리과	뿌 리	-
계피(桂皮)	녹나무과	수 피	육계, 관계(官桂), cinnamaldehyde
세신(細辛)	쥐방울과	뿌 리	Methyl eugenol
소회향(小茴香)	미나리과	과 실	소회(小茴), caraway, limonene, carvone
회향(茴香)	미나리과	과 실	Fennel, anethole
대회향(大茴香)	목련과	과 실	팔각(八角),오향분, anistar, anethole
승마(升麻)	미나리아재비과	근 경	-
수유(茱萸)	산수유과	과 실	산수유,
산나(山奈)	생강과	근 경	산차(山茶),
산치자(山梔子)	꼭두서니과	과 실	-
석고(石膏)	-	-	함수황산칼슘
전호(前胡)	미나리과	뿌 리	-
천패(川貝)	미나리과	인 경	패모(貝母)
천궁(川芎)	미니리과	뿌 리	천마(川馬)
천건강(川乾薑)	생강과	-	사천성의 건호한 생강
생강(生薑)	생강과생강과	근 경	Ginzaol, shogaol, zingerone
강황(薑黃)	생강과	근 경	-
청호(菁蒿)	국화과	근 경	-
창자(蒼子)	국화과	과 실	-
상협(桑叶)	상 과	잎	상엽(桑葉)

(계속)

생 약 명	과 명	이용부위	별명 성분
천남성(天南星)	천남성과	근 경	-
박하(薄荷)	꿀풀과	잎	-
백지(白芷)	미나리과	뿌 리	-
백출(白朮)	국화과	근 경	-
빈랑(檳榔)	야자과	종 자	-
복령(茯苓)	구멍장이버섯과	균 핵	-
부자(附子)	미나리아재비과	괴 근	-
포삼(包蔘)	오칼피과	괴 근	-
방풍(防風)	미나리과	근 경	-
목향(木香)	국화과	뿌 리	-
익지(益智)	생강과	과 실	-
초오(草烏)	마디풀과	괴 근	하수오(何首烏)
초구(草蔻)	생강과	종 자	소두구(小豆蔻), cardamone
초두구(草豆蔻)	생강과	종 자	초두(草豆)
창출(蒼朮)	국화과	근 경	-
마황(麻黃)	마황과	줄 기	Fennel
공정향(公丁香)	정향과	뇌(蕾)	정향(丁香), 정자(丁字), clove,
만춘화(萬春花)	백합과	근 경	만년청(萬年青)
요양곽	매자나무과	전 초	음양곽(淫羊藿)
초발(草撥)	후추과	과 수	익은 과수(果穗)
진피(陳皮)	운향과	과 피	성숙 과피
두충(杜冲)	두충과	수 피	-
파두(巴豆)	대극과	종 자	-
독활(獨活)	오갈피과	근 경	강활(羌活)

각 나라의 병국[餅麴 : 小麴(麯)] 이름을 표 2-5에 나타내었다. 소국[小麴(麯)]의 특징은 쌀, 고량(高粱), 옥수수에 대한 전분 분해력은 대국[大麴(麯)], 부국[麸麴(麯)]보다 강하나 고구마류에 대하여는 약간 약하다.

1) 약소국[葯(藥)小麴(麯)]의 제조법

(1) 천연약소국〔天然葯(藥)小麹(麯)〕의 제조

곰팡이와 효모를 공생시키기 위하여 첨가하는 약초의 배합은 각각 공장에서 다르나 이것을 표 2-6과 표 2-7, 표 2-8에 나타내었다.

표 2-6. 아시아 제국의 소국[小麹, 병국(餠麹)]의 명칭

국 명	명 칭
중 국	병국(餠麹)
필리핀	Bubod
태 국	Luk paeng
대 만	Chuniang
말레이시아	Ragi
인도네시아	Ragi
부 탄	Chan poo
네 팔	Murcha(쌀가루로 제조) Manapu(보릿가루로 제조)
인 도	Murcha

표 2-7. 약국에 사용되는 약초의 배합비율(보기 1) (미분 1.000 kg에 대한 kg)

약초명	사용량	약초명	사용량	약초명	사용량	약초명	사용량
감 초	0.35	소회향	0.18	진 피	0.55	육 계	0.16
화 초	0.16	천 궁	0.34	대회향	0.35	마 황	0.525
생 강	0.120	창 출	0.24	두 충	0.75		
승 마	0.727	초 오	0.35	파 두	0.70		

표 2-8. 약국에 사용되는 약초의 배합비율(보기 2) (미분 1.000 kg에 대한 kg)

약초명	사용량	약초명	사용량	약초명	사용량	약초명	사용량
위령선	1.00	아 돈	3.00	석 고	8.00	초 오	2.00
회 향	0.75	계 피	1.0	천 파	3.00	초 두	0.50
황 백	1.00	세 신	1.0	청 궁	0.50	마 황	3.00
활 석	4.00	소 회	1.5	저 호	3.00	공 정	0.5
감 초	1.00	승 황	1.5	천건강	1.50	관 계	1.5
감 송	0.50	산 나	1.0	독 활	0.5	만춘화	1.0
왕계자	0.5	산치자	1.00	백 정	2.0	뇨양곽	1.0

승황 : 지황, 천파 : 사천의 파극 치자

신선한 쌀가루 500 kg에 약초가루 23 kg, 쌀겨 150 kg을 혼합하여 여기에 50~60%의 열수를 혼합하면서 가하고 품온이 약 40℃에서 10 kg의 모소국[(母小麴(麯)] 분말을 가하고 잘 섞는다. 이것을 2~3 cm의 입방체로 돌리면서 구형으로 만들거나 또는 직경 7.5 cm의 떡 모양으로 만든다. 혹은 성형 후 모소국분[母小麴(麯)粉]을 표면에 흡착시키는 경우도 있다. 종균(種菌)을 접종한 후에 배양실에 옮겨 짚으로 덮고 35℃를 넘지 않게 때때로 위아래를 뒤바꾸어 배양한다. 50~60시간이 되면 표면의 2/3가 균사로 덮이고 다시 35℃ 이하에서 3일간 배양하면 수분이 증발하여 건조되고 품온이 상승하지 않게 된다. 이것을 볕에 쪼여 건조시키고 수분 12% 이하의 약소국[葯(藥)小麴(麯)]이 된다.

(2) 영파소국[寧波小麴(麯)]의 제조

절강성(浙江省) 영파지구(寧波地區)의 소국[小麴(麯)]은 육도미(陸稻米)와 랄료초(辣蓼草)를 원료로 하여 천연에 생식하는 곰팡이와 효모를 공생시킨 국(麴)이다. 이것을 영파소국[寧波小麴(麯)]이라 부른다(표 2-9). 입추의 서늘한 때에 수확한 육도미를 마쇄하고 50 mesh의 가루로 한 것과 7월 중순 미개화의 야생의 랄료초의 잎을 일광에 말려 건조한 후에 가루로 한 것을 사용한다.

쌀가루 : 날료초 분말 : 물 = 20 : 0.5 : 10.5의 비율로 잘 섞어 반죽하고 2~3 cm의 입방체로 끊고 여기에 3%의 모소국[母小麴(麯)] 분말을 살포하고 돌리면서 구

표 2-9. 영파소국의 효소역가

국 수분(%)	당화력(mg)	액화력(mg)	발효력(단위)
15.9	83.5	93.5	16.5

• 화 력 : 국 1 g에서 30℃, 1시간으로 생성되는 glucose의 mg 값
• 액화력 : 국 1 g이 30℃, 시간으로 소비된 전분의 mg 값
• 발효력 : 국 1 g에서 30℃, 1시간으로 생성된 ethanol 17.5 mg을 1단위로 하였다.

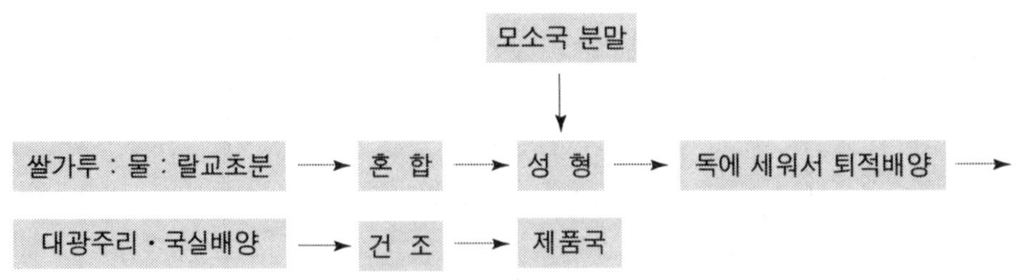

그림 2-2 . 영파소국의 제조공정

형으로 하고 독에 넣어 37℃ 이하에서 30시간 배양하면 표면이 흰곰팡이의 균사로 덮어진다. 여기에 버드나무나 대나무로 만든 광주리 등에 넣어 국실(麯室)에 옮기고 30～35℃로 5일간 배양한다. 시작하고 나서 출국까지 6～7일간 걸린다. 배양 후 매일 반나절씩 볕에 쪼이고 37℃을 넘지 않게 하면서 3일간 건조한다. 건조 후 독에 넣어 밀봉 보존한다. 영파소국의 제조공정은 그림 2-2에 나타내었다.

(3) 하문백국[廈門白麹(麯)]의 제조

하문백국[廈門白麹(麯)]은 복건성(福建省)에 시작하여 미강(米糠)을 원료로 하여 약초를 가하지 않고 제조하는 방법이다. 미강 100 kg에 쌀가루 10～20 kg을 섞고 증자 후 약 35℃로 식히고 4 kg의 *Rhizopus* 속의 종국(種麹)과 500 mℓ의 전 배양한 효모용액을 가하고 접종 혼합 후 성형하고 배양실에 넣는다. 35℃ 이상이 되지 않게 교반과 손질을 하고 약 2일간 배양 후 건조하고 소국[小麹(麯)]으로 한다. 이것을 하문백국[廈門白麹(麯)]이라 부른다.

(4) 인공약소국[人工葯(藥)小麹(麯)]

쌀가루 100 kg에 1.5 kg의 약초 분(20～40 종류의 약초를 혼합한 가루), 2 ℓ 의 전 배양한 효모액과 4 kg의 *Rhizopus* 속의 종국(種麹)과 원료의 약 60%의 물을 가하여 혼합하고 떡 모양으로 성형하고 35℃ 이하에서 60시간 배양 후 건조하고 제품으로 한다. 인공 소국[小麹(麯)]에 밀기울을 사용하는 경우에는 곰팡이와 효모가 공존하면 생육하지 못하므로 곰팡이와 효모는 별도로 배양하여 혼합한다.

2) 소국[小麹(麯)]의 미생물

(1) 원료의 종류와 미생물

생전분을 이긴 소국[小麹(麯)]에는 *Rhizopus* 속의 곰팡이가 증시되기 쉬우므로 천연 소국에서 분리한 미생물은 주로 *Rhizopus* 속의 곰팡이와 효모이나 *Mucor* 속, *Aspergillus* 속, *Monascus* 속 곰팡이도 자주 발견된다. 천연소국(小麹(麯)] 중에는 소맥을 사용한 소국은 홍국균(*Asperillus* 속의 곰팡이)이 주이고, *Rhizopus* 속과 *Mucor* 속의 곰팡이가 혼입하여 황색의 국으로 되거나 효모 등은 적기 때문에 효모를 첨가할 필요가 있다.

미소국[米小麹(麯)]은 미강(米糠)을 원료로 한 경우로 미강에는 곰팡이와 효모가 잘 번식하기 때문에 다른 성분을 가하지 않아도 좋다. 그러나 쌀을 원료로 하는 경우에는 곰팡이와 효모를 증식시키기 위하여 약재(葯材)라는 한약방을 가하여 약소국(蒻(藥)小麯(麵))으로 한다. 이들의 효모는 *Saccharomyces* 속과 *Hansenula* 속의 균주이다.

(2) 한방약(韓方藥)의 미생물에 대한 영향

동남아시아의 병국(餠麯)은 전분을 분해하는 효소를 이용하여 술 또는 초 혹은 장이나 두시(인도네시아의 대두발효식품의 tempe는 중국에서는 담두시(淡豆豉)의 일종이다)의 제조에 사용되고 있다. 이들 제조법은 소국[小麯(麵)]과 마찬가지이며, 각각 목적에 따라 쌀가루에 한방약(향신료)이나 초근 목피류(木皮類)를 가한 것이 있다. 동남아시아의 여러 나라에서는 곡류의 분말에 양질의 병국 분말 혹은 술덧을 가하고 다시 3종류 혹은 그 이상으로 20종류 정도의 향신료를 가하여 물로 이겨 성형한다. 인도네시아의 Ragi[병국(餠麯(麵)]에는 마늘, 생강, 백 고추, 흑고추, 고추, 육계가 사용되고 이들의 혼합비율은 종류나 공장에 따라 다르고, 확실하지 않아 밝혀져 있지 않다.

이들의 향신료에서 내성에 있는 곰팡이와 효모가 분리되고 있다. 소국[小麯(麵)]에 가한 한방약은 발효제품의 부향이나 조미를 목적으로 한다. 예로서 네팔의 병국(餠麯)의 마차(murcha)에는 양치류, 인도네시아의 ragi에는 우루사(hibiscus)의 잎이 함유되고, 이들의 잎에 접한 전분질의 주위에는 *Rhizopus* 속의 곰팡이 포자가 착생하여 *Rhizopus* 속의 발육과 포자의 생성에 알맞은 생식조건으로 된다.

이 외에 향신료의 정유의 항산화성이나 항균성이 보고되고 있다. 중국이나 고대 이집트의 유적에서 육계(肉桂)나 정향(丁香)이 발견되어 이들이 미생물에 대하여 정균 그리고 살균효과를 가진다는 것이 옛날부터 알려져 있었다. 소국[小麯(麵)]을 가할 때에 가하는 항신료는 조미료서의 식품가공 면보다도 주로 병원균에 대한 살균제로서의 연구되어 왔다.

세균에 대하여 마늘, 정향, cinnamon, 겨자가 특히 강하고 마늘, oregano, 육두구, sage, rosemary에도 효과가 있다. 곰팡이 효모에 대해서는 정향, cinnamon, allspice에 현저한 효과가 있다. 옛날 간장의 방부에 대하여 방향을 가지는 정향, 계피, 소회향유(小茴香油) 등이 0.01～0.03%의 최저농도에서 효과가 있는 것으로 보고하고 있다.

고추의 capsaicin은 농도가 높으면 *Asp. niger* 나 *Asp. oryzae* 의 발육을 저해하나 낮은 농도에서는 발육이 촉진된다는 보고도 있다. 소국[小麯(麵)에 사용하는 한방약이 낮은 농도에서 효모나 곰팡이 발육을 촉진하고 세균을 억제하고 좋은 국이 되며 그리고 발효제품에도 좋은 맛과 향을 주고 있다. 표 2-10, 표 2-11에 효모와 곰팡이에 대한 약초의 영향을 나타내었다.

각각의 약재를 절단하고 10배의 물을 가하여 20분간 가열 침출하여 이 추출액을 1 mℓ 그리고 2 mℓ를 50 mℓ의 효모배지에 가하여 배양 후 검출된 효모수에 대하여 대조로서 약초를 가하지 않는 배지의 효모수를 1로 할 때에 약초에 가한 효모수의 배수로 나타내고 있다. 이 결과 황련(黃蓮)과 황백(黃柏)은 효모의 증식을 억제하나 다른 약초는 증식을 촉진하여 효모수가 3배 이상으로 되었다. 특히 빅하, 행인 상엽은 효모수가 4~5배로 증가되었다. 마찬가지로 약초의 침출액을 곰팡이의 배지에 가하여 배양 후의 곰팡이를 집균 하여 선조 중량을 비교하면 *Rhizopus* 속의 곰팡이는 약초에 대하여 증가효과가 없었으나 *Asp. niger*나 *Asp. oryzae*에 대하여는 증가효과가 있었다.

이들 약초가 병국(餅麴)에 함유되면 곰팡이가 증식하여 좋은 국을 만들고 또 발효 중에 효모의 증식을 촉진하여 좋은 맛과 좋은 향의 발효제품이 된다.

표 2-10. 약초의 효모의 증식에 대한 영향

약초명	침출액		약초명	침출액	
	1 mℓ	2 mℓ		1 mℓ	2 mℓ
황백(黃柏)	0.6	0.47	진피(陳皮)	5.0	5.0
황련(黃蓮)	0.2	-	정향(丁香)	2.6	3.0
애(艾)	2.4	2.9	천남성(天南星)	4.6	4.8
감초(甘草)	2.3	2.6	육계(肉桂)	3.7	2.9
행인(杏仁)	5.0	5.8	박하(薄荷)	5.5	7.0
자호(紫胡)	4.0	4.5	백지(白芷)	3.2	4.3
세신(細辛)	2.2	2.2	배출(白朮)	3.2	4.3
강황(薑黃)	2.5	2.7	빈랑(檳榔)	3.0	3.0
수유(茱萸)	3.0	3.4	복령(茯笭)	1.6	2.5
청호(菁蒿)	2.9	3.3	부자(附子)	2.0	2.5
창자(倉子)	3.0	3.2	포삼(包蔘)	3.0	3.3
천초(川椒)	1.9	1.9	방풍(防風)	2.9	4.5
청와(川芮)	4.0	5.0	목향(木香)	3.1	2.4
상협(桑叶)	4.8	5.4	익지(益智)	2.1	2.7
초발(草撥)	2.7	2.0	양강(良薑)	3.0	2.6

- 효모의 생육배수: 효모의 기본배지에 증식한 효모균 수를 1.0으로 하여 약초의 침출액을 가한 배지에 증식한 균수의 배수로 나타내었다.
- 천호: 사천의 청호
- 양강: 품질이 좋은 생강

표 2-11. 약초의 곰팡이류의 증식에 대한 영향

약초명	*A. oryzae*	*A. niger*	*Rhizopus* 속	약초명	*A. oryzae*	*A. niger*	*Rhizopus* 속
황백(黃柏)	1.3	1.6	1.0	진피(陳皮)	1.3	1.8	1.0
황련(黃蓮)	-	2.5	-	정향(丁香)	1.2	1.6	1.0
애(艾)	1.5	1.6	1.0	천남성(天南星)	1.4	1.9	1.0
감초(甘草)	1.5	1.6	1.2	육계(肉桂)	1.5	1.2	1.0
행인(杏仁)	0.9	1.5	1.0	박하(薄荷)	1.3	1.5	1.0
자호(紫胡)	1.1	1.6	1.0	백지(白芷)	1.4	1.6	1.2
세신(細辛)	1.4	1.3	1.0	백출(白朮)	1.3	1.9	1.3
강황(薑黃)	1.2	1.6	1.1	빈랑(檳榔)	1.4	1.5	1.2
수유(茱萸)	1.3	1.6	1.0	복령(茯笭)	1.3	-	1.0
청와(青蒿)	1.4	1.5	1.0	부자(附子)	1.0	1.5	1.0
창자(蒼子)	1.2	1.0	1.0	포삼(包蔘)	1.3	1.4	1.2
천초(川椒)	1.3	1.5	1.0	방풍(防風)	1.5	1.5	1.0
천와(川蒿)	1.0	1.5	1.2	목향(木香)	0.4	1.8	0.9
상협(桑叶)	1.2	1.5	1.2	익지(益智)	1.3	1.6	1.0
초발(草撥)	1.3	1.5	1.0	양강(良薑)	1.5	1.5	1.0

• 곰팡이의 생육배수: 곰팡이의 기본 배지에 증식된 곰팡이의 건조 균체 중량을 1.0로 하고 약초의 침출액을 가한 배지에 증식한 건조 균체 중량의 배수로 나타내었다.

(3) 소국[小麹(麯)에서 분리된 미생물

천연국[天然麴(麯)]에는 여러 종류의 미생물이 함유되고 있다. 이들이 다른 미생물에 따라 각각 지방의 명산물이 생산되고 있다. 그러나 천연국[天然麴(麯)]의 경우 잔손질이 많고 원료의 이용률이 낮은 결점이 있기 때문에 천연소국[天然小麴(麯)]에서 목적에 따라 균을 분리하여 순수배양을 하여 육종한 좋은 종균을 사용하고 있다. 약소국[葯(藥)小麴(麯)]에는 주로 *Rhizopus* 속과 *Mucor*속 곰팡이와 효모가 분리되고 있다.

귀주(貴州), 운남(雲南)의 대부분의 병국(餠麴)에는 곰팡이가 10^3~10^6/g, 유산균은 10^6/g 이 함유되어 있다. 효모는 검출된 종류는 적으나 10^6~10^7/g 이 검출되었다. *Rhizopus* 속으로서 *Rhi. oryzae* 가 많이 검출되고 이외에 *Rhi. stolonifer*, *R. microsporus*, *R. oligosporus* 가 분리되고 있다. 또 *Syncephalastrum* 속의 곰팡이도 분리되고 있다. 이들 곰팡이의 성질은 제 3장에서 설명한다.

동남아시아의 병국(餠麴)에서 *Rhi. oryzae* 가 자주 분리된다. 인도네시아의 병국에는 *R. oryzae* 이외에 *R. oligosporus, R. stolonifer* 이 분리되고 있다. 병국에는 3종이상의 균류가 함유되고 제조 시의 환경조건인 온도, 습도, 산소 여부 등에 따라 또 제조 목적과 사용하는 원료에 따라 *Rhizopus* 속의 곰팡이의 증식이 다르기 때문에 성질이 다른 종국이 옛날부터 사용되어 왔다. 네팔의 병국에도 크기가 여러 종이 있고, 천연국[天然麴(麯)]에서는 중국의 병국과 같은 곰팡이가 분리되고 있다.

그러나 곰팡이 외에 *Saccharomyces cerevisiae* 와 *Saccharomycopsis fibuliger* 가 분리되고 있다. 은 실모양인 곰팡이이므로 혹은 양자의 효소를 가져 전분을 분해하고 생산된 당을 발효하여 알코올을 생산한다. 이외에 *Hasenula* 속의 효모가 많고 *Pichia* 속의 효모도 검출되고 있다. 동남아시아의 병국에서도 *Saccharormycopsis. fibuliger* 가 자주 분리되고 있다. 유산균으로서는 건조에 강한 *Pediococcus pentosaceus*, 장내 세균의 *Enterococcus faecium, E. faecalis* 그리고 *Lactobacillus* 속의 유산균도 분리되고 있다.

1.4 두국[豆麴(麯)]

두국[豆麴(麯)] 제조에 사용되는 콩은 대두(大豆, 黃豆), 청두(靑豆), 흑두(黑豆), 잠두[蠶豆 : 별명 호두(胡豆)], 나한두(蘿漢豆), 불두[仏豆 혹은 한두(寒豆)], 완두[豌豆 : 별명 소한두(小寒豆)], 준두(俊豆), 맥두(麥豆)를 사용한다. 대두는 중국 전역에서 재배되고, 남방에서는 흑두(黑豆)가 많고, 잠두(蠶豆)는 서남(西南, 四川省 등) 지구, 화중[華中, 호북성(湖北省) 등] 지구와 화동(華東) 지구 등에서 많이 재배되고 있다. 이 외에 두국[豆麴(麯)]은 대두, 흑두, 잠두 등에 대해 소량의 소맥분말을 가하여 만들고, 천연국[天然麴(麯)]과 인공국[人工麴(麯)]의 두 종류가 있다. 이들은 장류(醬類), 장(醬), 두시(豆豉) 등의 생산에 사용되고 있다.

천연두국의 경우 배양온도가 15～22℃로 *Mucor* 속의 곰팡이가 25～35℃에서는 *Asp. oryzae* 를 위시하여 *Rhizopus* 속, *Mucor* 속의 곰팡이가 잘 착생하여 40℃에서는 단백질 가수분해효소가 강한 *Bacillus* 속의 세균이 잘 번식한다. 인공국에서는 *Asp. oryzae, Asp. sojae* 와 *Mucor* 속 곰팡이를 잘 사용한다. 또 특별한 제품으로 *Bacillus* 속의 균도 사용하는 수도 있다.

1) 천연두국[天然豆麴(麯)]의 제조

천연두국의 제법을 노법제국[老法製麴(麯), 制麴(麯) = 製麴(麯) : 옛날 製麴法]이라고도 한다. 두시국[豆豉麴(麯)]은 환대두를 사용하고, 장이나 장류 양조의 두국[豆麴(麯)] 제조에는 환대두 혹은 대두를 으깨는 경우가 있고, 잠두(蠶豆)는 탈피하여 사용한다.

(1) 장용 천연두국[醬用 天然豆麴(麯)]

장류용 천연두국에는 대두와 잠두(蠶豆)를 사용하고, 대두에는 보통 소맥분말을 10～50% 혼합하며, 잠두는 전분의 함량이 많으므로 그대로 국을 만든다. 천연국[天然麴(麯)]을 만드는 경우 저온에서 *Mucor*속 곰팡이가 주로 착생하고, *Rhizopus*속 곰팡이가 혼재한다.

상온에서는 국균(麴菌 : *Aspergillus*속)이 주로 착생하고, *Mucor* 속과 *Rhizopus* 속 곰팡이가 혼재하고 있다. 고온(38～43℃)에서는 단백질 가수분해효소가 강한 *Bacillus* 속의 세균이 착생한다. 중국에서 제일 많이 사용하는 장용국[醬用麴(麯)]은 상온에서 국균(麴菌)이 착생하여 이 국을 황자(黃子)라 부른다.

① 장류용 천연두국의 제조

대두를 선별하여 상온에서 물에 16～20시간 침지 후 상온에서 3시간 증자하고, 맷돌로 증자된 콩을 잘게 갈면서 50% 정도의 소맥분을 혼합하고 장방체(26 × 8.3 × 1.7 cm)나 혹은 떡 모양으로 성형하는데 이것을 두국 괴[豆麴(麯)塊]라 한다.

이 두국 괴를 국실의 선반(시렁) 위에 늘어세우고 가마로 주위를 싸고 배양을 시작하면 4～5일 후에 약 35℃로 되면 가마니를 제거하고 품온이 내려가면 다시 가마니를 두른다. 35℃를 넘지 않게 20시간 배양하면 황자(黃子)로 된다. 이것을 2일간 볕에 발효해서 건조한다. 포자를 제거하고 균사를 손으로 눌러주고 장(醬) 제조에 사용한다.

② 고온 천연두국

대두를 물에 침지하고 증자 후 콩을 으깬 다음 장방체 혹은 떡 모양으로 성형하고, 국실의 선반의 밑바닥에 짚을 깔고 그 위에 두국 괴[豆麴(麯)塊]를 한 개 한 개씩 하나하나 간격으로 되게 늘어세우고 그 위에는 짚을 덮어 놓는다. 다시 두국 괴를 세워 3～4단으로 하고 맨 위에도 짚으로 덮는다. 실온은 30～40℃으로 하여 두국 괴 중의 온도는 38～45℃까지로 하고, 3～4 일간 배양한 후 1～2일간 건조하여 장 제조에 사용한다.

③ 환대두의 두국[豆麴(麯)]

환대두의 천연국[天然麴(麯)]은 두시(豆豉) 양조나 이름 있는 장류의 양조에 사

그림 2-3. 파기(簸箕)

용한다. 국균(麴菌)을 주로 한 두국, *Mucor* 속의 곰팡이를 주로 하는 두국, *Bacillus* 속의 세균을 주로 하는 두국의 3종류가 있다.

㉠ 국균의 환대두 천연국

환대두를 선별, 침지, 증자 후 대로 만든 파기(簸箕 : 그림 2-3)에 증자대두를 두께 3 cm 정도로 넣고 25℃까지 냉각하여 이것을 국실(麴室)에 재우고 실온 28~30℃, 품온 30 ~35℃에서 적당히 덩어리가 형성되지 않게 교반하여 6~7일간 배양하면 수분 21% 정도의 황색 천연두국으로 된다. 국균(麴菌)을 주로 하여 *Mucor* 속이나 *Rhizopus* 속 곰팡이가 혼합된 두국의 포자 등을 씻은 다음 두시제조에 사용한다. 장유양조의 사용하는 환대두의 천연국은 증자대두가 80℃로 될 때 소맥분말을 가하고 대두에 섞어 약 36℃에서 대나무의 기(箕)나 국상(麴箱)에 두께 정도로 넣고 국실에서 38℃ 이하에서 7일간 배양하면 황색의 국이 된다.

㉡ *Mucor* 속 균을 주로 하는 환대두 천연국

*Mucor*속 곰팡이를 주로 하는 천연국[天然麴(麯)]은 일반적으로 겨울에 만든다. 증자 대두를 냉각하여 실온 2~6℃의 국실에 넣어 품온 6~12℃에서 3~4일간 배양하면, 대두표면에 흰 반점이 생성된다. 8~12일간 지나면 균사로 덮어져 16~20일간 경과하면 회백색의 천연두국으로 된다. 착생한 미생물은 *Mucor*속 곰팡이가 제일 많고 *Rhizopus*속 곰팡이 등이 혼재되어 있다.

㉢ *Bacillus* 속의 세균을 주로 하는 환대두 천연국

증자대두를 마대나 풀로 만든 자루에 넣거나 혹은 싸서 40℃에서 3~4일간 배양하면 대두 표면에 실 모양의 점질물질이 많은 천연국이 된다. 이 미생물은 단백질 분해력이 강한 *Bacillus*속의 세균이 많고 다른 세균이나 곰팡이는 적다.

2) 인공두국[人工豆麴(麯)]의 제법

천연두국[天然豆麴(麯)]은 수천 년 동안 연구되어 현재의 방법으로 되었다. 착생하는 미생물의 종류에 따라 여러 발효식품이 만들어지고 있다. 그러나 천연두국은 잡균에 오염되어 있고 발효기간이 길고 손이 걸리는 결점이 있기 때문에 현재에는 천연국의 사용은 적고 유용 미생물을 순수하게 배양하여 분리, 증식한 종국(種麴)을 인공적으로 접종하여 국을 만들게 되었다.

(1) 환대두(丸大豆)의 인공국[人工麴(麯)]

환대두국을 만드는 경우, 종국과 *Mucor* 속의 곰팡이를 사용하여 두시양조에는 대두만을 원료로 하여 장이나 장유양조의 경우에는 대두와 소맥분말을 원료로 하고 있다.

① 종국에 의한 두국[豆麴(麯)]

대두를 선별하여 상온에서 물에 10~18시간 침지하고, 물기를 빼고 압력 1~1.5 kg/㎠에서 15~45분간 증자 후 증자한 대두를 80℃까지 냉각하고 종균(*Asp. oryzae* AS. 3951)의 종국을 0.1~0.3% 접종하여 국의 통풍배양장치에 재우고 38℃ 이상으로 되지 않게 때때로 교반, 통기하면서 배양한다. 장국(醬麴)의 경우 40~44시간 배양 후 포자가 착생하여 담황색으로 된다. 두시(豆豉)양조에 사용하는 두국[豆麴(麯)]을 만드는 경우, 증자대두를 35℃까지 냉각하여 종국을 0.5% 접종하고 대나무 광주리에 넣어 품온이 35℃ 이하에서 72시간 배양 후 황색의 두국을 씻어 포자를 제거한다.

② *Mucor* 속 곰팡이의 두국[豆麴(麯)]

사천성의 동주(潼州)두시(豆豉)와 영청(永川)두시는 *Mucor* 속의 곰팡이로 두국을 만들고 있다. 천연의 사천(四川)두시에서 분리한 *Mucor* sp. MRC-1균에 의한 두국의 제법은 다음과 같다.

대두를 선별, 침지, 물 빼기 후 증자하고 증자대두를 35℃까지 냉각한 후 종국(種麴)을 약 5% 접종하고 국의 통풍배양장치에 재우고 두께 15~20 cm로 퇴적하고 송풍하면서 25~29℃에서 80~90시간 배양하면 *Mucor* 속 곰팡이의 두국이 되고 이것을 두시양조에 사용한다.

1.5 잠두국[蠶豆麴(麯)]

잠두의 원료 처리(탈피, 침지), 생 원료에 의한 제국, 증자 두판(豆瓣 : 콩의 반

조각)의 제법에 대하여는 생략한다.

1.6 면국[麵麹(麯), 小麥麹(麯)]

소맥 분말에서 만두(찐빵)를 만들고 곰팡이를 증식시킨다. 또는 면고(麵糕 : 납작하게 뽑아낸 국수와 같이 폭을 넓게 한 면 반죽)에 곰팡이를 증식시킨다. 면국[麵麹(麯)]의 제법방법은 첨면장(甛麵醬)에서 설명한다.

1.7 장유국[醬油麹(麯)]

중국에서는 1950년대부터 양유장조에는 자연의 미생물이 부착한 천연국[天然麹(麯)]을 거의 사용하지 않고 국균(麹菌)을 접종한 인공국[人工麹(麯)]을 사용하고 있다. 그러나 지방의 운남(雲南), 광시 지치지구, 사천성의 주변에서는 당연히 천연국을 사용한다.

1) 원 료

탈지대두(중국에서는 대두를 압착법으로 탈지하나 일본에서는 기름의 산화와 단백질의 변성을 고려하여 대두에서 hexane 추출법으로 유지를 제거하고 알맹이를 고르고 가공하기 쉽게 한 탈지대두 가공두를 사용한다)에 밀기울이나 소맥을 혼합하거나 혹은 대두에 소맥분말[중국에서는 면(面) = 면(麵) 혹은 면분(面粉) = 면분(麵粉)이라 부른다]을 혼합한다. 이 원료배합은 공장이나 지방의 장유의 종류에 따라 다르다. 배합률의 한 예를 표 2-12에 나타내었다.

이 외에 단백질 원료로서는 탈지낙화생[중국에서는 낙화병(落花餅)이라 한다], 탈지평지[중국에서는 채자병(菜籽餅)], 잠두(蠶豆), 완두(豌豆)를 사용하고, 전분질 원료로서는 소맥, 밀기울, 소맥분말, 옥수수 등을 사용한다. 원료의 수분이 40~50%가 되게 살수하고 잘 교반하여 1시간 방치 후 증자한 원료를 35℃ 이하로 냉

표 2-12. 장유국의 원료배합률의 예

	1	2	3	4	5	6	7	8	9	10
탈지대두	80	70	60	100	100	100	120	-	-	-
밀기울	20	30	40	10	15	-	-	-	-	-
소맥	-	-	-	40	5	100	80	-	-	-
환대두	-	-	-	-	-	-	-	100	100	100
소매분	-	-	-	-	-	-	-	10	20	30

각하여 0.2%의 종국을 살포하고 접종하여 통풍배양장치에서 27시간 배양한 다음 국을 만든다.

장유국[醬油麴(麯)]의 제조는 거의 통풍배양법(通風製麴法)에서 한다. 장유의 국균은 제조시간을 42~28시간까지 단축한 단시간에 국이 되는 국균을 육종한 것으로 *Asp. oryzae* AS. 3951 균주를 사용하고 있다. 또 이 균의 제국 중에 소비된 원료의 소모도 5~10%로 적고, 중국 전국으로 보급되어 장유(醬油)와 장(醬)을 만들고 있다.

2. 종국(種麴)의 제조법

중국에서는 종국을 구입하는 것은 적고, 대부분의 공장에서 자가제로 종국(種麴)을 만들어 증량하여 사용하고 있다. 원 균주(菌株)는 북경에 있는 중국과학원 미생물연구소에 보존되고 있다.

2.1 보존사면배지(保存斜面培地)의 조제

Asp. oryzae AS. 3951 균주는 Czapek's 한천배지의 시험관 사면에 접종하여 보

표 2-13. Czapek's 한천배지 조성

자 당	30 g
$NaNO_3$	3 g
$MgSO_4 \cdot 7H_2O$	0.5 g
KCl	0.5 g
$FeSO_4 \cdot 7H_2O$	0.01 g
KH_2PO_4	1.0 g
한 천	13 g
물	1.000 mℓ

표 2-14. 공장의 보존사면배지

가용성 전분	20 g
$MgSO_4$	0.5 g
KH_2PO_4	1.0 g
$(NH_4)SO_4$	0.5 g
5Be' 대두침출액	1.000 mℓ
pH 6.0로 조정 후 한천 20 g을 가한다.	

존한다(표 2-13, 표 2-14).

5Be' 대두 침출액의 조제법은 탈지대두에 5배의 물을 가하여 1시간 가열 후 여과하고 대두 침지액을 조제한다. 100 g의 대두에서 200 mℓ의 침출액이 조제된다. 상기의 배시를 가열용해하고 면전시험관(건열 살균한 것)에 분주한 후 1 kg/cm^{2}의 증기압에서 30분간 살균하고 사면배지를 만들고 3~4일간 방치하여 황록색의 포자를 착생시켜 사면배지의 균주를 4℃에서 5~6개월간 보존한다.

2.2 삼각플라스크 확대배양

밀기울 80 g, 소맥분 20 g에 물 70 mℓ를 살수, 혼합하고 이것을 300 mℓ의 면전삼각플라스크(150~160℃에서 건열 살균한 것)에 두께 1~1.5 cm에 넣어 1 g/cm^2 압력, 30분간 살균, 냉각 후 1~2개의 시험관의 원 균을 접종하여 28~30℃에서 약 20시간 배양하면 균사가 증식하여 국 원료를 덮는다. 플라스크를 휘둘러 국 원료를 깨어 작은 덩어리로 하여 손질한다. 다시 5~6시간 배양 후 다시 손질을 하여 약 48시간 배양, 균사가 충분히 성장하여 떡 모양으로 굳어지면 플라스크를 경사지게 하여 두들겨 국 원료를 뒤집어 교반하여 충분히 공기를 접촉한다. 약 70시간 후 포자가 착생하여 황록색으로 되는데 이것을 스타터로 한다. 4℃에서 4개월간 보존이 가능하다.

2.3 종국(種麴)의 제조법

보통, 종국은 밀기울 80%, 소맥분말 20%를 균일하게 혼합하고 10 mesh의 체를 체질하고 덩어리를 비벼 풀어주고 총 용수량(약 90%)의 40~50%를 살수, 1시간 퇴적하고 물을 흡착시킨 후 시루(甑)에서 상압으로 1시간 증자하고, 다시 약한 불에서 1~2시간 증자 후 시루에서 꺼낸다.

또는 가압증자관에서 0.8~1.0 kg/cm^2, 30~40분간 가압증자 한 후 증자관에서 내고 더운 상태에서 10 mesh의 체로 체질하고 다시 나머지의 물을 뿌리고 균일하게 혼합, 교반 후 급속하게 냉각한다. 살수에는 살균된 뜨거운 물혹은 0.3%의 빙초산을 가한 뜨거운 물을 사용한다. 증자된 재료를 작업대 위에 옮기고 살균된 천으로 표면을 싸고 38~42℃까지 냉각하고 원료에 대하여 삼각플라스크에서 확대 배양한 종균 0.1~0.2%를 살균된 원료 밀기울의 1~1.5%에 섞어 증량하여 균일하게 교반 접종한다.

이것을 국개(麴蓋) 혹은 대나무 광주리에 넣고 투께 1~1.2 cm로 평평하게 한다. 국실 중에서 국개를 겹쳐 쌓아 최상단에 빈 국개(麴蓋)를 뒤집어 덮는다. 종국실의

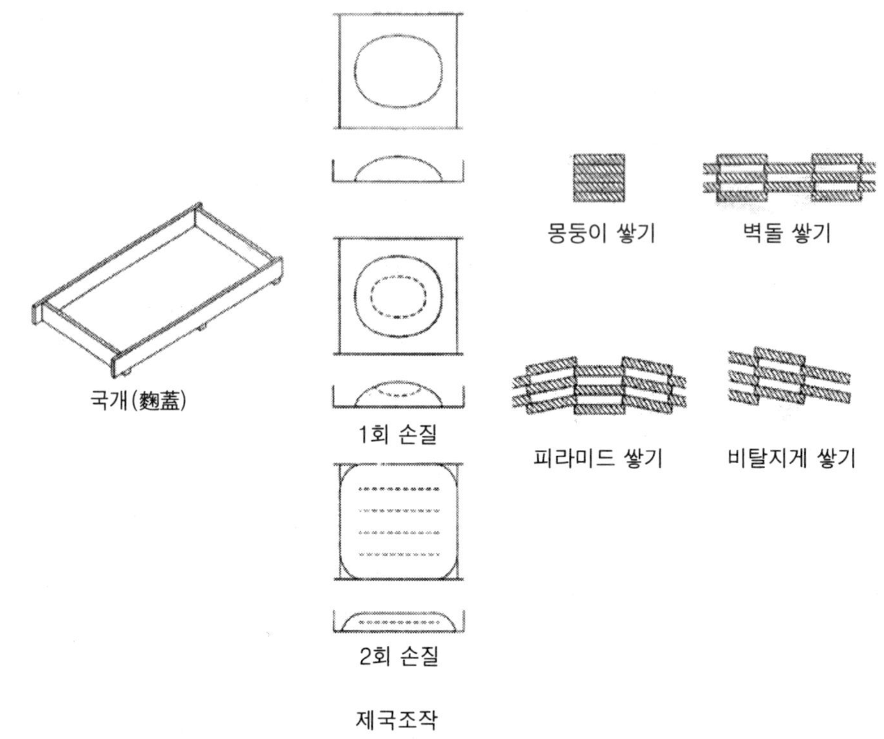

그림 2-4. 제국조작과 국개(개판(蓋板)) 쌓는 방법

실온 28～30℃, 건조 국의 온도차 1℃에서 약 6시간 배양 후 상층의 품온이 상승하여 35～36℃로 되면 국개의 상하를 뒤바꾸어 조정한다. 약 16시간 계속 배양하면 품온이 상승하여 33～35℃로 되어 국의 표면에 약간 발효된 덩어리가 되면 첫째 손질을 한다. 손질은 손으로 가볍게 문지르고 공극이 많이 생기지 않도록 잘 교반한다. 손질 후 국개를 살균된 젖은 포대로 덮고 국개의 상하, 좌우의 위치를 서로 교환하여 십자모양으로 쌓아 올리고 품온을 28～30℃로 내린다. 4～6시간 후 국 위의 전면이 균사로 덮이고 덩어리는 백색으로 되고 품온이 36℃로 상승하면 두 번째 손질을 한다.

국개를 살균한 젖은 포대로 덮고 동시에 국개를 벽돌쌓기로 한다. 국의 품온을 36℃로 유지하기 위하여 실온을 25～28℃로 내리고 국개를 열어 조절한다. 40℃를 넘으면 국균의 번식력에 영향을 한다. 국개를 덮은 포대의 습도를 유지하고 혹은 종국실 내에 맑은 물을 분무하여 상대습도를 100% 가까이 하고 8～10시간 경과하면 균사가 담황색의 포자로 덮어져 있다. 48～50시간[국실(麴室)에 재우기 후 시간] 배양 후 건조시키기 위하여 덮은 포대를 벗기고 실온을 30℃로 유지하여 1일

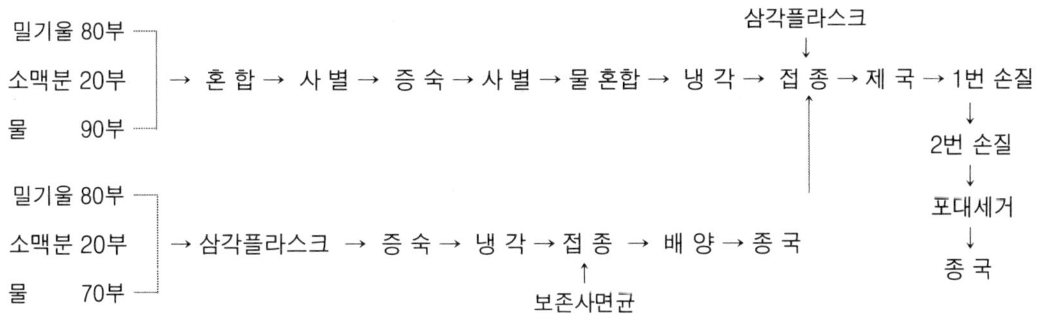

그림 2-5. 종국의 제조공정도

간 계속하여 배양하고, 전부가 황록색으로 될 때에 출국한다. 국실에 국개를 재우고 나서 출국하기까지 68～72시간을 요한다(그림 2-5).

2.4 종국(種麴)의 품질검사

1) 외 관

종국의 표면에는 직립(直立)한 균사에 선녹색의 포자가 생긴다. 기타 위에 다른 색이나 잡균의 오염이 없고 종국의 내부는 밀기울 껍질의 갈색이나 단단한 심(芯)이 있고, 손으로 접촉하면 부드럽고 매끄럽고 포자가 날려 올라가고 있는 것

2) 향 미

국 특유의 향미가 있고 산미, 암모니아 냄새나 시큼한 냄새가 없을 것

3) 포자 수

포자 수를 현미경으로 조사하여 25～30억 개/g 정도 될 것

4) 흔든 후의 포자 수

10 g의 종국을 건조 후 포자를 체질한 후의 포자 수는 1/100으로 저하하고, 종국의 양에 대하여 약 18%로 된다.

5) 발아율

점적(点滴) 배양법에서 포자의 발아율이 80% 이상일 것. 종국을 사용하여 제국할 때 색이 정상이 아니고 잡균이 많이 있는 것은 포자가 적다. 발아율이 낮은 경우

에는 사용을 중지하고 철저히 원인을 구명하여 새로운 중국을 제조한다.

6) 종균의 보존

새로이 만든 종국을 곧바로 사용하는 것이 좋다. 보존하는 경우, 10℃ 이하의 저온에서 한다. 국실에서의 보존은 국개(麴蓋)를 닫고 35～40℃에서 함수량 10～15%로 건조, 종이 주머니에 포장하고 밑에 석회 혹은 무수황산나트륨을 넣은 밀봉용기 내에서 저온, 건조 보존한다.

3. 장유국(醬油麴)의 단축제국법

3.1 원료처리

탈지대두에 약 80℃의 온수(원료의 90～120%)를 살수하고 5시간 후 기타의 재료를 혼합하고 가열증자관에 넣고 1 kg/cm^2 25분간 가압증자 후 그대로 여열상태에서 5시간 찌고 그 후 증기를 배제하여 증자된 대두를 35℃ 이하로 냉각하여 2.5%의 종국을 접종하고 제국장치에서 배양한다. 환대두는 선별 후 8～16시간 침지하고 물을 빼고 가압증자관에 넣고 1 kg/cm^2, 20～30분간 가압증자 후 80℃ 이

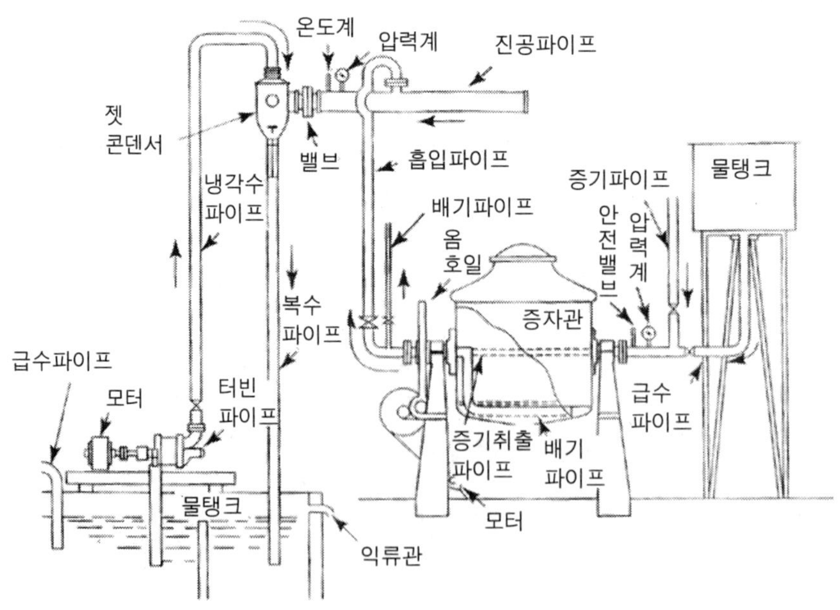

그림 2-6. NK식 증자장치

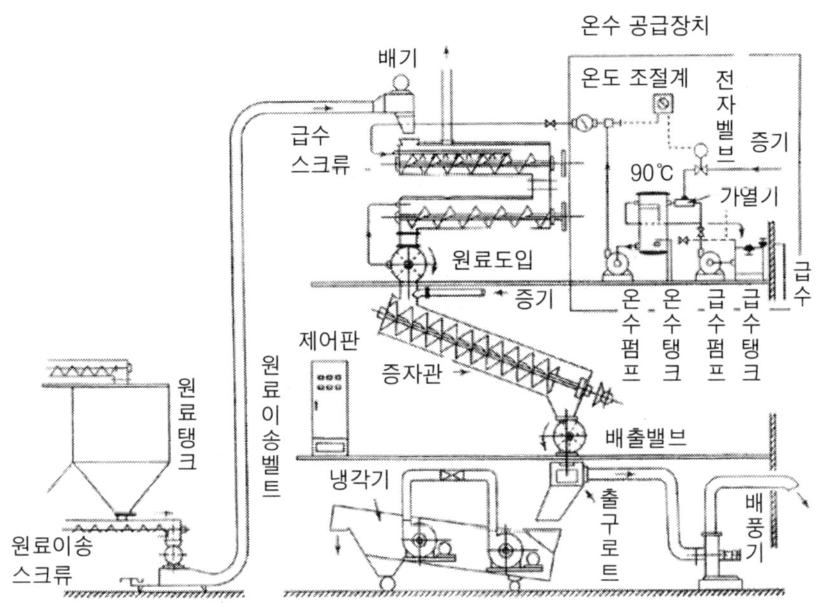

그림 2-7. 대두와 탈지대두의 연속자동 증자장치

하로 식히고, 여기에 소맥분을 섞어 다시 35℃로 냉각하여 종국을 접종한 후 제국한다.

중국 대부분의 공장에서는 NK식 증자장치를 사용하고 또한 대규모 새 공장이나 합병회사의 장유공장에서는 3단식 FM식과 연속증자장치를 사용하고 있다(그림 2-6, 그림 2-7).

3.2 제국장치

중국의 대부분 장유공장에서는 장유국(醬油麴)이나 장국(醬麴)의 제국에는 콘크리트로 만든 통풍배양장치(그림 2-8)가 사용되고 있으며, 1980년대부터 연속원반식 통풍제국장치가 개발되어 실용화되고 있으나 사용하는 공장은 적다. 통풍배양장치는 대부분의 공장에서 사용되고 있는 회분식 제국장치이다. 이 콘크리트의 탱크는 밑에 다공판이 있는 그물이 있고, 탱크의 상부 위 교반수입기(攪拌手入機)에 의하여 때때로 교반을 하고 밑에서 송풍이 가능하다.

종국(種麴)이나 장국(醬麴)을 만드는 경우는 작은 장치를 사용하고, 장국을 만드는 경우에는 규모가 큰 장치를 사용한다. 탈지대두와 밀기울을 원료로 하여 장유국을 만드는 경우 국층의 두께가 20~30 cm로 최대속력 10~15 cm/초 송풍기의 압력 150～200 mm으로 송풍한다.

1955년에 일본에서 개발된 회전원반형의 제국방식을 호남성(湖南省) 익양시(益

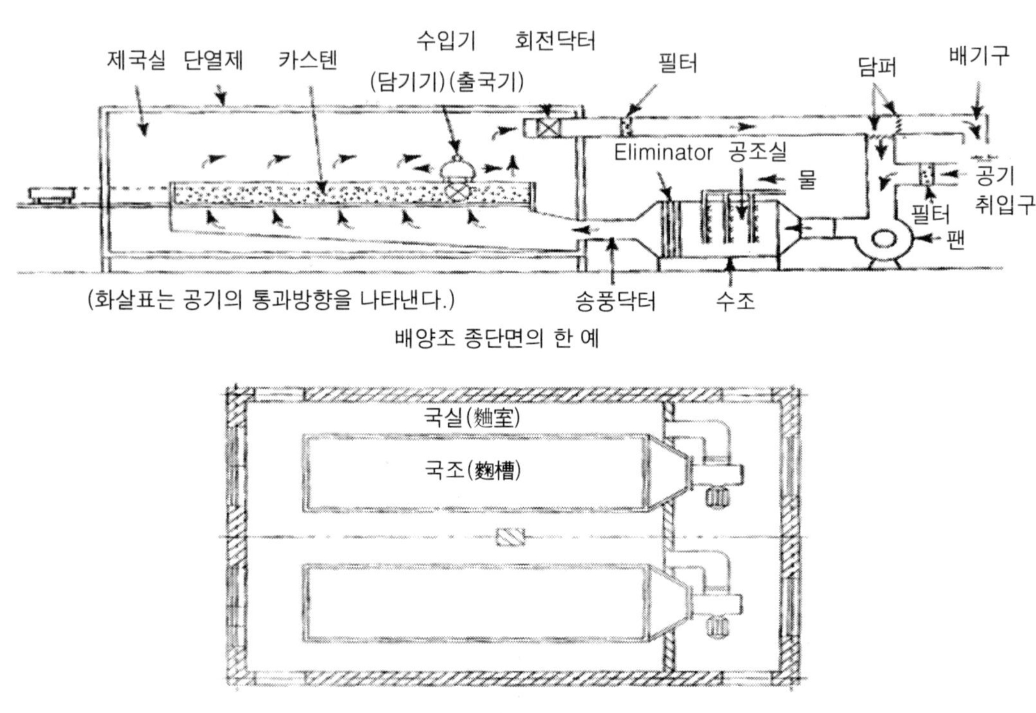

그림 2-8. 회분식 통풍제국장치

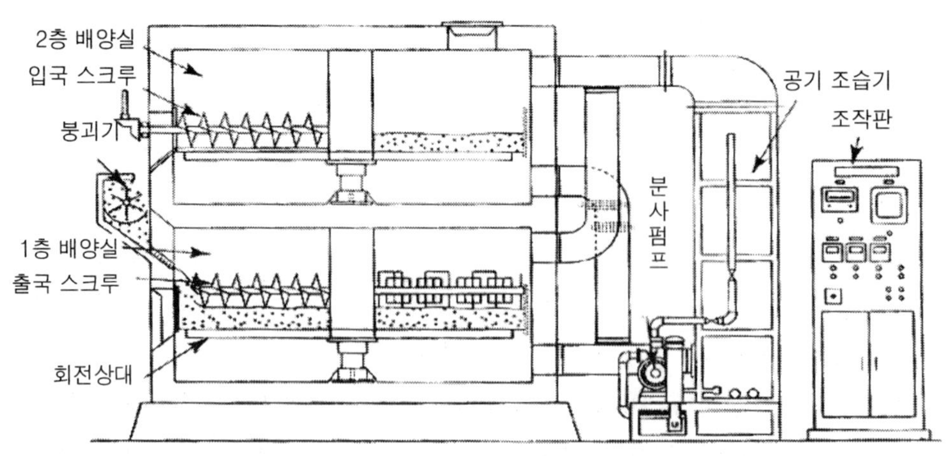

그림 2-9. 회전원반형 통풍제국장치의 한 예

陽市) 유대장창(裕大漿廠)에서 개발한 YP 80-1형 장유제조기는 직경 4.2 m로 1회에 1800 kg의 국을 만들 수가 있다(그림 2-9). 또 1980년에 하북성(華北省) 산해관시(山海關市) 조미품창(調味品廠)에서 일본의 나가다식(泳田式)을 참고하여 YUZ-490형의 연속회전 원반식 제국기를 개발하여 장유국 제조에 실용화하였다. 제국장치에 1회의 투입량이 1,250~1,500 kg으로 국층의 두께 20~25 cm 경우 24시간에서 출국이 된다(그림 2-12).

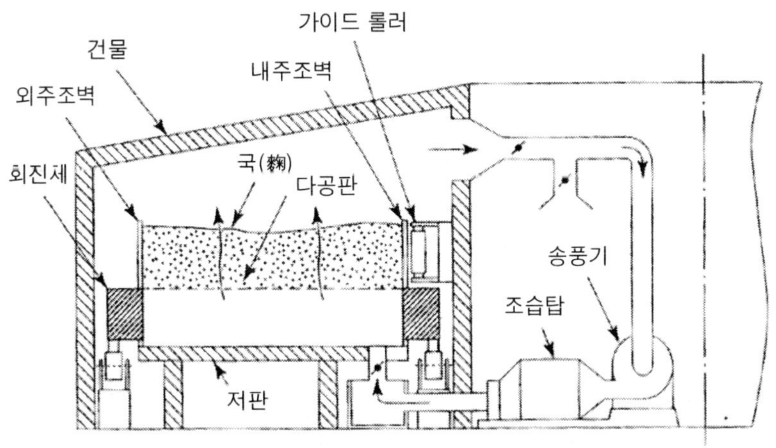

그림 2-10. 연속식 통풍제국장치 단면도

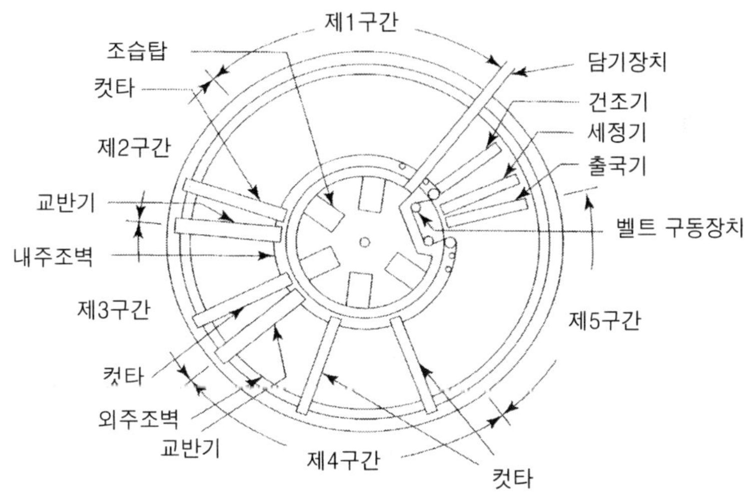

그림 2-11. 연속식 통풍제국장치 평면도

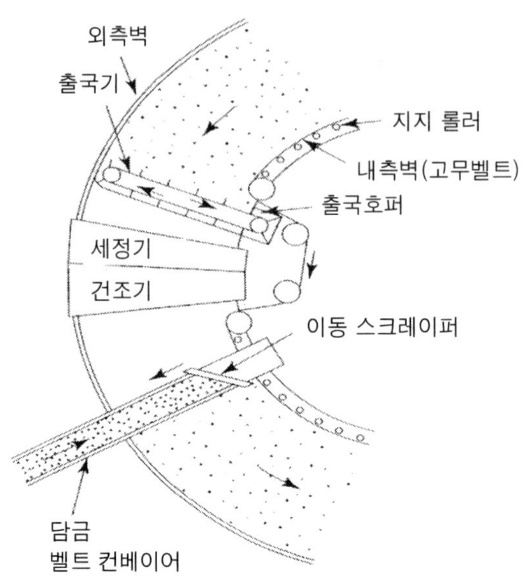

그림 2-12. 회전식 원반제국장치의 국 배출구

출국의 단백질 분해효소 활성은 1,200~1,850 U/g국이고 수분의 감소는 12%, 전기소비 용량은 43.2 kWh(1회의 제국)으로 잡균의 오염도 적고 좋은 경제적인 효과와 생산효과가 있었다(그림 2-10, 그림 2-11, 그림 2-12).

3.3 제국공정 중의 국의 생육상태와 변화

제국 중의 국균(麴菌)의 생육상태는 포자 발아기(發芽期, 誘導期), 자기 발열기, 균사 생장기(對數期), 균사 번식기, 포자 착생기[정상기(正常期)]의 5단계이다. 이 국균의 생육상태와 관리방법을 표 2-15에 나타내었다. 일반적으로 포자의 종균에서

표 2-15. 단시간 제국 중의 온도와 통풍제어장치(*Asp. oryzae* AS. 3951)

균의 증식상태	제국시간(h)	제품온도(℃)	통풍제어	손질교반	
유도기	1~4	35	-	-	-
포자 발아기	4~8	30~32	회분통풍	-	-
균사 성장기	8~12	32	연속통풍	제1회 교반	증식 대수기
균사 번식기	12~18	35~37	회분통풍	제2회 교반	-
포자 착생기	18~24	28~32	통풍	-	증식 정상기

회분식 통풍제국장치에서의 데이터

제국하는 경우 40～48시간의 제국시간이 걸리나, 종국의 첨가량을 많게 하거나 배양온도의 관리나 국의 효소 역할의 증가에 따라 제국시간의 단축이 가능하다.

3.4 제국조건

제국공정 중의 국균의 증식과 국 중의 단백질 가수분해효소나 전분질 가수분해효소 등의 생산은 국 원료에 함유되는 수분과 품온 경과나 제국시간에 영향을 준다. 일본에서 기계설비의 경계선에서 4일간 요한 제국시간을 3일 국(실제는 42～45시간)으로 단축하였다. 중국의 단시간 제국법을 설명하면 다음과 같다.

1) 포자발아 촉진작용

포자발아를 촉진하기 위하여 국 원료의 수분은 50% 정도가 좋고 최적 발효온도는 35℃로 발아율이 높은 종국을 사용하여 접종하는 종국 양을 2～3배(일반적으로 입상 종국은 0.1%, 포자만의 분말 종국은 0.01%를 사용한다) 많이 가한다. 제국 초기에 35℃에서 포자의 발아를 촉진한다. 또한 전 회의 두 번 손질을 한 후 원래 국으로써 대량으로 가하면 이미 발아가 끝나고 성장기로 들어가 유도기나 발아기를 생략할 수도 있고 24시간 제국이 가능하게 된다.

단 원래의 국을 교반하여 지나치게 하면 발아 직후의 신장된 균사가 절단되어 증식이 떨어지는 수가 있어 주의를 요한다. 원래 국을 다량으로 가하면 포자의 착생이 되고, 흰 균사로 중국의 저염(抵塩) 고체발효에 사용하는 데 알맞은 단백질 가수분해 효소역가(1,500～1,800 U/g · 국)가 있는 국이 된다. 중국에서는 환 대두국 등 60～70시간 제국을 하여 포자가 다량으로 착생한 출국은 물로 세정하거나 혹은 황자 마쇄(국과 국을 비벼 포자를 유리시켜 바람으로 날려 제거)를 하여 포자나 착생된 성분을 제거하여 사용한다.

2) 품온관리에 의한 효소활동의 증강

2번 손질 후 단백질 가수분해효소에 생산이 왕성한 품온 35℃의 시기에 품온이 25～28℃이 되게 송풍의 온도와 풍량을 조절하고 국의 교반, 손질, 국개(麴蓋) 쌓기 등을 한다. 품온이 높아져 경과하면 단백질 가수분해효소에 활성이 저하한다. 그러나 2번 손질 후 품온 40℃로 고온으로 경과하면 진분 가수분해효소에 생신이 높아진다. 균사 성장기에서 국균(麴菌)에 의한 대사에 의하여 자기 발열하기 때문에 송풍에 의한 순환통기와 손질 교반을 한다.

2번 손질 후에는 발열이 가장 왕성하고 연속송풍을 한 국의 덩어리를 깨고 통기를 좋게 한다. 증식의 정상기로 되어 포자 착생기에는 송풍온도를 28~30℃로 내리고 국을 통기한 공기를 배출시키고 신선한 외부의 공기를 도입하여 균이 건조하게끔 제국을 한다. 출국 시에 국 수분을 30%까지 건조시킨다.

3) 국의 단백질 가수분해효소의 역가 증강법

제국 시에 국 원료의 유기산 염이나 인산염 혹은 탄산칼슘을 가하면 균의 증식이 좋게 되어 단백질 가수분해효소에 생산이 촉진된다. 균의 증식이나 효소 단백질의 생산에는 많은 에너지를 필요로 하여 이 에너지 획득에 있어서는 ATP의 합성에 관여하는 TCA 사이클에 함유하는 유기산류가 가장 빨리 에너지로 변환되어 단백질의 합성에 관여하고 있다.

단백질 가수분해효소에는 여러 종류가 있으나 국의 함유된 효소 중에서 pH 6.0에서 반응하는 약 산성 protease 활성이 강하고 가장 대두의 단백질을 잘 분해한다. 따라서 이 효소의 생성과 안전성에 알맞은 pH 6.0의 조건 하에서 제국하고 효소 생성을 하는 것이 바람직하다. 이 때문에 인산염이나 탄산칼슘을 가하고 국을 pH 6.0으로 보유하고 제국을 한다. 유기산염 : 인산제일나트륨 = 2.2 : 1의 비율로 혼합하여 국의 원료에 대하여 0.5~ 1%를 가하여 제국하면 protease 역할을 6~9배로 증가된다. 유기산으로는 구연산, 이소구연산염이 유효하다. 탄산칼슘을 가하면 중성 protease의 역가가 증가된다. 그 결과 40시간으로 제국되어 제국시간이 단축된다.

4. 홍국(紅麴 : *Monascus* koji)

홍국은 쌀에 *Monascus* 속의 곰팡이가 증식한 선홍색에서 주색의 국으로 중국에서는 옛날부터 있었고, 단국[丹麯(麴)] 또는 홍국[紅麯(麴)]이라고 불렀다. 이 홍국(紅麴)의 색소는 독성이 없고 식욕을 증가하고 소화를 돕고 혈행을 좋게 하여 한방약으로써 우수하다. 양조주(釀造酒), 부유(腐乳)나 두판장(豆瓣醬)의 원료로서 좋으며 생선이나 고기 그리고 김치의 조미나 착색, 조미료로 사용된다. 또 홍국(紅麴)에서 추출한 색소는 식품 첨가물의 천연 색소로써 사용되고 있다.

홍국미[紅麴(麯)米]는 복근(福建), 절강(浙江), 강서(江西), 사천성(四川省) 등의 특산품으로 이 중에서도 고전홍국[古田紅麴(麯)]이 유명하다. 고전현(古田縣) 평호(平湖), 나화(羅華)나 병남현(屛南縣) 장교(長橋)의 제조법이 중국 각지나 대만으로 학대되어 오키나와의 두부와 같이 중국에서 전해진 홍부유(紅腐乳)의 일종이다.

4.1 홍국(紅麴)의 역사

당 시대의 서견(徐堅)의 『초학기(初學記)』에 기재되어 있는 한말(韓末)의 왕찬(王粲)의 『칠석(七釋)』에 "서방의 양(梁)을 여행하여 숙소에서 과주[瓜州, 현재의 감숙성(甘肅省) 안서(安西), 돈황(敦惶) 지방]의 홍국을 섞어 입에 넣으면 부드럽고 매끄러워 잘 녹는 정진(精進)요리을 먹었다."고 최초로 홍국의 기록이 있다. 또 『초학기(初學記)』 중에 홍국에서 양조주를 만든 것이나 당(唐) 시대의 『낙양가람기(洛陽伽藍記)』에 홍주가 기록되어 있다.

또 5대(五代, 907~960년)의 도곡(陶穀)의 『청이록(淸異錄)』에 중국에서 처음으로 홍국과 함께 고기를 삶은 요리 이야기가 있고, 북송(北宋) 시대의 주익(朱翼)의 『북산주경(北山酒徑)』에는 다른 국균(麴菌)에 비하여 높은 제국온도에서 홍국이 번식하여 빨갛게 달은 불과 같이 중심에 붉게 되었다는 이야기가 있다. 원(元) 시대의 노명선(魯明善)의 『농상의식촬요(農桑衣食撮要)』에 홍국에서 조(酢)를 양조하였다는 기록이 있다.

명(明) 시대의 오씨(呉氏)의 『묵아소록(墨娥小錄)』, 유기(劉基)의 『다능비사(多能鄙事)』, 정번(鄭番)의 『편민도찬(便民圖纂)』, 송응성(宋応星)의 『천공개물(天工開物)』 등에 여러 홍국의 재료가 있고, 명(明) 시대의 이시진(李時珍)(1518~1593)의 『본초강목(本草綱目)』의 단계보유(丹溪補遺) 중에 "증미(蒸米)에 종국(種麴)을 가하고 습도, 온도를 조절하여 배양하면 홍색이 장기간 변색되지 않는 홍국이 된다"고 기록되어 있다. 이들은 자연의 기술을 교모하게 조합시킨 것이다.

4.2 홍국균의 분리

1) 홍국균(紅麴菌)의 분리원

고문서에 의하면 복건성(福建省)의 건구현(建甌縣), 송계현(松溪縣), 정화현(正和縣)과 고전현(古田縣) 일대에서 홍국(紅麴)이 만들어졌고, 이 종균의 대부분은 건구현(建甌縣)의 옥산(玉山)이나 양택(陽澤) 일대의 농가에서 생산된 토홍국[土紅麴(麯)]을 사용하였다. 이 토홍국[土紅麴(麯)]은 겨울 추운 날씨에 동굴에서 만든 굴국[窟麴(麯)]과 여름 더운 날에 옥외에서 만든 괴국[塊麴(麯)]이 있다.

제조 시에 쌀을 약간 단단하게 찧고 비벼서 온도를 내리고 노진초(老陳草)를 가하여 잘 교반하고 대발로 싸고 음지의 통풍이 좋은 처마 밑에 매달아 천연의 곰팡이를 생식시킨다. 그 청홍색의 균사에서 주로 흑국균(黑麴菌) 또는 미홍색의 것에서 홍국균(紅麴菌)이 선별된다. 푸른색을 띤 홍색의 국(麴)은 오의홍국[烏衣紅麴

(麯)]으로써 *Monscus* 속 곰팡이와 *Aspergillus niger* 의 공생한 것이 유명하다.

2) 홍국균(紅麴菌)의 분리배양

(1) 종균의 분리

홍조[紅糟 : 홍주(紅酒)의 제미(諸味 : 술덧)], 홍부유(紅腐乳)나 홍국(紅麴)을 살균수로 희석하고 샬레의 국즙(麴汁) 한천배지로 희석하여 33℃에서 2～4일간 배양 후 포자가 발화하여 증식한 이 홍색의 균사를 시험관의 사면배지에 옮긴다. 현재 중국 대륙, 대만이나 한국의 홍국(紅麴), 홍부유(紅腐乳), 홍주(紅酒) 등의 시료에서 20종류가 분리되고 있다.

사면배지의 조제 : 3～8Be'의 미국즙(米麴汁) 100 mℓ에 가용성 전분 5 g, peptide 8 g, 한천 2 g을 시험관에 10 mℓ씩 주입하고 125℃, 10분간 살균 후 시험관마다 95% 초산 0.02 mℓ를 가하여 사면배지를 조제한다.

표 2-16. *Monascus*속과 그 분리원

균 종	기 원
M. purpureus	홍국[紅麴(麯)], 국자[麴(麯)子](중국 대륙, 대만, 한국)
M. anka	홍국(대만), 홍부유 국자[麴(麯)子], 오키나와의 두부고
M. anka var. *rubellus*	홍노주재(紅老酒滓)
M. barkeri	쌈주의 원료 국(麴)
M. albidus	장두부(醬豆腐)(상해)
M. albidus var. *glaber*	국자[麴(麯)子] [복주(福州)]
M. araneosus	고량주용 국자[麴(麯)子](중국 동북부)
M. fuliginosus	국자[麴(麯)子] [귀주(貴州)]
M. major	국자[麴(麯)子] [복주(福州)]
M. pilosus	고량주용 국자[麴(麯)子](중국 동북부 요양)
M. rubropanctatus	국자[麴(麯)子] [복주(福州)]
M. pubigerus	고량주용 국자[麴(麯)子](중국 동북부 요양)
M. rubinosus	국자[麴(麯)子](중국 동북부)
M. serorubescens	홍부유(紅腐乳)(홍콩)
M. vitreus	홍부유(紅腐乳)(홍콩)
M. kaolliang	고량주용 국[麴(麯)](대만)
M. ruber	논 토양, 사일레이지, 부패 과실 등
M. paxi	마른나무 가지

(2) 종균배양

① 쌀의 원료처리

냉각된 증미 50 g을 건조 살균된 500 mℓ의 삼각플라스크에 넣고 125℃, 10분간 살균 후 38℃ 이하로 냉각한다.

② 접종 배양

무균상(無菌箱)에서 냉각한 증미에 균액 2 mℓ(홍국의 균사 10%를 함유한 0.4%의 초산용액)를 접종 후 플라스크의 한쪽에 증미를 모아 퇴적하여 약 36℃, 15~17시간 배양한다. 전면에 균사가 신장하여 쌀을 평으로 넓히고 플라스크를 교반하여 벽면의 수적을 쌀에 흡착시킨 후 30~32℃, 8~10시간 배양한다. 균사에 덮인 쌀의 표면이 미홍색이 된 국의 플라스크마다 살균수 2 mℓ를 가하고 균일하게 교반하고 평으로 넓혀 건조되기 쉬우므로 물을 분무하여 3회 습도를 조절하고 8~9일간 종균을 배양한다.

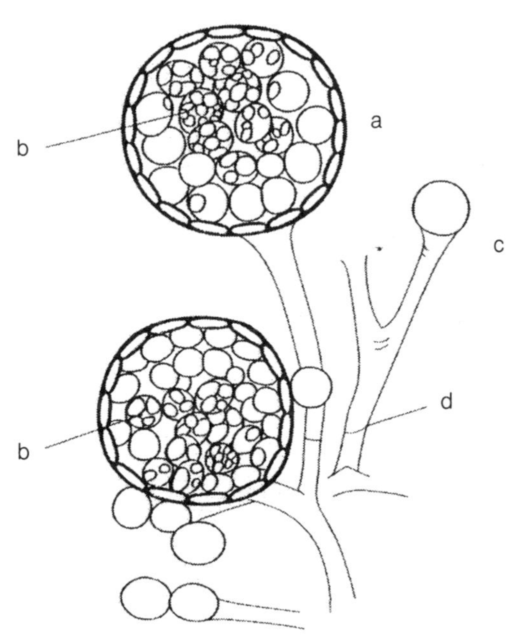

그림 2-13. 홍국균의 자낭과와 분생포자

a : 자낭과 b : 자낭포자
c : 분생포자 d : 자낭격벽

③ 검 사

종균의 외간을 맑은 진한 홍색으로 균일하게 균사가 생육하고, 잡균의 오염이 없으며, 특유한 홍국 향을 가지며 증식도 98%, 현미경에서는 비교적 다수의 해바라기 꽃을 닮은 자낭과가 함유된다(그림 2-13). 또한 포자의 발아율을 조사한다.

④ 종국의 건조

배양 후 종국을 40～45℃로 수분을 7～12%까지 건조하고 포자를 분말로 하여 종국 분말을 얻는다. 이것을 비닐 주머니에 넣고 건조한 냉암소에서 보존하여 1년 이내에 사용한다.

4.3 홍국균(紅麴菌)의 종류와 성질

홍국균은 홍국균과(Monascaceae)에 속하고, 주로 중국에서는 *Monascus anka*, *Mon. purpureus*, *Mon. suliginocus*, *Mon. rubinosus*, *Mon. serorubescens*가 사용되고 있다. 홍국균은 자웅동주성(雌雄同株性)으로 유성 생식기간에 자낭과(子囊果, cleistothecium)를 만든다. 자낭과는 보통 길이 150 ㎛으로 때로는 1000 ㎛에 달하고 소병의 선단에 형성된다.

표 2-17. *Monascus* 속의 주요 균종의 균학적 성질

균 명	*Mon. ruber* (*M. purpureus*)	*Mon. anka*
균 사	무색～갈색을 띤 적색 폭 4.2～7.5 ㎛, 기균사는 밀생	무색～갈색을 띤 적색, 빨리 적선색 폭 3～5 ㎛, 기균사는 생기지 않는다.
자낭과	150～1,000 ㎛ 구형, 직경 20～70 ㎛	직경 20～40 ㎛
자 낭	구형～아구형 황색 직경 7.5～10 ㎛	구형
자낭포자	난형～타원형 5～6 × 3～4 ㎛ 20～40개	백색, 구형 2～3 ㎛
분생포자	정단에서 연속하여 생긴다. 난형～서양 배 모양 6～8 × 5～6 ㎛	정단에서 2～3개 연결 5～0 ㎛
발육온도	25～40℃	33～35℃

균사는 분지하여 선단에 구형 또는 타원형의 자낭(子囊, ascus)을 만들고 익으면 서서히 팽창되어 그 하부에서 생기는 균사로 쌓여 피자기(被子器, perithecium)의 내부에 다수의 구형 포자를 만든다. 자낭포자는 황색, 난형에서 타원형, 자낭격벽(子囊隔壁)은 간혹 무색, 무성생식에서는 균사의 측지(側枝)에 분생포자(分生胞子)를 2～3개 연결하여 생기고 처음에는 백색을 띄나 후에는 적색으로 된다.

4.4 홍국(紅麴) 제조의 요점

홍국은 장시간 제국하기 때문에 건조하여 파정락[破精落 : 국미(麴米)의 중심까지 균사가 증식하지 않는다]이 되기 쉽다. 건조를 방지하기 위하여 살수를 하면 습도가 높게 되어 잡균에 의하여 오염되기 쉽기 때문에 여러 연구가 이루어지고 있다.

1) 원료의 처리조건

(1) 세정과 침지

쌀을 물로 잘 세정하고 쌀에 부착한 겨나 이물을 제거하고 침지하면 쌀 전분이 충분히 물을 흡수 팽창하여 연하게 되고, 세포 입자 사이가 채워지고 증자하면 전분이 호화하여 곰팡이가 번식이 되기 쉽다. 겨울과 봄에는 4～5일간 침지하고, 여름에는 2～3일간 침지하여 흡수량을 28% 정도가 되도록 조절한다.

(2) 물 빼기

침지 후 증미가 끈적거리지 않게 충분히 물기를 빼고 오수를 제거하고 국의 번식에 알맞은 수분으로 조절한다.

(3) 증 자

물 빼기 후의 쌀을 시루에 넣어 표면을 펴고 증기를 불어넣어 쌀 표면의 전체에서 증기가 뿜어내면서 0.5기압에서 8～10분간 균일하게 증자한다. 그 다음으로 하얀 심(芯)이 없고 표면이 단단하고 내부가 연하고 끈적거리지 않고 풀과 같이 되지 않게 한다. 이것을 펴서 38℃까지 냉각하여 종국을 접종한다.

2) 제국(製麴)

(1) 온도제어

접종 후의 증미를 국실(麴室)에 재우고 증미의 층을 두껍게 퇴적하면 품온이 자기발열로 품온이 상승한다. 40℃로 되면 국개(麴蓋)에 담으나 품온이 45℃ 이상으로 되면 국이 타게 된다. 이것을 방지하기 위하여 국의 상하의 위치를 바꾸고 교반 손질을 한다. 굳은 국을 비벼서 부수고 국 층을 엷게 펴고 통기가 좋게 하여 목판에 편다. 손질로 국의 호흡이 왕성하면 발생한 열이나 냄새를 발산시키고 품온을 내린다. 또 국의 두께가 너무 얇으면 자기발열에 의한 품온이 오르지 않고 균사가 증식하지 못한다. 퇴적과 보온이 필요하므로 38~40℃에서 가장 잘 번식한다. 또 품온은 국에 꽂은 온도계의 위치(국실의 상하, 국의 중심과 끝의 위치)에 따라 다르다. 온도계의 꽂은 위치를 바꾸어 측정하고 온도차를 없애도록 손질을 관리한다.

(2) 습도제어

홍국은 습도가 많은 중에서 증식하나 건조하면 떨어지고 전분이나 단백질이 분해가 나쁘나 당이나 아미노산의 생성이 적다. 이 때문에 포화 습도를 유지하고 국미(麴米)를 퇴적하여 국의 표면을 마대로 덮는다. 또한 담기 후 국미(麴米)의 물을 분무하거나 살수 혹은 국을 주머니에 넣어 물에 침지하여 흡수시켜 습도 조절을 한다. 그러나 수분이 많아 습도가 높으면 잡균에 오염되기 쉽다.

(3) pH의 제어와 잡균의 오염방지

국실(麴室)은 사용 1일 전에 염소 살균을 하여 용기는 세정, 건조, 살균하여 사용한다. 홍국균(紅麴菌)은 다른 곰팡이와 마찬가지로 산성에서 생육하고, 세균은 산성에서는 제어되기 때문에 산성에서 초산으로 pH를 3.5 전후로 하여 국공장(麴公醬) 혹은 알코올을 함유한 제미[諸味 : 국공조(麴公糟)]를 가하여 잡균을 억제하여 제국을 한다.

(4) 잡균의 증식촉진

홍국은 된장이 미국에 비하여 당화력이 약하므로 홍국균의 증식이 늦다. 이 때문에 증미를 *Aspergillus oryzae*나 *Asp. niger* 등의 미국에서 추출한 amylase 용액에 침지하여 전분을 분해하여 당분을 증가시키거나 혹은 증미를 미국의 당화액에 단시간(15~30분) 침지하여 물 빼기 후 홍국균을 접종한다.

이 외에 다음과 같은 방법이 있다. 당분을 증가시킨 증미를 가압 살균하여 홍국균을 접종한다. 증미의 중심까지 균사를 잘 번식시키기 때문에 쌀을 팽화시키거나 두 번 찌기를 한다. 혹은 고압으로 증자하기도 한다. 빵이나 찜 빵과 같은 평화된 것을 스펀지로 하거나 곰팡이가 번식하기 때문에 습도의 제어가 용이하다. 또 쌀 등의 전분 원료에 탈지대두를 혼합하면 *Monasucus* 속의 곰팡이의 증식이 좋고, 적색 색소의 생산이나 단백질 가수분해효소 등의 생산이 빠르다.

5. 종국(種麴)의 제조

현미 종국(種麴)은 포자의 생성이 많고 장기간 보존하는 경우에 적합하다.

5.1 현미 종국(種麴)의 제조

현미를 물로 씻은 후 물에 1일 침지하고 증미기로 압력 1.2 g/cm^2, 60분간 일단 증자를 한다. 40℃로 냉각하여 국상(麴床)에 옮기고 원료 쌀에 대하여 20%의 물을 살수, 물 빼기 후 같은 조건에서 20℃ 찌기를 한다. 38℃로 냉각하여 종균(種菌, *Aspergillus oryzae, A. niger*, 홍국균)을 접종, 배양하여 종국(種麴)을 제조한다.

5.2 국공조[麴(麯)公糟]의 제조

시판의 빵 1.5 근의 표피부분을 제거한 내부를 0.7 cm 각으로 절단한다. 이 30 g을 500 mℓ의 면전 플라스크에 넣어 가압살균 후 냉각하여 홍국(紅麴) 종균(種菌)과 알코올 20%를 함유한 효모를 가하고 30℃, 10일간 배양 후 다시 20℃에서 5일간 배양하여 국공조[麴(麯)公糟 : 조(糟)는 종국(種麴)의 물과 효모가 함유된 술 제미(諸味 : 술덧)]를 제조한다.

5.3 국공장[麴(麯)公醬]에 의한 제국법

1) 종균 접종

증미 100 kg에 대하여 국공장[麴(麯)公醬) 6.2 kg 홍국(紅麴) 종국(種麴) : 물 : 초산 = 1 : 11 : 0.2] 을 균일히 교반 혼합하여 자루에 담는다. 여기에서 말하는 장은 액상의 제미(諸味 : 술덧)를 말한다.

2) 배 양

국실(麴室)의 상(床)에 가마를 깔고 그 후에 건조한 청결한 마대를 깔아 채우고 그 위에 자루에 채워 굳힌 국 원료를 퇴적하여 다시 표면이나 주위를 천으로 덮고 포화습도가 되도록 하여 38℃에서 18～20시간 배양한다. 품온(品溫)이 40℃에 상승될 때에 국개(麴蓋)에 담고 국의 두께를 5 cm로 펴고 4～6시간 후 손으로 비벼 교반하고 제1번 손질을 한다.

다시 국실에 약 2/3의 면적까지 국을 두께 3 cm으로 펴고 6시간 배양 후 2번 손질을 한다. 두께를 다시 2 cm로 될 때까지 편다. 손질을 한 24시간 후에 증미(蒸米)는 홍국균(紅麴菌)의 미홍색의 균사로 덮여진다. 건조될 때에 0.2% 초산 수용액 중에 약 5분간 교반하면서 침지한다. 물 빼기 후 국실에 넣어 국을 퇴적하면 품온이 상승한다. 약 36℃에서 국의 두께를 가능한 한 낮게 펴고 34℃로 유지, 6시간마다 1회 교반 손질을 한다.

손질마다 두께를 얇게 하여 1회째의 침지 후 18～20시간 사이에 2회 째의 1분간 침지를 한다. 물 빼기 후 국실에 다시 국을 퇴적하고 35℃에서 국을 두께 2 cm로 펴고 34℃에서 유지한다. 품온이 34℃ 이상으로 되면 교반 손질을 하여 온도를 내린다. 또 실온의 통기 구멍을 열어 통풍을 좋게 한다. 2회째의 침지가 23시간 후 3회째의 침지를 하고, 침지할 때마다 초산용액에 담가 곧 올리고, 물 빼기 후 물방울이 없이 포화습도에 가까운 국을 국실에 넣어 퇴적하고, 35℃로 되면 국을 펴고 3시간마다 1회 교반 손질을 한다.

통기구를 열고 통풍하고 3회째의 침지 후 24시간 균사가 쌀의 중심까지 침입하고, 포자가 생기면 습도를 단계적으로 내린다. 국의 품온이 서서히 상승하면 약 6시간마다 1회 교반 손질을 하여 8일간 배양한다. 이것을 건조 보존한다.

제조 후 1년 이내에 사용한다. 7～9일 사이의 기온이 국을 만드는 가장 알맞은 때이다.

6. 홍국(紅麴)의 제조

6.1 토홍국[土紅麴(麯)]의 전통적 제조법

1) 종국(種麴), 종국분말[種麴粉末 : 국공[麴(麯)公)], 국공분[麴(麯)公粉]제조

증미 100 kg에 대하여 종국분말 80 g(홍곡균 함유)과 토국조(土麴(麯)糟 : 홍국균과 효모를 함유하는 제미) 500～880 g를 가하고 40℃에서 국실에 재우고 품온이 38～40℃. 4～5일간 배양하여 출국 후, 건조한 종국을 분쇄하고 종국 분말로 한다.

2) 토국조[土麴(麯)糟, 麴(麯)母), 국모장(麴(麯)母漿)]의 제조

증미 100 kg에 대하여 종국분말 20 g, 토국조[土麴(麯)糟] 1.6 kg을 가하여 40℃에서 국실에 재우고 38～40℃, 4～5일간 배양하고 출국 후 건조, 분쇄하여 미 홍색의 종국분말을 얻는다. 또 쌀에 물을 가하여 죽을 만들고 약 32℃로 냉각하고 쌀 1.5 kg에 대하여물 7.5 kg, 종국분말 1 kg을 가하여 7일간 배양한다. 주미(酒味)로 하는 토국조(土麴(麯)糟 : 주모제미(酒母諸味)]로 된다.

3) 배합비율

쌀 100 kg에 종국 분말 40 g과 토국조[土麴(麯)糟] 750 kg에서 토홍국[土紅麴(麯)] 50 kg이 만들어진다.

4) 제국(製麴)

증미에 종국분말과 토국조[土麴(麯)糟]를 가하여 접종하고 제국 후 건조하여 토홍국[土紅麴(麯)]을 만든다.

6.2 쌀의 고압처리에 의한 토홍국[土紅麴(麯)]의 제조

1) 원료처리

물에 담근 쌀을 고압증미기에 넣어 압력 4.5kg에서 5～10분간 증자하고 방랭 후 다시 5～10분간 가압증자 후 증미의 심(芯)이 투명하였을 때에 꺼내어 20℃ 이하로 냉각하고, 여기에 토국조[土麴(麯)糟]를 가하여 혼합 교반한다.

2) 토국조[土麴(麯)糟]의 배합

2종류의 배합이 있다.

① 쌀 100 kg에 대하여 3년간 이상 경과한 고초(古酢) 3 kg와 토국조[土麴(麯)糟] 5 kg의 배합비율로 수회 나누어 식힌 증미에 가하여 증미가 홍색으로 물들 때까지 균일하게 교반한다.

② 쌀 100 kg에 대하여 질게 취반한 미반(米飯)이 균일하게 혼합, 교반한다.

3) 제국(製麴)

접종한 증미를 국실에 재우고 산 모양으로 퇴적하고 표면을 천으로 깔고 품온 35～40℃에서 24시간 유지한 후에 상에 널리 펴고 15분간 통기하고 다시 퇴적하여 천으로 덮는다. 35℃에서 6시간 배양 후 다시 상에 펴고 품온이 40℃ 이하에서 12시간 유지한다.

그 후 통기하여 40℃에서 균일하게 교반하고 1번째 손질을 한다. 이어 8시간마다 상의 위에 균일하게 손질을 하여 배양 2일 후 국의 미립(米粒)이 홍색을 띠고, 홍색을 띤 백색 반점이 생기고 돌파정국[突破精麴, 중국에서는 단화국(蛋花麴(麯)이라 한다)으로 된다.

온도 조절방법은 다음과 같다.

(1) 석회수 중의 침지조습법(沈漬調濕法)

배양 5일 후 국개(麴蓋)에 넣어 배양 6일 후 국을 희석하여 석회용액에 침지하여 물 빼기를 하고 국실에 넣는다. 7일 배양 후 품온이 40℃ 이상으로 되면 2회 손질을 하여 8일 후에 토홍국(土紅麴)을 건조한다.

(2) 침지와 분무의 병용에 의한 습조법

배양 4일 후 약 38℃에서 국을 마대에 넣고 물에 약 20분간 침지하고, 다시 국실(麴室)에 재우고 상에 국을 전면으로 깔고 산 모양으로 퇴적하고 천으로 덮은 다음 실온을 30℃에서 2일간 배양한다. 그 후에 통기하면서 원료 미 100 kg에 대하여 40～50 kg의 물을 수회 나누어 균일하게 분무한다.

이후 1일마다 1회 뒤바꾸기를 하여 덩어리를 깨고 온도차를 없애고 균일 배양한다. 9～14일간 배양하면 홍국미(紅麴米)가 야무지고 굳어진다. 이 홍국(紅麴)을 대나무방석 위에 펴고 강한 볕에 쪼이고 잘 뒤집어 벌레가 발생하지 않게 봄, 가을, 겨울은 12시간, 여름은 7시간 건조한다. 손가락을 누르면 홍국이 분말하기 쉽고 선명하고 윤기가 있는 홍색의 것이 좋다. 자루에 밀봉포장 후 장기간 저장한다.

6.3 옥수수 홍국(紅麴)의 제조

중국의 동북지방에서는 옥수수가 곡류의 반 이상을 차지하고 가격도 쌀의 반값으로 이것에서 홍국을 제조하고 있다. 옥수수를 분쇄하여 세 조각을 내고 가루와 껍질을 8 mesh의 체로 체질을 한다. 이 알맹이의 옥수수를 옥미(玉米)라 부르고, 단단하기 때문에 열수에 6～8시간 침지 후 물기를 빼고 상압에서 1.5시간 증자 후에 35℃로 냉각한다.

국공장[麴(麯)公醬]을 접종 한 후 국실에서 퇴적하여 표면을 마대로 덮고 약 30시간 배양하여 자기발열로 품온이 40℃ 이상이 되면 뒤지기를 하여 손질을 한다. 다시 40℃를 넘으면 교반손질을 하여 48시간 경과하면 표면에 붉은 반점이 생긴다. 이것을 대나무 광주리에 넣어 30℃의 물에 15분간 침지하고 표면을 씻고 다시 퇴적한다. 품온이 40℃로 되면 투께 12 cm로 편다.

1회째의 침지에서 12시간 배양하면 대부분의 표면이 붉게 된다. 건조하여 수분이 부족하면 2회째의 침지한다. 다시 12시간 배양하므로 침지를 반복한다. 4회째의 침지를 하여 배양하면 알맹이의 내부까지 붉게 된다. 만약 내부에 흰 반점이 남을 때는 다시 5회째의 침지를 하여 40℃ 이하에서 배양하여 내부까지 붉게 된다. 그 후 20시간 계속 배양하여 건조한다.

이 전 공정의 배양이 7～9일간이 걸린다. 옥수수 홍국은 쌀보다 적색의 색소의 생성이 좋고, 원료의 손실도 25%로 낮고 쌀의 홍국에 뒤지지 않는다. 옥수수 홍국은 두부유의 제미[諸味(간장 덧)], 황주(黃酒), 두판장(豆瓣醬)이나 특색이 있는 장유(醬油) 생산에 사용된다.

6.4 물 분무에 의한 온도, 습도의 단계적 제어의 제국(製麴)

1) 원료처리

쌀 3000 kg을 침지하여 물 빼기 후 연속 증미기에서 찌고 통풍냉각기에서 냉각하고 덩어리를 깨고 교반하면서 36～38℃까지 냉각한다.

2) 종균 접종

이래의 국공장[麴(麯)公醬]과 증미를 배합하여 나선수송기(스크루 컨베이어)로 덩어리를 깨고 잘 혼합하여 접종을 한다. 종국(種麴), 빙초산 그리고 물의 배합 비는 쌀 100에 대하여

① 봄, 종국: 빙초산 : 물 = 0.5 : 0.1 : 5.6
② 여름, 종국: 빙초산 : 물 = 0.4 : 0.08 : 5.7
③ 겨울, 종국: 빙초산 : 물 = 0.6 : 0.15 : 5.4

3) 포대 담기

접종한 증미의 열을 발산 후 이것을 살균한 마대에 50 kg씩 6포대에 담고 노끈으로 포대의 입을 묶는다.

4) 제국공정

(1) 재우기

접종 후의 증미를 담은 마대를 국실에 재우고 마대를 가로로 하여 아래에 3포, 위에 2포를 겹쳐 사이 없이 깔고 포대 위와 주위를 살균한 천으로 덮고 제국을 한다. 동기구를 닫고 실온 35～40℃에서 18～22시간 배양하여 포대 중의 국이 자기 발열하여 품온이 상승하여 40℃로 되면 통기 제국상(製麴床)에 담는다.

(2) 담 기

국을 상의 1/3로 평으로 깔고 처음은 품온이 내려가나 담기 후 4시간 이내에 단

계적으로 서서히 품온이 상승한다.

(3) 상(床 : 선반) 왕겨

품온이 40℃에서 상(床)왕겨를 한다. 국의 투께는 얇게 하고 온도계를 비스듬히 꽂아 상(床)왕겨 후 5시간에서 40℃로 되면 1회 손질을 하고, 약 10시간 후 다시 온도가 상승하면 다시 손질을 하여 습도를 조절하기 위하여 물을 분무하고 일차의 조습조작을 한다.

(4) 1차 조습제국(調濕製麴)

일반적으로 담기 24시간 후 국의 위나 국상의 주변에서 균일하게 국의 약 30%의 물을 분무하여 국상의 밑에서 물이 유출되면 분무를 정지한다. 그 후 균일 교반하여 퇴적 후 품온이 상승하여 37℃에 달하고 나서 50~60분 후 국을 펴고 평으로 편다. 통기 입구의 damper를 조절하여 일단을 일정 각도의 경사로 열고 일단의 폭을 얇게 하거나 두껍게 하거나 또 풍력을 적게 하거나 크게 하여 통풍제어를 한다. 폼온이 37℃, 습도 80%, 실온 20~23℃로 유지하고 물을 분무 후 4시간 이내에 품온이 상승되게 1차 조습조작 후 7~8시간에서 손질을 한다.

(5) 2차 조습제국

보통, 1차 조습조작 후 2차 조습조작까지 약 10시간의 간격이 있다. 국에는 미홍색의 균일한 콜로니를 만든다. 손질을 하여 간극을 만들어 통기를 한다. 통기로 국이 건조하면 1차 조습조작과 마찬가지로 물을 분무하여 폼온이 36℃, 습도 90%, 실온 28~30℃로 유지하고 2차 조습조작을 한다. 6시간 후 손질을 한다. 2차 내지 3차 조습조작의 사이가 국의 가장 왕성한 발육시기로 품온이 상승한다. 일반적으로 1~2분간 damper를 반쯤 열어 30분 간극으로 통기하고, 여름에는 통기구를 연 그대로 단계적으로 연속하여 통기한다.

(6) 3차 조습제국

보통, 2차 조습조작에서 3차 조습조작까지의 간극은 8~10시간으로 쌀 총량의 약 35%의 수량을 분무하고 폼온 36℃, 습도 85%, 실온 25~28℃로 유지하고 7시간에서 손질을 한다.

(7) 4차 조습제국

3차 조습조작에서 12시간 후 홍국균이 증식하면 국의 수분을 줄이기 위하여 분무수량을 줄이고 실온 30℃ 이하에서 제국을 한다. 홍국의 수분이 과다하게 되면 토수현상(吐水現象)이 일어나고, 국의 표면에 부착수가 붙어 수적을 흡수할 수 없게 된다. 이로 인하여 통기가 되지 않고 홍색이 자흑색으로 변색하고 건조 후 덩어리가 생겨 당화력이 떨어지고 산도가 증가하여 토수국[吐水麴(麯)]이 된다. 이것을 방지하기 위하여 품온 36℃에서 물을 분무하고 습도 80%, 실온 20~25℃로 하여 조작 후 4시간에서 손질하여 교반한다. 품온이 35℃로 유지하고, 다시 8시간 후에 손질하여 교반한다.

(8) 단수제국

일반적으로 물을 분무하여 가습(加濕)하면서 제국하나 4차 조습조작에서 12시간 후 가습하지 않고 가습 통풍하며 건조한 국이 된다. 이 국을 단수국[斷水麴(麯)]이라 한다. 건조제국은 품온 34℃ 습도 80%로 유지하고 실온을 약 20℃로 하여 단계적으로 통기구와 국실(麴室)을 열고 24시간의 단수조작 후 건조한다.

5) 건 조

건조기에 백미 300 kg에서 제조된 홍국(紅麴)을 투께 약 30 mm로 퇴적하여 저부에서 전조한 공기나 증기를 보내고 30분마다 홍국을 뒤바꾸고, 상하층의 품온을 균일로 하여 최후에 퇴적된 국의 표면을 건조하고 국의 수분을 12% 이하로 한다.

6) 홍국(紅麴)의 성상

홍국은 배양기간과 수량에 따라 고국[庫麴(麯)], 경국[輕麴(麯)]과 색국[色麴(麯)]의 네 가지의 용도로 나눈다. 고국[庫麴(麯)]은 9~10일간 배양으로 수량은 원료 미의 45~50% 당화 목적에 사용한다. 경국[輕麴(麯)]은 배양기간 11~12일간, 수량은 30~40%로 당화와 색소를 목적에 사용한다.

종국 → 배합 → 마쇄 → 국공장 ↓

백미 → 침지 → 물 빼기 → 증자 → 냉각 → 혼합 → 주머니 담기 → 재우기 → 담기 → 상(왕겨) → 배양손질 → 배양 → 손질 → 1차 조습 → 퇴적배양 → 펴기 → 손질 → 2차 조습 → 손질 → 배양 → 3차 조습 → 손질 → 배양 → 4차 조습 → 배양 → 손질 → 단수제국 → 건조 → 검사→제품

그림 2-14. 물 분무에 의한 습온도의 단계적 제어의 제국 공정도

표 2-18. 홍국의 성상

	고국[庫麴(麯)]			경국[輕麴(麯)]			색국[色麴(麯)]		
	특급	1급	2급	특급	1급	2급	특급	1급	2급
용적 중량(g/100mℓ)	38.0~50.0			32.0~37.0			25.0~31.0		
균사 생육도(%)	99	90	98	99	97	94	100	99	96
수 분(%)	12	12	12	12	12	12	12	12	12
색 도	450	350	200	800	600	450	1.000	850	700
당화력	1,000	800	800	900	800	500	-	-	-

- 고국[庫麴(麯)] : 3차 조습제국 후의 수분
- 경국[輕麴(麯)] : 4차 조습제국 후의 수분
- 색국[色麴(麯)] : 단수제국 후의 수분, 색도는 상기의 당화용액을 1/500로 희석한 액의 520 nm의 투과도
- 당화력 : 국 1 g이 1시간에 생성되는 glucose mg 양

색국[色麴(麯)]의 배양기간은 14~16일간, 수량은 25~30%, 색소를 목적으로 사용한다(표 2-18).

6.5 통풍제국법

1) 원료처리

도정미 250 kg을 5시간 침지하고 물 빼기 한 다음 증미기에 넣어 상압에서 증기를 불어넣어 10분간 증자 후 증미를 증미기에서 꺼내고 40℃로 냉각한다.

2) 담 기

종국균 용액(菌液) 0.6%를 증미와 균일하게 고반하고 접종 후 덩어리를 없앤 다음 품온 30~35℃로 보유하며, 통풍제국장치(그림 2-9)의 국조(麴槽)에 퇴적하고 국포(麴布)로 표면을 덮는다. 실온 28~30℃에서 18시간 보유하고 품온이 상승하여 40℃로 되면 1번째 손질을 한다. 국을 평으로 펴고 교반하여 32℃ 전후까지 내려 다시 퇴적하여 4시간 후 40℃에서 2번째 손질을 한다. 국을 균일하게 교반하여 상에 엷게 펴고 다음에 통풍제국을 한다.

3) 통풍제국

품온이 상승하면 통기하여 30℃로 제어한다. 3시간마다 교반손질을 한다. 야간은

회수를 줄이고 7~8시간 마다 손질을 하고 다시 72시간 통기를 하여 미립(米粒)의 표면에 홍국균(紅麴菌)의 균사가 일면에 생육하여 미립(米粒)에 침투 신장하면 20분간 물에 침지, 물 빼기 후 국조(麴槽)에 퇴적한다. 40℃로 품온이 상승하면 손질을 하여 국을 평으로 펴고 32℃에서 연속 배양한다. 5시간마다 손질을 한다.

다시 물에 침지 한 후에 10분간 배양하고 물 30 kg(원료의 10~12%)을 분무한다. 균일하게 교반, 국을 평으로 펴면서 15시간 배양 후 다시 50 kg의 물을 분무하면 균사가 미립의 중심까지 번식하여 신장과 침투된다. 손으로 비벼서 부수고, 선홍색의 색소가 미립의 중심까지 물들고 다수의 포자가 발생한다. 전 공정 172시간 경과 후 건조한다.

7. 홍국(紅麴)의 조미료에 이용

7.1 홍국 색소의 이용

홍국의 색소는 4종류의 성분으로 구성되어 있다. 자외선, *N*-methyl-*N*-nitro-*N*-nitrosoguanidine 처리에 의한 변이균주(變異菌株)에서는 선명한 적색이나 오렌지색의 색소를 얻고 있다. 이 색소는 acetone, acetic acid에 용해한다. 홍국에서 ethanol 혹은 propylene glycol로 색소를 추출하고 일본에서는 가공 문어, 소과자, 육류 연제품 케찹 등에 이용한다.

7.2 증육미분(蒸肉米粉)

장유나 술에서 맛을 들게 한 돼지의 삼매육(三枚肉)의 절단육에 증육미분(蒸肉米粉)을 섞고 2~4시간 증자한다. 또 우증육(牛蒸肉)을 계증육(鷄蒸肉)에도 사용한다.

증육미분의 제법은 분쇄한 볶은 쌀[혹은 팽화미(膨化米)]을 식염, 오향(五香; 육계(肉桂), 정향(丁香), 화초(花椒), 진피(陳皮), 회향(茴香) 팔각[八角 : 대회향(大茴香)] 계피(桂皮), 생강(生薑), MSG, 홍국과 부유즙(腐乳汁)을 혼합하고 건조하여 수분 12% 이하, 식염농도 8~12%로서 사용한다. 이것은 사천성(四川省), 호북성(湖北省)의 명산제품이다.

7.3 홍부유(紅腐乳)의 제조

부유(腐乳)에 첨가하여 홍부유(紅腐乳)를 만든다.

7.4 장유(醬油), 두판장(豆瓣醬), 두시(豆豉)에 이용

장유용 홍국은 *Asp. oryzae* 와 *Monascue* 속의 곰팡이를 혼합하여 배양하거나 양종을 별도로 배양하여 국을 만들고 담금 시의 홍국(紅麴)을 장유국(醬油麴)과 미증국(味噌麴)과 함께 담그는 두 가지 방법이 있다.

1) 장유용 홍국(紅麴)의 제조

장유용의 국은 단백질 가수분해효소가 중요하나 쌀 등의 전분 원료에 탈지대두를 혼합하면 *Monscus* 속의 곰팡이의 증식이 좋게 되어 적색 색소의 생성이나 단백질 가수분해효소의 생성이 빠르다. 전분 원료로서 쌀 이외에 소맥과 옥수수 등을 사용한다. 400 kg의 탈지대두에 240 kg의 물을 잘 혼합하고 3시간 정치하여 균일하게 흡수시킨 후 1.5 kg/cm^{2}의 압력에서 30분간 증자한다.

이 증자한 탈지대두에 소맥 400 kg을 180℃에서 50초간 볶아 분쇄한 것과 무균수 160 kg, 10% 초산 80 kg을 잘 혼합하고 35℃ 이하로 냉각하고 3～5%의 국공장(麴公醬)을 접종하고 이것을 국실의 통풍상(通風床)에 퇴적한다. 폼온이 40℃를 넘지 않게 통풍하여 24시간 후에 수분이 부족하면 살수를 되풀이하고 약 120시간 경과 후 장유국(醬油麴)이 된다.

장국용 홍국의 효소역가를 표 2-19에 나타내었다.

2) 장유용 홍국의 이용

장유용 홍국의 효소역가는 산성 protease가 강하다. 이 때문에 *Asp. oryzae* 장유국(醬油麴)에 장유용 홍국을 10～25% 혼합하면 풍미가 좋은 장유가 된다. 또 쌀을 원료로 한 홍국은 장유국과 등량 혹은 그 이하로 가한다.

홍국의 제미는 고기를 홍색으로 착색하여 보존효과를 상승하므로 고기나 생선의 된장 절임에 자주 사용된다. 홍조[紅糟 : 증미에 물, 효모, 홍국과 술을 넣어 발효한 제미(諸味)]나 홍장[紅醬 : 홍국, 식염, 향신료 등을 가한 끈적한 제미(諸味)]이

표 2-19. 장유용 홍국의 효소역가

세 균 수 (생균수/g・국)	당화력(%)	Protease	
		산 성	중 성
3×10^2	36.0	230 U/g・국	8 U/g・국

U : Tyrosine 단위

야채의 절임에 이용되고 있다.

3) 식초에 이용

홍국초(紅麴酢)는 복건성(福建省), 절강성(浙江省)이 유명하다. 도정미를 물에 침지하고 세정, 물 빼기, 증자 후에 홍국을 가하여 교반, 혼합하여 독에 넣어 퇴적 발효한다. 자기발열의 발효로 38℃ 이상으로 되지 않게 수회 나누어 쌀과 냉각수(1 : 2)를 가한다. 5일 후 볶은 쌀 액을 가하고 1일 1회 교반하고 효모를 가하여 70일간 알코올 발효를 한 후 초산균을 접종하고 2~3년 간 발효시킨다. 그 후 초에 남은 고형물을 나눈다.

혹은 미국과 홍국을 등량 가하여 당화 후 효모를 가하여 3일간 발효한 후 종초(種酢)를 가하여 3개월 간 초산발효하고 다시 10개월 간 숙성시킨다. 농순미가 있고 초절이, 초된장, 드레싱이나 불고기 등의 조미료로서 사용한다.

제 IV 편

메주와 대두국균의 분자생물학

제 1 장

된장양조에 있어서 국의 역할과 지질 가수분해효소의 유전자 해석

〈서 론〉

청주, 간장, 된장 등의 전통 고유의 양조물에 공통되는 원료인 국의 제일 기능은 각 원료를 가수분해하는 각종 효소군의 공급원이라고 말하고 있으나, 된장양조(발효)의 경우 특수한 환경 하에서의 발효·숙성, 사용한 원료가 전부 제품으로 되는 것과 된장이 조미료 또는 영양식품으로서 애매한 식품이라는 것 때문에 국에서 찾는 기능이 다른 양조식품과는 다르다.

된장양조에 있어서도 대두단백질을 분해하는 protease, 쌀의 전분을 분해하는 amylase는 불가결인 효소이나, 된장의 품질에 있어서는 그 분해속도 혹은 최종 분해율은 그렇게 문제되지 않는다. 따라서 된장용 국균의 사용균주는 간장용 국균과 청주용 국균의 중간에 위치하는 중도 이하의 성질을 가진 균주이다. 또 cellulase, hemicellulase 등의 효소도 된장의 조성·착색에 영향을 주는 중요하다는 것은 틀림없으나 된장의 품질을 결정적으로 지배하는 요인도 아니다.

좋은 된장의 판정기준이 애매하여 품질 판정의 기준을 어느 곳에서 하여도 언제나 조화를 취한 것이 좋다고 하는 것이다. 그런데 동일 장류의 된장을 조사하면 색·단백질 분해비율·당 분해비율에 큰 차이가 없는데 지질상태의 변동계수는 크고 이들 값이 된장의 관능평가와 높은 상관관계가 있나.

한편, 국균이 생산하는 효소 중에서 지질을 분해하거나 그 역반응에 의하여 지방산 ester를 합성하는 지질 분해효소(lipase만은 아니다)는 된장양조에 비하여 청주, 간장양조에서는 지질의 품질에 영향이 적어 착안되는 것은 없고 연구의 대상 외에 있었다. 효소 연구자에 있어서도 국균의 지질 가수분해효소의 생산량이 낮은 사실에서 국균의 지질 가수분해효소 생산 미생물로는 되지 않았다. 또 된장용 국균 균주를 선택 혹은 육종할 때 지질 가수분해효소의 생산성을 지표로 하는 것은 없었다.

여기에서는 다른 양조물에는 관계가 낮은 지질 가수분해효소를 중심으로 해설하고, 국균이 생산하는 복수의 지질 가수분해효소 의의에 대하여 지질 가수분해효소의 유전자 cloning과 그 해석을 섞어가면서 최근의 성과를 소개한다.

1. 된장양조에 있어서 지질 가수분해효소의 작용

전분 가수분해효소와 단백질 가수분해효소는 된장의 원료인 쌀이나 대두의 주성분을 분해하여 발효미생물의 영양으로 되거나 된장 향미의 근간을 형성하는 중요한 작용을 하고 이들이 된장용 국의 효소 중에서 주역을 하는 것은 다른 양조물과 마찬가지로 틀림이 없는 사실이다.

된장의 주원료인 환 대두에는 약 20%의 지질이 함유되어 있고, 증자 후에 담금이 되고 나서 그 일부가 국 중의 lipase의 작용을 받아 diglyceride, monoglyceride를 거쳐 유리지방산과 glycerol로 가수분해한다. 그리고 다시 유리지방산의 일부는 발효 중에 내염성 효모(*Zygpsaccharomyces rouxii*)가 생성한 ethanol과 함께 lipase의 역반응에 의하여 ethyl ester를 생성한다.

이 지방산 ester의 양이 된장 향의 관능평가와 정의 상관관계가 있고, 된장 중의 고비점 물질 중에서 향의 기초가 되고 있다. 또 지방산 ethyl 내, linolenic acid ester

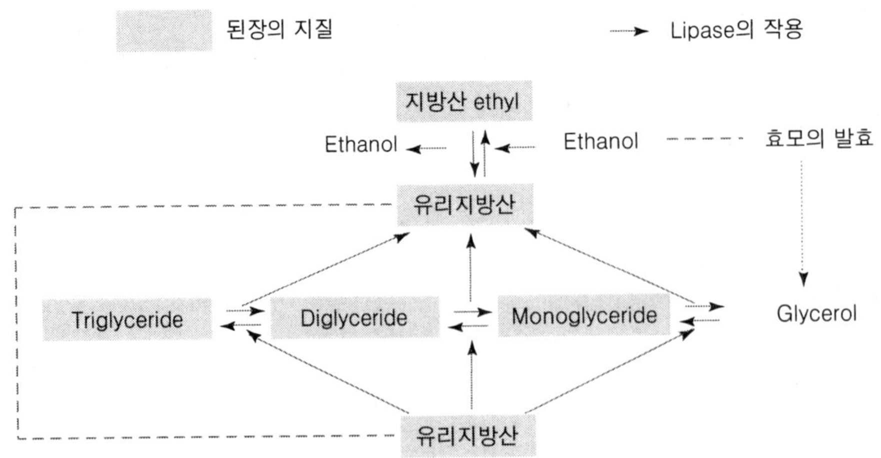

그림 1-1. 된장 숙성 중의 주요 지질 변화의 모식도

표 1-1. 시판 된장 중의 지질 성분치의 차이(n=50)

	지질 함유량	지질 산가	지질 분해비율	Ethyl ester율
최고치	6.22%	25.7	50.1%	89.8%
최저치	3.94	8.5	13.4	18.8
범 위	2.28	17.3	36.7	71.0
평균치	5.01	17.7	23.0	62.4
표준 편차	0.53	4.7 2	5.7	16.7
1-변동계수(%)	10.6	6.6	24.9	26.7

는 항변이원성이 강하다고 보고하고 있다. 된장 중의 지질의 양과 질은 된장의 품질만이 아니고 된장의 기능성에도 크게 관여하고 있다. 따라서 된장 중의 지질 상태를 알고 알맞게 제어하는 것은 된장의 품질과 기능에 있어서도 중요한 과제이다. 된장 숙성 중의 지질변화 개략은 그림 1-1과 같이 정리할 수 있다. 이들의 반응속도와 방향을 제어하는 것이 효모발효에 의하여 생산되는 glycerol과 ethanol 양, 그리고 지질 가수분해효소의 활성량이다. 최종적인 된장 중 지질의 분해율과 ethyl ester화 비율을 결정하는 인자가 효모의 발효도, 지질 가수분해효소 활성, 숙성 일수이다.

표 1-1에 시판 된장 50점의 지질 함유량 그리고 지질의 상태를 나타내었다. 산가・지질 분해율・ethyl ester화 율을 나타내었다. 지질 함유량의 변동계수에 비교하여 산가・지방분해율・ethyl ester화 율의 변동계수가 크고, 된장 메이커 간의 지질의 질에 관한 차이가 큰 것으로 알고 있다. 즉, 어느 메이커에서도 된장용 국을 제조하는 경우 amylase 그리고 protease의 생산을 지표로 하여(당분 분해율과 단백질 분해비율은 큰 차가 없었다) 지질 가수분해효소의 생산은 무시되고 있으므로 지질 가수분해효소가 크게 다른 국을 사용한 결과라 할 수 있다. 여기에서 흥미 있는 것은 숙성한 된장 중에는 monoglyceride 그리고 glyceride가 거의 존재하지 않는 것이다. 이 사실은 후술하는 지질 가수분해효소 L 2와 관련되는 것으로 해석된다.

2. 국균이 생산하는 지질 가수분해효소

된장양조에 사용되는 미국량과 된장 숙성 후의 지방의 분해비율에서 지질분해에 필요한 지질분해 활성(국균이 모두 이것을 생산한다고 가정하는 경우)을 계산으로 추정하면 0.05 U/wet・g(미국)로 아주 미량이다. 미국・대두국과 같은 고체배양에서는 protease가 대량으로 생산되어 지질 가수분해효소 단백질을 분해하고 있는 것이 주요인으로 생각된다. 또 이들의 국에서 목적의 효소를 정제하는 단계에서는 혼재하는 대량의 각종 효소가 정제를 곤란하게 하여 국균이 지질 가수분해효소를 생산한다는 보고가 있으나 생산량이 미량이라는 사실에서 그 본체는 불명 그대로 남아 있다. 그런데 대두유와 대량의 질소원을 첨가한 액체배양에 있어서 *Aspergillus oryzae* IFO 4202균주의 통기교반 배양에서는 glucose를 소비하여 균체량이 최대로 된 후에 지질 가수분해효소를 대량으로 생산하였다(30 U/mℓ).

이 사실에서 국균의 지질 가수분해효소 생산은 catabolite repression에 의하여 조절되는 것으로 생각한다. 곡류나 두류의 고체배양(국)에 있어서 지질 가수분해효소의 생산량이 낮은 것은 당 성분이 대량으로 존재하는 계라는 것이 기인되고 있다고 생각된다. 또 배지에 지질의 첨가에 따라 생산량이 3배로 되어 국균의 지질 가수분해효소는 전형적인 유도효소라고도 생각된다.

이때 지질 가수분해효소 활성을 측정하는 데 올리브기름을 기질로 하는 공정 lipase 활성 측정법과 함께 dimercaptobutyrate를 기질로 하는 발색법 lipase kit S를 병용하여 사용한다. 그 결과 그림 1-2 에 나타낸 바와 같이 기질 특이성과 최적 생산온도의 차이, 적어도 2종류의 지질 가수분해효소가 함유되고 있는 것이 시사된다.

국균 배양액 중의 지질 가수분해효소를 lipase kit S에 의한 활성측정법을 사용하여 추적하여 단일 단백질까지 정제를 하였다(L 1). 동시에 올리브기름을 기질로 한 공정법을 사용하여 활성 측정하여 lipase를 정제하였다(L 2). 각 지질 가수분해효소

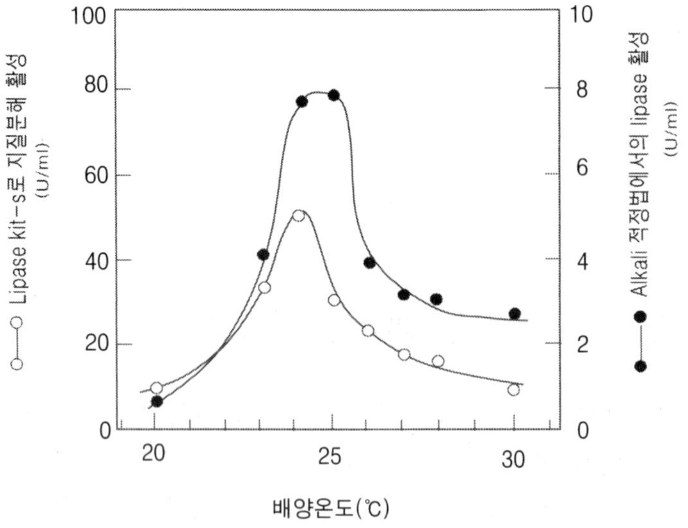

그림 1-2. 국균의 지질 가수분해효소 생산(최대 활성)에 있어서 배양온도의 영향

표 1-2. 국균이 생산하는 지질 가수분해효소 L 1과 L 2 그리고 cutinase의 성질 비교

	L 1	Cutinase	L 2
분자량(kDa)	24	22~26	41 당단백질
지질 함유량(%)	65	4~6	
최적 pH(기질)	10(tributyrin)	10(cutin)	7(lauric acid vinyl
SH 저해제	-	-	-
Serine 저해	+	+	+
Hstidine 저해	+	+	+
p-Nitrophenyl ester 분해	C4 》 C16	C10	
Triglyceride 분해	+	+	-
Mono, diglyceride 분해	+	+	+

* Kolttukudy가 정제한 *Fusarium solani pisi* 등의 6종류 곰팡이가 생산한 cutinase의 데이터

의 여러 성질을 표 1-2에 정리하였다. L 1은 식물병원성 곰팡이가 생산하는 cutinase라고 추정되고, L 2는 triglyceride에 대하여는 분해활성을 가지지 않고 mono 그리고 diglyceride만을 분해하는 unique한 lipase라는 것을 나타내는 결과를 얻었다. 또 triglyceride에 대하여 강한 분해활성을 가지는 지질 가수분해효소 L 3이 그 후의 연구로 존재하는 것이 확인되었으나 본 효소를 사용한 균주(IFO 4202)에서의 활성이 낮으므로 L 2의 정제단계에서 무시된 것으로 생각된다.

지금까지에서 많은 미생물에 있어서 lipase의 다양성을 보고하고 있어 다른 유전자에 의한 것과 동일 유전자에 의하여 생성된 후 효소의 분자구조의 일부가 수식된 것으로 생각된다. 국균이 생산하는 지질 가수분해효소 L 1, L 2 그리고 L 3은 이들의 구조 성질의 차이에서 전자로 생각된다.

2.1 Cutinase

Cutinase는 소위 식물병원성 곰팡이가 생산하는 지질 가수분해효소로 고등식물 표피의 cuticle층의 주성분인 cutin(hydroxy C_{16}, C_{18} 지방산의 중합물질)을 분해하여 식물체에 침입하는데 불가결의 효소이다. 지금까지에 식물병원성 곰팡이 이외의 미생물로 cutinase를 생산하는 보고는 전무하고 국균의 진화, 환경의 적응이라는 관점에서 흥미 깊은 사실이다. 효소학적으로도 lipase와 cutinase의 경계는 애매하고 공업적으로 이용되고 있는 몇 종류의 lipase 제제가 cutinase 활성을 가지고 있는 것을 보하고 있는 사실에서 L 1은 triglyceride 분해능을 가진 일종의 esterase라는 것

이 판명되었다.

L 1을 코드하는 유전자(*cutL*)을 cloning 하여 유전자의 구조에 대하여 해석한 결과를 아래에 나타내었다. 대부분의 곰팡이에 있어서 보고하고 있는 것과 같이 번역 개시 코돈에서 3bp 상류에 「A」가 좋아서 사용되고 있는 것이 *cutL*에도 발견된다. CAAT 그리고 TATA box로 추정되는 염기서열이 발견되고 또 종시(終始) 코드에서 하류에 158bp의 위치에 poly A signal로 추정되는 ATAAA의 서열을 확인하였다. 대부부의 곰팡이에서 발견되는 exon-intron의 경계에 있는 공통 DNA 염기서열에서 3개의 intron(52, 48, 53bp)을 추정하였다.

793bp의 ORF에서 추정 intron을 제거한 exon의 염기서열에서 아미노산 서열을

```
Ao  MHLRNIVIALAATAVASPV-------DLQDRQL--TGGDELRDG---PCKPITFIFARASTEPGLLGISTGPAVCNRLKL  63
Mg  ·QFITVALT·I·L·S···IATNVEKPSELEARQLNSVRND·IS·NAAA·PSVIL······G·V·NM···A·TN·AS··ER  80
Ab  ·--M·LNLL------·------------KPC·-AS·TRN··ET·SSDA·PRTI····G···A·NM·ALV··FTA·A·ES  50
Ar  ·KFFA-FSM·--IGE···IVLALRRTT·EV···DPIIRS··EQ·SSSS·PKAIL····G···I·NM·V·A····ASA·E-  76
Cg  ·KFLSVLSLAITL·A·A··EV--ETGVA-LETRQSSTRN·;ET·SSSA·PKVIY··········NM···A··I·ADA·ER  77
Cc  ·KFLS·ISLAVSLVA·A··EVGLDTGVANLEARQSSTRN··ES·SSSN·PKVIY··········NM···A··I·ADA·ES  80
Fs  ·KFFALTTL·····S·L·-TSN-PAQE·EA···GR·TR·D·IN·NSAS·RDVI··Y··G···T·N··-TL··SIASN·ES  77
    *                 *                        *  *    *    * ** * * *  *   *      *

Ao  ARSGD-VACQGVGPRYTADLPSNAL-PEGTSQAAIAEAQGLFEQAVSKCPDRQIVAGGYSQGTAVMNGAIKRLSADVQDK 146
Mg  EF-RNDIWV····DP·D·A·SP·F·-·A··T·G··D··KRM·TL·NT···NAAV·············FN·VSEMP·A···Q 158
Ab  ·YGASN·WV····GP···G·VE···-·A·······R··QR;·NL·A····N·P·T·······A···SN··PG···A···Q 139
Ar  ·YGA·QIWV····GP········F·-·G····S··N··VR··NE·NT···S·P··············A···PK·D·-·RAR 154
Cg  IYGANN·WV····GP·L···A··F·-·D···S···N··RR··TL·NT···NAA··S···········A·S·SG··TTIKNQ 156
Cc  RYGASQ·WV····GP·S···A··FII·····RV··N··KR··TL·NT···NSAV·············ASS·SE··STI·NQ 160
Fs  ·FGK·G·WI····GA·R·T·GD···-·R···S···R·ML···Q··NT····ATLI·······A·LAAAS·ED·DSAIR·· 156
              ****  * * *  *   * **   ** *    *  *  ***      ****** *

Ao  IKGVVLFGYTRNAQERGQIANFPKDKVKVYCAVGDLVCLGTLIVAPPHFSYL-SDTGDASDFLLSQLG------      213
Mg  ··········K·L·N··R·PD··TE·TE···NAS·A··F···FLL·A··L·TTESSIA·PNW·IR·IRAA----      228
Ab  ··········K·L·NG·R·P···TS·TTI··ET·····N····IT·A·LL·SDEAAVQ·PT··RA·IDSA----      209
Ar  VV·T······Q·Q·NNKG·KDY·QEDLQ···E······D····ITVS··L··EEAA·P·PE··K·KI·A-----      223
Cg  ··········K·L·NL·R·P··ETS·TE···DIA·A··Y···FIL·A··L·QT·AAVA·PR··--·ARIG----      224
Cc  ······SAI·K·L·NL·R·P··STS·TE····LA·A··Y···FIL·A··L·QA·AATS·PR··AARI·------      228
Fs  ·A·T······K·L·N··R·P·Y·A·RT··F·NT·····T·S····A··LA·GP·AR·P·PE··IEKVRAVRGSA      230
      * **   * * *    *           *   * ** * *     *  *       *   *
```

그림 1-3. 지질 가수분해효소 L 과 다른 곰팡이의 cutinase의 아미노산 서열의 비교

Ao : *Asp. oryzae*, Mg : *Magnaporphe grisea*,

Ab : *Alternalia brassicola*, Ar : *Ascochyta rabiei*,

Cg : *Colletotrichum gloeosporides*, Fs : *Fuasarium solani*

추정하여 *cutL*가 213개의 아미노산 잔기로 된 polypeptide를 코드하고 있어 그 계산 분자량이 22,2663 Da(L 1 정제효소 단백질의 분자량 24 kDa)라는 것을 밝혀주었다. 이 추정 아미노산 서열 중에 L 1 효소단백질의 cyanogen bromide에 의한 분해 단편의 N-말단 아미노산 서열과 lysyl endo-peptidase에 의한 C-말단을 함유한 분해 단편의 아미노산 서열을 함유하고 있다.

N-말단의 signal peptide를 형성하는 것으로 추정되는 아미노산을 제거한 등전점의 계산치는 5.27로, L 1의 등전점 전기영동분석에시 구한 값(pI = 5.2)과 일치하였다. 이상의 사실에서 cloning된 유전자 *cutL*은 국균이 생산하는 지질 가수분해효소 L 1의 peptide 부분을 코드하는 유전자로 생각된다.

그림 1-3에 나타낸 것과 같이 L 1의 추정 아미노산 서열과 대표적인 식물병원성 곰팡이가 생산하는 6종류의 cutinase와의 사이에는 높은 상동성이 있고 catalytic triad를 형성하는 serine, aspartic acid 그리고 histidine(하신)이, 또 lipase니 cutinase의 공통서열인 Gly-X-Ser-X-Gly(하선)의 서열이 완전 보존되어 있다. 또 cysteine은 6잔기 함유하여 있어 이들의 모두가 S-S결합한 것으로 생각하면 자유인 SH기 없기 때문에 SH 저해제의 영향을 받지 않는다. 즉, L 1가 SH효소는 아니고 serine 효소이라는 것을 지지하는 결과이다.

그렇다면 왜 국균이 cutinase를 생산하는가의 의문에 대하여는 지금으로서는 과학적인 근거가 있는 해답은 없다. 그러나 국균이 볏짚에서 많이 발견되는 것은 곡물 국이나 곡물주의 발생 시의 원시적 수법은 볏짚을 곰팡이의 seed로 하였다는 고찰, 일본 술의 근원을 찾는 중에서 국균은 대륙에서 보온재로 사용한 볏짚의 가마니를 통하여 들어왔다는 추측에서 국균이 볏짚에 가마니에 감염되기 때문에 cutinase의 생산이 필수조건이라는 것은 아닐까라고 생각된다.

2.2 Mono 그리고 diglyceride 가수분해효소

미생물이 생산하는 lipases는 많이 보고하고 있으나 triglyceride를 분해하지 않고 mono 그리고 diglyceride를 분해하는 특수한 lipase의 보고는 많지 않다. 국균 IFO 4202 균주의 액체배양에 의하여 그 unique한 lipase를 보고하고 있다.

L 2의 분리·정제시의 활성 측정은 올리브기름을 기질로 하는 공정법을 사용하였으나 올리브기름 중의 triolein을 분해하는 lipase로서 추적하였다. 그러나 정제효소를 lauric acid vinyl에 작용시키면 lipase의 활성은 2배 이상으로 되고 triglyceride를 분해하는가는 의문시 된다. 그래서 올리브기름의 구성 지방을 조사하면 mono 그리고 diglyceride가 함유되어 있다(각각 7%, 3%).

표 1-3. 지질 가수분해효소 L 2의 mono, di 그리고 triacyl glycerol에 대한 분해효소

기 질	상대 활성(%)
1-Monocaprin	84
1- Monopalmitin	63
2-Monopalmitin	67
1-Monosterin	16
1-monoolein	100
2-monolein	58
1-Lilinolein	58
1, 2-Dicaprin	235
1, 2-Diolein	235
1, 3-Diolein	210
Tributyrin	0.3
Tricaprin	0.3
Tristearin	0.4
Triolein	0.0

정제 L 2의 glyceride 표품에 대한 분해활성을 측정한 결과를 표 1-3에 나타내었다. 위치에 관계없이 diglyceride에 대한 분해활성은 가장 높고 triglyceride는 분해하지 않았다. 이것은 국균 IFO 4202 균주의 배양액에서 지질 가수분해효소를 분리·정제할 때 triglyceride를 분해하는 lipase를 분리하지 않았다. 이 균주는 생산하지 않는 몇 개가 있다. L 2의 지방산 ethyl에 대한 분해활성은 약하고 된장의 품질 그리고 기능에 있어서 중요한 것은 축적된 지방산 ester가 분해하지 않는다는 것이 원하는 성질이다.

L 2 단백질을 코드하는 유전자(*mdlB*)를 cloning 하여 그 구조에 대하여 검토하였다. ORF는 2개의 intron(51, 52bp)을 함유하고 278 아미노산 잔기로 L 2가 구성되고 있는 것을 밝혀 주었다(계산 분자량 30, 44 0Da). L 1이나 다른 lipase의 아미노산 서열과 마찬가지로 공통 서열인 Gly-X-Ser-XZ-Gly와 catalytic triad를 형성한다. Serine, aspartic acid 그리고 histidine이 완전히 보존되고 있다.

L 2의 추정 아미노산 서열과 다른 lipase와의 상동성을 조사한 바 triglyceride 분해효소와의 상동성은 25～35%로 낮은데도 *Penicillium camembertii*가 생산하는 mono 그리고 triglyceride 가수분해효소와는 64%로 높은 상동성이 있었다. 분자 수준에서도 국균이 생산하는 지질 가수분해효소 L 2가 triglyceride를 분해하지 않는 lipase이라는 것도 확인하였다.

2.3 Triglyceride 가수분해효소

국균 IFO 4202의 배양액은 triglyceride에 대한 분해활성이 낮고 정제단계에서 L 1 그리고 L 2가 선택적으로 분리된다. 그래서 높은 triglyceride 분해활성을 나타내는 균주 RIB 128을 배양균체를 사용하여 catabolite repression의 조절을 받지 않게 당류를 첨가하지 않고 올리브기름을 탄소원으로 하여 배양하면 높은 triglyceride 분해활성을 함유한 배양액이 얻어진다. 이 효소를 정제하여 25 kDa(SDS-PAGE에 의한)의 단일 효소단백질을 얻었다(L 3).

이 lipase는 표 1-4에 나타낸 것과 같이 triglyceride만 아니고 mono, diglyceride에 대하여도 높은 분해활성이 있고 단쇄와 장쇄의 지방산분자 중쇄의 지방산 glyceride를 분해한다. 단 L 2 마찬가지로 지방산 ethyl에 대한 작용은 낮고 된장 중의 지방산 ethyl의 합성은 거의 관여하지 않는다고 생각된다. L 3 단백질을 코드하는 유전자(*tglA*)의 cloning을 하여 다음과 같은 결과를 얻었다.

cutL, *mdlB*와 가찬가지로 intron을 가지고 코드하는 추정 아미노산 서열(254 아미노산 잔기)에서는 공통 서열인 Gly-X-Ser-X-Gly과 catalytic triad를 형성하는 serine, aspartic acid 그리고 histidine이 완전히 보존되고 있다. L 3의 추정 아미노산 서열과 다른 미생물 lipase와의 상동성에 대하여 조사하면 L 1이나 다른 cuti-

표 1-4. 지질 가수분해효소 L 3의 acylgycerol 지방산 ethyl 그리고 천연 지질에 대한 분해활성

기 질	상대 활성(%)
Triolein	100
Monoolein	48
Diolein	156
Triacetin	4
Tirbutyrin	9
Tricaproin	42
Tricaprylin	182
Tricaprin	94
Tripalmitin	107
Trilinolein	61
Olive oil	106
Soybean oil	75
Oleic acid ethyl	14
Linoleic acid ethyl	3

nase와 상동성이 높고(300～525), lipase는 낮았다.

L 1, L 2 그리고 L 3의 성질을 비교하면 각 효소적 성질이 달라 특히 기질에 대한 작용성, 최적 pH(L 3은 5.5), 최적 온도(각각 30, 30, 40℃)의 차이가 크고 이들 3종류의 지질 가수분해효소(금후의 연구에 따라서 unique한 지질 가수분해효소가 발견될 가능성이 있다)를 국균이 생산하고 있다는 사실은 된장 숙성 중의 지질의 변화를 해명하는 데 중요한 열쇠이다.

3. 지질 가수분해효소의 상호관계

그림 1-1에 나타낸 바와 같이 lipase가 작용하고 있는 장소가 많이 존재하나 최초의 대두 중의 triglyceride를 분해하는 주역은 L 3이다. 된장 중의 지질에 mono 그리고 diglyceride가 거의 함유하지 않는 사실에서 다음 L 2가 mono와 diglyceride를 선택적으로 분해간다. 이 반응에는 mono와 diglyceride에 대하여도 분해활성을 가지는 L 3도 공동작용으로서 triglyceride의 분해율을 높이고 있다. 여기에서의 분해의 주역은 최적 pH가 산성 측에 있는 L 3이다.

대량의 유리지방산이 축적하여 효모가 생산한 ethanol이 존재하면 주역의 교체이다. 금번에 glyceride를 재합성하는 속도보다 L 1이 지방산 ethyl ester을 합성하는 속도 쪽이 빨라져 L 1이 주역이 되어 지방산 ethyl이 증가하는 쪽으로 된다. 실제 된장의 숙성 중에는 물의 존재라든가 pH라든가 온도와의 요인이 결합하여 더욱 복

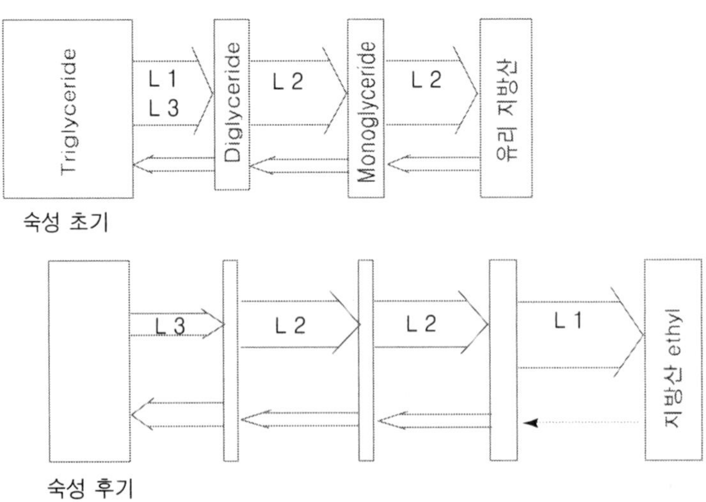

그림 1-4. 된장 숙성 중의 지질 변화에 있어서 3종류의 지질 가수분해효소의 공동작용

잡한 양식을 취하고 있다고 생각되나 적어도 3종류의 지질 가수분해효소를 국균이 생산하고 있는 사실에서 설명되는 것이다.

이들의 개요를 그림 1-4에 정리하였다. 된장 중의 지질을 효율적으로 분해하여 된장의 품질에 있어서 가장 중요한 지방산 ester를 선택적으로 축적하는 작용을 국균은 3종류의 지질 가수분해효소를 코드하는 유전자를 가지며, 국 중에 나른 성질의 지질 가수분해효소를 생산하므로 결과적으로 된장의 품질을 형성하고 있는 것으로 생각된다.

〈결 론〉

된장양조에 사용하는 국균은 된장 고유의 균주는 아니고 청주나 된장의 균주 중에서 된장의 성질에 있어서 제국하기 쉽고 향이 좋은 것이 선발 기준으로서 실용 균주가 만들어졌다. 그러나 금후 된장용 국균 균주를 선발하는 데는 지질 가수분해효소의 생산성(L 1, L 2, L 3의 균형, 생산량)을 지표로 하여 된장 고유의 균주를 육성할 필요가 있다. 금회의 일련의 연구가 대상물인 된장의 품질이나 기능성의 향상, 제국기술의 발전으로 이어지지 않으면 의미가 없을 것이다. 국이라는 불가사의의 것, 된장이라는 애매한 뜻밖의 행운으로 발전될 것으로 믿는 바이다. 금후 오래도록 함께 할 것으로 생각되며, 다음 세대 사람들이 흥미를 가지고 다시 이 분야가 발전될 것으로 믿는다.

제 2 장

간장용 국균의 분자생물학적 해석

〈서 론〉

옛날부터 좋은 간장을 양조하기 위하여 『첫째는 국(麴), 둘째는 상앗대 질[도(櫂)], 셋째는 살균』이라고 하였다. 이 순서는 중요한 순서이나 이상하게도 공정으로 되어 있다. 이와 같이 간장양조에 있어서 국균은 첫째로 중요한 미생물이다. 그리고 국균은 일본을 대표하는 간장을 지지하는 작은 미생물이고 그 명확한 모양은 현미경에서만 보인다.

국균은 『효소의 보고』라 하리만큼 간장 양조용 효소를 여러 종류 생산한다. 이것은 우리들 인간에 있어서 음식물의 분해가 소화효소에 의하여 이루어지는 것과 유사하다. 최근 특히 국균의 분자생물학에 있어서 진보는 눈부시고 간단히 유전자의 cloning에서 국균 총 유전자의 해독, 전사제어(유도발현, 강력한 promoter) 해석, proteome 해석 등으로 연구의 방향이 이행되고 있다. 여기에서는 장류용 국균의 생물학적 해석에 있어서 최근의 반전에 대하여 소개한다.

1. Proteinase 유전자

장유양조에 있어서 첫째 중요한 효소는 대두와 소맥의 단백질에서 지미의 주체인 아미노산의 생성에 관여하는 protease이다. Protease에는 ① endo형의 proteinase와 ② exo형의 peptidase의 2종류가 있다. Proteinase는 단백질을 가수분해하여 peptide까지 분해하여 간장의 질소(용해) 이용비율, 즉 수율(제품의 비율)에 관여한다. 여기에서는 Toshimi 등은 *Asp. oryzae*의 분자량 33 kDa의 oryzin(alkali / serine proteinase) 유전자 *alpA*(*sep*, *prtA*)을 promoter로서 자신의 *alpA*를 사용하여 형질전환체로 그 활성을 4～5배 증강하였다.

그리고 단백질 공학에 의하여 S-S결합을 도입함으로써 내열성을 향상시켜 장유국의 고온 분해에 이용하여 질소 이용률을 향상시켰다. 또 Sano 등은 *Asp. oryzae*의 alkaline proteinase의 제어에 관여하는 전사인자 *pacC* 유전자가 알칼리 조건하에서 강하게 발현하는 것을 알았다. 이것은 본 효소가 알칼리 조건하에서 고생산되는 이유를 나타내는 것으로 생각되어 흥미롭다.

중성 proteinase I는 분자량 42 kDa로, 대두단백질의 분해성이 좋다. Sirakove 등은 *Asp. fumigatus* 에서 중성 / 금속 proteinase I 유전자(*mep* 42로 가칭)를 cloning 하였다. 따라서 국균에 있어서 이 유전자를 cloning하여 이 효소를 높게 발현하는 것이 기대되는 것으로 생각된다.

Kadaoka 등은 *Asp. oryzae* 의 aspergillopepsin I(산성 / aspartiac proteinase) 유전자 *pepA*의 Northern blot 해석을 하여 발현은 전사 수준에서 조절을 받고 있는 것을 시사한다. 그리고 Yukida 등은 *Asp. oryzae*의 390 아미노산 잔기를 코드 하는 aspartic aspergillopepsin II 유전자의 상류에는 상당히 강력한 promoter 활성이 있고 발현에 중요한 영역이 있다는 것을 시사하였다.

Deutrolysine(중성 / 금속 proteinase Ⅱ)는 내열성이 아주 강하고 살균 후의 제품 간장 중에 마저 잔존하여 햄에 간장을 첨가하는 경우 점탄성이 현저히 손상한다는 결점을 가진다. 그래서 Toshimi 등은 *Asp. oryzae*의 분자량 19 kDa의 중성 proteinase II 유전자 *mep* 20을 cloning 하여 단백질 공학을 사용하여 S-S결합을 감소시킴으로써 이 효소의 내열성을 저하시켰다. 그런데 유전자 파괴나 antisence RNA 등에 이 효소를 모두 생산하지 않는 국균을 육종하는 것은 이 효소분의 단백질을 다른 효소로 돌리는 것이 되어 유효한 것으로 생각된다.

2. Peptidase 유전자

Peptidase는 proteinase에 의하여 생성된 peptide에 작용하여 어미노산이나 polygopeptide까지 분해하여 지미, 농순미에 관여한다. 국균의 peptidase에는 peptide를 ① 아미노 말단에서 순차로 분해하는 aminopeptidase와 ② carboxyl기 말단에서 순차로 분해하는 carboxy peptidase의 2종류가 있고, 기질 특이성의 벽을 깨뜨리기 위하여 각각 다양성을 나타내고 여러 종류의 효소가 생산된다.

여기에서 Kauppinene 등은 *Asp. oryzae*의 분자량은 35 kDa의 aminopeptidase의 재조합체의 특허를 출원하였다. Blinkovsky 등은 *Asp. oryzae*의 탈당 후의 분자량이 56 kDa의 aminopeptidase II를 높게 발현시켰다. Kaibu 등은 *Asp. sojae*의 481 아미노산 잔기를 코드하는 leucine aminmopeptidase의 유전자의 활성이 약 5배 증

강된 형질전환체의 특허를 출원하였다.

Akiyama 등은 *Asp. oryzae*의 분자량 155 kDa의 산성 / 고분자형 serine type carboxy peptidase(CPaseO) 유전자(*pepF, G*에 근연)를 cloning하여 *Asp. oryzae*에 형질 전환하여 그 활성의 약 13배 증강시켰다. 그리고 다시 Yokoda 등은 CPaseO 유전자의 발현에는 CCAAT box가 중요한 역할을 하는 것을 시사하였다.

이것과는 역으로 Zheng 등은 이종(異種)의 단백질 생산을 위한 숙주로서 anti-sence RNA를 사용하여 *Asp. oryzae* 의 분자량 155 kDa의 CPaseO의 활성이 약 30% 저하한 형질전환체를 얻었다. 그리고 Blinkovsky 등은 *Asp. oryzae* 의 분자량 약 67 kDa의 serine carboxypeptidase의 유전자를 *Fusarium venenatum* 에서 발현시켰다.

Asp. oryzae 의 분자량 95 kDa의 proline dipeptidyl aminmopeptidase(DPP IV)는 peptide의 아미노산 말단에서 X-Pro의 dipeptide를 특이적으로 유리하는 효소이고, 특히 Pro 잔기가 많은 소맥의 gluten의 분해에 있어서 아미노산 생산에 중요한 역할을 하고 있다. 그래서 Doumas 등은 *Asp. oryzae* 의 *dpp IV* 유전자의 높은 발현을 하여 17배 활성을 증가시켰다.

역시 아미노산 말단의 X-Ala, His-Ser, Ser-Tyr의 dipeptide를 유리하는 dipeptidylpeptidase를 코드하는 *dppV* 유전자가 *Asp. fumigatus* 에서 cloning 되어 있으므로 국균에도 적용될 것으로 기대된다.

3. Glutaminase 유전자

국균이 생산하는 proteinase와 peptidase의 공동 작용에 의하여 대두와 소맥의 단백질에서 우선 ① glutamic acid와 glutamine이 생성되고, 다음으로 ② 국균이 생산하는 glutaminase에 의하여 glutamine은 glutamic acid로 변환되어 양 glutamic acid는 간장의 지미 성분으로 된다. Glutaminase가 존재하지 않는 경우에는 glutamine은 무미의 pyroglutamic acid로 비효소적으로 전환되고 만다.

지미 증강에 있어서 이 glutaminase는 peptidase와 함께 특히 간장양조에 있어서 중요한 효소이다. 그래서 Kitamoto 등은 *Asp. oryzae* 와 *Asp. sojae* 의 703 아미노산 진기를 코드하는 glutaminase 유전자를 *Asp. oryzae* 의 peptide 신장인자인 *tef1* 유전자인 promoter를 사용하여 형질전환체에 의하여 많은 양의 glutaminase를 분비시켰다.

Uotsuka 등은 *Asp. oryzae* 의 분자량 약 82 kDa의 glutaminase 유전자 *gtaA*를 cloning하여 promoter 서열 중에 AreA, CreA의 전사인자 결합 서열의 존재를 나

타내고 형질전환으로부터 그 활성을 약 2.6배 증강하였다.

4. Glutamate decarboxylase 유전자

δ-Aminobutyric acid(GABA)는 억제성 신경전달 물질이고 혈압상승 억제 등의 생리적 작용을 가지는 것으로 알려져 있어 Iwai 등은 *Asp. oryzae*의 GABA 생성효소, 즉 glutamate decarboxylase(GAD)를 코드하는 *gad* 유전자를 cloning하여 형질전환체를 얻었다. Glutamic acid 함유량은 높은 쪽을 바라는 것으로 이 유전자는 파괴하는 쪽이 좋은 것으로 생각된다. 역시 본 효소가 제국 중의 glutamic acid의 감소 원인으로 생각된다.

5. Amylase 유전자

소맥의 전분은 먼저 ① 국균이 생산하는 endo형의 α-amylase에 의하여 dextrin으로 되고, 다음에 ② exo형의 glucoamylase에 의하여 올리고당이나 glucose까지를 분해한다. 그리고 유산균이나 효모에 의하여 이 glucose는 유산이나 알코올로 변환된다.

이 amylase는 청주, 미린 양조에 있어서 특히 중요한 효소이다. 그러나 간장 양조에 있어서 α-amylase 활성이 강하면 제국 중에서의 전분분해가 진행하여 국균에 의한 glucose의 과잉소비가 일어나 당원의 유효 이용에는 되지 않는다. 특히 *Asp. sojae*에 비하여 *Asp. oryzae*는 평균치로 보아 α-amylase가 약 4.4배 강하고, 당소비량이 약 1.5배 많다.

여기에서 Tani 등은 *Asp. nidulans*를 숙주로 하여 *Asp. oryzae*의 Taka amylase A 유전자 *taaG2*의 발현 메커니즘을 해석하여 유도발현에 관한 cis-element(제어서열) SRE(starch responsible element)를 동정하여 SRE에 특이적으로 결합하는 핵단백질 SREB를 검출하였다. 또 SRE가 *Asp. oryzae*의 전사인자 AMYR에 일치하는 것으로 *amyR* 파괴 균주를 만들었다. 이 파괴 균주는 전분이나 maltose를 단일 탄소원으로 한 배지에서 현저히 생육의 악화를 나타내었다.

따라서 전분을 함유하는 최소배지에서 생육의 지연이 없이 분생자의 착생이 좋고 hallow의 작은 파괴 균주를 선택하므로 얻었다. α-Amylase 활성이 1/10 정도로 저하한 균주는 당의 유효 이용이나 다른 유용한 효소단백질의 생산 증대에 연결되는 것으로 생각한다.

6. Pectinase 유전자

간장 덧의 점도 저하나 압착성에 관여하는 효소는 pectinase나 cellulase 등이 있다. 대두 pectin의 국균에 의한 분해경로는 다음의 2계통이 있다. ① Pectin lyase에 의하여 불포화결합을 갖는 galacturonide가 생성한다. ② Pectin esterase에 의하여 polygalacturinic acid로 되고, 다음의 polygalacturonase에 의하여 polygalacrturonic acid가 생성된다.

그래서 Kitamoto 등은 *Asp. oryzae*의 375 아미노산 잔기를 코드하는 pectin lyase B 유전자 *pelB*를 해석하였다. 그리고 *tefI* 유전자 promoter를 이용하여 분자량이 각각 41과 39 kDa의 polygalacturonase A, B 유전자 *pgaA*, *B*를 고 발현시켜 각각 액체배양으로 약 100 mg/ℓ 분비시켰다. 마찬가지의 방법으로 314아미노산 잔기를 코드하는 pectin methyl esterase 유선자 *pmeA*를 고 빌현시커 액체배앙에서 40～95 mg/ℓ 분비시켰다.

7. Cellulase 유전자

대두나 소맥의 cellulose는 우선 ① endo-β-1,4-glucanase에 의하여 cellulose의 비결정 영역이 분해되어 다음에 ② exo-cellobihydrase와 전기의 효소와 공동으로 cellobiose로 분해되어 다시 ③ β-glucosidased에 의하여 glucose 까지를 분해한다. 그래서 Kitamoto 등은 간장 국균 *Asp. oryzae*에서 분자량이 각각 31과 53 kDa인 endo-β-1, 4-glucanase 유전자 *celA*, *celB*를 cloning 하였다. 그리고 456 아미노산 잔기를 코드하는 cellulase 유전자 *celC*도 해석하였다.

그래서 *Asp. oryzae*의 Taka amylase A 유전자 *TaaG2*의 강력한 promoter를 사용하여 형질전환을 하고 액체배양에서는 약 500배, 고체배양에서는 15배 cellulase를 고 발현시켰다. 그리고 *celB* 유전자를 고 발현하는 *Asp. oryzae*는 간장 국에서 약 50배 활성이 상승하였다. 이 형질 전환체를 사용한 간장의 간장 덧 여과 잔사의 중량은 20% 감소하고 여액 양이 12% 많아지며, 간장박의 감소만이 아니라 여과효율의 개선에도 효과가 있는 것을 시사하고 있다.

8. Xylanase 유전자

간장 착색에 크게 기여하는 xylose는 *Asp. oryzae*의 xylan 가수분해효소(xylanase, xylosidase 등)가 간장 원료에 함유되는 xylan에 작용함으로써 생성된다. 장유의 착색을 억제하는 방법의 하나로서 *Asp. oryzae* 의 xylan 가수분해효소 활성을 저하하는 것으로 생각된다. 그래서 Kitamoto 등은 *Asp. oryzae* 의 xylan 가수분해효소 유전자군의 발현 유도인자 유전자 *xlnR*의 유전자 파괴를 하여 xylanase와 xylosidase 활성을 XylR 의 titration 현상을 이용한 xylan 가수분해효소 활성 저하 균주에서 보다 저하시켰다. 그리고 xylosidase 유전자 *xylA*의 유전자 파괴를 하여 xylosidase 활성을 약 50%까지 저하시켰다.

또 Marui 등은 *Asp. nidulans* 를 숙주로 하여 *Asp. oryzae* 의 F형 주요 xylnase 유전자 *xynF1* promoter 영역의 해석을 하여 유도발현에 필수인 약 50 bp의 영역 XRE(xylan responsive element)를 동정하였다. 이 XRE 내에 결합한다고 추정되는 AoXInR는 *xynF1* 를 위시하는 *Asp. oryzae* xylanase 유전자군의 전사 활성화에 기능하는 인자라는 것을 시사하였다.

또 Suzuki 등은 family 10 xylanase *xynF1*, *F2*, *F3*, *F4*, family 11 xylanase 유전자 *xynG1*, *G2* 를 cloning 하여 *xynG2* promoter 중의 xylan 유도체에 관하여 중요한 영역을 특정하여 또 다시 *xynF3* 의 단계적 결실 promoter를 해석중이다.

Xylan 가수분해효소 중에 특히 간장의 갈변에 있어서 열쇠가 되는 효소는 β-xylosidase이다. 그래서 Yasuda 등은 *Asp. oryzae*의 분자량 110 kDad의 β-xylosidase 유전자 *xylA* 파괴를 하여 xylan을 탄소원으로 한 액체배지에 있어서 이 효소활성이 친 균주의 49%로 저하된 파괴 균주를 취득하였다.

9. Lipase 유전자

대두유는 국균이 생산하는 균체 외 지질 가수분해효소 L 1(cutinase), L 2(mono / di-acylglycerol lipase), L 3(triacylglyceol lipase)에 의하여 상품의 감미를 가진 glycerol로 분해된다. 특히 이 lipase는 환 대두 간장양조에 있어서 중요한 효소이다. 그래서 Oonishi 등은 *Asp. oryzae*의 분자량이 각각 24와 41 kDad의 균체 외 지질 가수분해효소 L 1과 L 2의 유전자 *cutL*와 *mdlB* 를 cloning 하였다. 그리고 Toida 등은 *Asp. oryzae*의 254 아미노산 잔기의 triglyeride lipase 유전자를 cloning 하였다. 따라서 국균에 의한 효소의 고 발현이 기대되는 것으로 생각된다.

Phospholipase는 대두의 lecithin에서 choline을 생성하여 유산균이나 효모의 내염성 부활에 기여하고 있다. *A. oryzae*의 269 아미노산을 코드하는 phospholipase A1(PLA_1)은 lecithin의 1위치를 가수분해하여 acyl기를 유리시킴으로서 lysolecithin을 생성하는 효소이다. 그래서 Watanabe 등은 *Asp. oryzae*의 *PLA_1* 유전자를 cloning 하여 발현시켰다.

10. Ferulate esterate 유전자

간장의 후 숙성향기에 특징적인 성분인 4-ethylguaiacol은 ferulic acid에서 내염성 효모 *Candida versatilis*에서 생산된다. 이 ferulic acid는 식물세포벽 중에서 hemicellulose 획분의 arabinoxylan의 arabinose 측쇄에 ester 결합을 하고 있다. 그래서 Ozeki 등은 ferulic acid의 생성에 관여하는 소주국균 *Asp. awamori*가 생산하는 분자량 35 kDa의 ferulate esterase 유전자(*faeA*로 가칭)를 cloning 하였다. 따라서 이 유전자를 국균에서 cloning 하여 이 효소를 고 발현하는 것이 가능하다고 생각한다.

11. Phytase 유전자

간장의 살균 초기에 다량으로 발생하는 phytin 앙금이 흑곰팡이 *Asp. niger*의 phytase에 의하여 분해되는 것이 알려져 있다. 그래서 Hartingsvedt 등은 *Asp. niger*의 phytase 유전자 *phyA*를 형질전환하여 10배 이상 고 발현시켰다. 따라서 *Asp. oryzae*의 분자량 120～140 kDad의 phytase를 clonig 하여 고 발현하는 것이 가능으로 생각된다.

12. 전사 조절유전자

creA 유전자는 그 전사 산물이 탄소원에 의한 catabolite 억제에 있어서 주요한 부의 제어인자이다. 그래서 Hintz 등은 *creA* 결위부위를 기능적으로 파괴하여 glucose 존재 하에서도 amylase계의 promoter가 작용하게 한 곰팡이 숙주를 사용하여 단백질을 발현시키는 특허를 출원하였다. 그리고 Christenese 등은 *Asp. oryzae*의 *creA* 유전자를 개변함으로써 protease를 생산하지 않으므로 단백질을 분해하므로 고 생산하는 숙주의 특허를 출원하였다.

areA 유전자는 그 전사 산물이 DNA결합 단백질에서 질소원에 의한 catabolite 억제가 있는 중요한 정의 제어인자이다. 그래서 Vae Den Broek 등은 *Asp. oryzae*의 잘라서 줄인 *areA* 유전자를 끼워 넣으므로 endo- 그리고 exo-peptidase의 발현을 2배 촉진시키는 특허를 출원하였다.

CCTT 서열은 진핵생물의 promoter 영역에 발견되는 cis-element이고 전사 개시점의 상류에 존재한다. Kamoi 등은 *Asp. oryzae*의 핵단백질 중에 존재하는 광역 전사촉진 인자인 CCAAT 서열 결합 복합체 AoCP subunit를 해석하였다. 따라서 전가 촉진에 의하여 효소생산의 증강이 기대된다.

13. Carpain 같은 유전자

Asp. nidulans 의 carpain 같은 protease 유전자의 *palB* 는 배지의 pH 변화에 응답한 정보전달계의 유전자의 하나이고 그 생리적 기능의 해명이 기대된다. 그래서 Futa 등은 국균에서 $palB^{ory}$를 cloning 하고 발효공업에 유용한 알칼리 적응 메커니즘을 밝히기 위하여 한발 다가섰다. 간장 국에 있어서는 출국 pH를 높이는 쪽이 알칼리 측에 최적 pH를 갖는 alkaline proteinase, leucine aminopeptidase 등의 간장 제조에 있어서 중요한 효소의 생산능이 높아진다. 따라서 이 방면에 있어서 *palB* 응용 가능성이 생각된다.

14. 단백질 diusulfide 교환효소 유전자

단백질 disulfide 교환효소(PDI)는 소포체에 존재하고 단백질의 S-S결합을 촉매하므로 신생 단백질이 올바른 입체구조를 하는 것을 돕는 효소이다. 이종 단백질 생산에 있어서 수송의 제1 관문인 소포체에서 재빨리 올바른 입체구조를 취하여 분해하지 않는 사이에 빨리 분비하는 쪽이 유리하다.

그래서 Lee 등은 *Asp. oryzae*에 있어서 이종 단백질의 분비생산의 향상을 목적으로 하여 *pdiA* 유전자를 cloning 하여 α-amylase 유전자 *amyB* 를 promoter로 하고 형질전환을 하여 microsome 획분에서 PDI 활성을 약 10배 증가시켰다. 따라서 이종 단백질만 아니고 국균의 각종 효소의 고 발현에 연결되는 것으로 생각된다.

15. 분생자 관련 유전자

국균에 있어서 분생자를 효율적으로 형성하는 것은 그의 공업적 이용에 있어서 요구되는 중요한 형질이나 품종 개량을 위한 변이처리에 의하여 저하하는 수가 있고, 그 제어방법의 확립을 바라고 있다. 그래서 Tamada 등은 *Asp. oryzae* 에 의하여 분생자 형성 후기의 정(正)의 제어인자를 코드하는 *brlA* 유전자를 강제 고 발현시키면 보통은 거의 분생자를 형성하지 않은 액체배양에서도 발아능력이 있는 분생자가 형성하는 것을 확인하였다.

그리고 Fujida 등은 REMI(제한효소 매개 삽입)법으로서 *brlA* 유전자보다 빠른 시기에 발현하여 분생자 형성에 관여하는 유전자 군을 탐색하였다. 따라서 간장 제국제조를 위한 분생자가 다수 형성된 종국의 접종이 필요하나 이것을 종국에 있어서 분생자의 착생을 촉진하고 그 사용량의 저감에 관여될 가능성이 있을 것으로 여겨진다.

Ishi 등은 *Asp. oryzae* 의 분생자 발아의 분자기구를 해명하기 위하여 분생자와 분생자를 발아 직후의 균사에서 발현하고 있는 유전자를 발아에 관여하는 유전자를 카타로그화 하여 양자를 비교함으로서 발아에 관여하는 유전자를 밝히는 것으로 착수하였다. 이 EST(expressed sequence tags) 해석은 제국시간 단축에 이이질 기능성이 있다.

16. 세포분열 관련 유전자

곰팡이가 세포분열을 하여 증식할 때에는 새로 생긴 낭핵(娘核)을 균사 선단끼지 운반할 필요가 있다. 이 핵의 수송에는 미소관 의존성의 모터 단백질인 세포질의 deinin과 deinactin 복합체 등이 관여하고 있다. 후자의 중에서 가장 다량으로 함유되는 것이 actin 같은 단백질 Arp 1이다. 그래서 Hirozumi 등은 국균의 형태 변화 메커니즘을 해명하기 위하여 *Asp. oryzae* 에서 Arp 1을 코드하는 유전자 *arpA* 가 핵 수송과 균사의 분기에 관여하여 이 파괴 균주는 생육이 극히 나쁘고 핵의 분배가 저해됨과 동시에 균사의 여러 분기가 관찰되어 생육이 나쁜 비율에는 amylase의 분비능이 높은 것을 나타낸다.

그리고 Maruyama 등은 *Asp. oryzae* 의 핵 수송에 관여하는 유전자 *dhcA*를 파괴하여 *arpA* 파괴 균주와 마찬가지로 핵의 분배 저해가 관찰되어 전분 배지에 있어서 생육이 나쁘게 되는 것을 시사하였다. 따라서 이것은 국균의 증식촉진 즉 제국시간의 단축과 효소생산의 증강에 이어질 가능성으로 여겨진다.

17. Chitin 대사효소 유전자

Chitin은 *N*-acetylglucosamine의 homopolymer이고, 대부분의 곰팡이 세포벽의 주요 구성성분이다. Chitin은 그 성질상 단단한 구조를 하고 있는 것이 추정되기 때문에 곰핑이의 형대 형성·분화에 있어서 중요한 역할을 하는 것으로 예상된다. Chitin 합성과 분해에 관한 효소가 균사의 생장·분화에 있어서 중요한 역할을 하는 것이 밝혀졌다.

여기에서 Chiboku 등은 *Asp. oryzae* 의 chitin 합성효소(Chs) 유전자를 EST 데이터베이스를 사용하여 간편하게 분리하는 것에 착수하였다. 따라서 이것은 국균의 증식촉진, 즉 제국시간 단축에 이어질 가능성이 있을 것으로 생각된다.

18. 액포형성 관련 유전자

곰팡이의 균사가 생장할 때의 세포신장에는 액포에 의한 팽압조절이 중요하다는 것으로 추정되고 있다. 그래서 Ooku 등은 *Asp. nudulans*의 액포형성 관련 저분자량 GTPase를 코드하는 유전자 *avaA*의 기능을 해석하였다. 그리고 Kitamoto 등은 *Asp. nidulans*의 액포 관련 유전자 *vpsA* 파괴 균주에 있어서 야생균주에 비하여 생육이 늦고, 균사의 어느 부위에서도 야생균주에서만 보이는 큰 액포는 없고 세분화된 액포 만을 관찰하였다. Sorting 공학의 시점에서 이 유전자 파괴 균주는 액포 국재 효소의 배지 중에 분비생산을 가능하게 한 것으로 생각된다. 또 Tarudani 등은 *Asp. nidulans* 의 액포형성 관련 유전자의 *vpsB* 를 해석하였다. 따라서 이것은 국균의 세포증식, 즉 제국시간 단축에 이어지는 것으로 생각된다.

19. Carmodulin 유전자

Carmodulin(CaM)은 주요한 Ca^{2+}결합 단백질로 진핵세포 내에서 세포의 분화증식의 과장에서 중요한 생리기능을 담당하고 있다. Yasui 등은 *Asp. oryzae* 에서 carmodulin을 코드하고 있는 *cmdA* 유전자를 glucoamylase 유전자 *glaA* 를 promoter로 하여 형질전환하고, 고 발현할 때의 생육특성을 조사하였다. 따라서 이것은 국균의 증식촉진, 즉 제국시간 단축에 이어지는 가능성이 있다.

20. 고체배양에서 특이적으로 발현하는 유전자

국균의 배양방법에는 고체배양과 액체배양이 있다. 액체 국에 비하여 고체 국은 압착성에 관여하는 pectin lyase가 약 100배, cellulase가 약 13배, 지미의 주체인 glutamic acid의 생성에 필요한 glutaminase가 악 17배로 생산량이 많았다. 역시 액체 국에 비하여 옛날부터 전통적으로 사용되어 온 고체 국 쪽이 간장양조에 필요한 모든 효소를 생산하는 데 우수하다고 한다.

그래서 Akao 등은 *Asp. oryzae*의 고체배양 관련 유전자 군을 포괄적으로 분리하여 개별 유전자의 해석을 하여 당질 수송체와 glycogene 합성효소로 보이는 유전자 *stlA* 와 *gsyA* 를 해석하였다.

21. 당 수송계 유전자

*Asp. oryzae*는 균체 외로 여러 가지의 분해효소를 분비하여 반응 생성물을 영양원으로 하여 균체 내로 취입하여 생육한다. 이들의 효소에 관하여는 기초적 혹은 산업 이용상의 흥미에서 지금까지 많은 식견이 축적되어 있으나 반응 생성물의 취입 관여는 거의 언급되지 않았다. 그래서 당질의 취입에 주목하여 당 수송계 유전자를 subtraction법으로 고체배양 조건하에서 특이적으로 전사가 촉진되는 유전자를 해석하였다.

22. Aflatoxin 생합성 유전자

국균은 aflatoxin을 전혀 생산하지 않으므로 이 문제는 화학적으로는 안착된다. 그러나 최근의 분자생물학의 진보와 함께 Klich 등은 Southern blot법으로 국균이 aflatoxin 생산 유전자의 상동물(相同物)을 보유하는 것을 나타내었다. 그러나 Kusumoto 등은 Northern blot법으로 *Asp. oryzae* 내, 6균주는 aflatoxin 생합성을 올바르게 조절하는 유전자 *aflA*의 상동물을 보유하나 발현하지 않는 것을 알았다. 그리고 Watson 등은 *Asp. oryza* 2균주와 *Asp. sojae* 1균주의 *aflR*, *nor-1*, *ver-1*, *omtA* 4종류 모두 유전자의 발현이 없는 것을 알았다.

일반적으로 *Asp. sojae* 는 *aflR*에 stop codon이 있고, pretermination에 의하여 절단된 AFLR 단백질이 되는 것과 그리고 HA의 중복이 있는 것을 밝혀 주었다. 금후 왜 국균이 aflatoxin을 생산하지 않는가는 충분히 설명되는 분자생물학적 해석이 진전할 것으로 기대된다.

제 3 장

Cellulase 고생산성 유전자 재조합의 간장 국균의 이용

〈서 론〉

간장제조의 부산물인 간장박으로 연간 약 10만 톤 배출되고 거의 산업폐기물로서 처리되고 있다(일본의 경우). 간장박을 물로 충분히 씻고 간장 분을 제거하고 얻은 불용성 물질의 약 55%는 간장 원료로서 사용되는 대두와 소맥분에 유래하는 다당류이고, 그 60%의 cellulose는 약 30%가 박으로 이행한 것으로 생각된다. 따라서 간장박이 적게 나오는 간장을 제조하는 방법의 하나로서 식물섬유 가수분해효소(cellulase 그리고 pectinase)의 강력한 간장 국균의 사용이 유효하다는 것으로 생각된다. Kitahara 등은 간장박을 저감화 하는 것을 목적으로서 간장 국균에서 cellulase 유전자나 pectinase 유전자를 cloning 하여 이들을 많이 생산하는 유전자 재조합 국균을 작출하고 있다.

여기에서는 간장 국균(*Aspergillus oryzae*)의 endo-glucanase 유전자 해석, 간장 국균(*Asp. oryzae*)에서의 고 발현 그리고 cellulase 고 생산 유전자 재조합 균의 간장양조에의 이용에 대하여 설명한다.

1. 간장용 endo-glucanase 유전자 해석

Cellulose는 glucose만이 β-1, 4-결합 다당류로 결정성 영역(crystalline region)과 비결정성 영역(amorphous region)을 가진다. Cellulose의 효소에 의한 분해에는 endo-gluconase에 의한 비결정성 영역의 분해와 여기에 이어져 exo-cellobiodydrase에 의한 분해가 일어나 그리고 이들의 상승작용에 의하여 cellulose는 cellobiose까지 분해된다. 생성된 cellobiose는 β-glucosidase에 의하여 분해되어 glucose로 된다(그림 3-1). 따라서 cellulose를 저분자로 하기 위하여 cellulase 중에도 endo-glucanase가 중요하게 된다. 여기에서 간장 국균의 endo-glucanase 유전자의 cloning을 먼저 하였다.

Cellulase 고생산 곰팡이의 주요한 endo-glucnase와 상동성이 높은 간장 국균의 endo-glucanase 유전자 단편을 PCR법을 사용하여 최초로 증폭하였다. 얻어진 유전자 단편을 probe로 하여 간장 국균의 유전자 라이브러리를 선발하므로 2종류의 endo-glucanae 유전자(cellulase A 유전자, cellulase B 유전자)를 cloning 하였다. Cloning 된 endo-gluconase 유전자의 염기서열을 해석한 결과, cellulase A 유전자는 877염기로 구성되어 2개의 intron을 함유하고 있었다. Cellulase A 유전자에는 239개의 아미노산이 코드되어 cellulase A 단백질의 추정 분자량은 26,096Da이었다.

Cellulase A는 cellulase 고생산균 *Aspergillus aculeatus* 의 주요한 endo-glucanase인 FI-CMCase 그리고 *Aspergillus kawachii* CMCase I과 비교하면 아미노산 수준에서 각각 63% 그리고 77%의 상동성이 인정되었다. 한편, cellulase B 유전자는

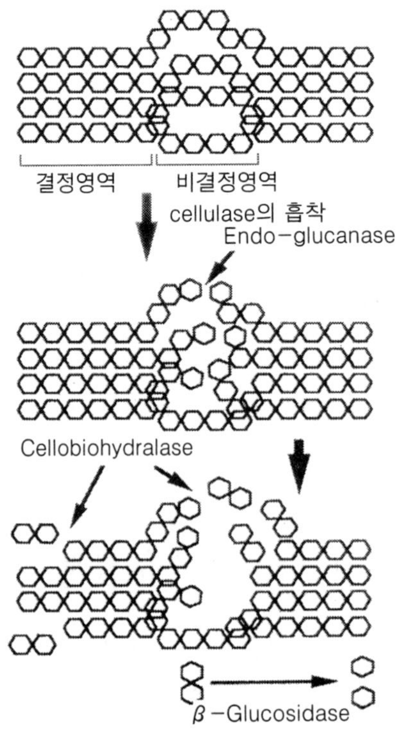

그림 3-1. Cellulase에 의한 cellobiose 분해

```
AAGCTTCTCCCACATTTGCCGTAGTGATATACTTACTTGGCATGCAGTGAACAAAAAGACACTTCTTAAGGAGGTCTTTGGCATTTAATC -709
GCATATGGACTGTCAGCACTGTACTCTATACTCGACTGTATCTATATCATCATTTTGATAAATTTCGCATCTTATTACCTTGGAATTATC -618
TTCACCCGCCTTTAAAATTAAGGGCCCTGTGGCTGCGCACTGCAATTGACTTTAGCGCGCGACAGAATAGGTATTGTCTATGCTACAAGA -528
GTTTGGGGCAACGGGAATTTCTTCAGCTGGACGGGATAGCATCTACCTTGGCAGCGGGGGTTCCTGATCTAAAGCAATCTGCAGCGGCTA -438
AATCCGGAGATCCACTCCGCACCCGTTACGGCGCTCAAGCACCGGCAAAACATACGACTTTTGCAAGATTGCAGCACAAATGTTTCGTTT -348
ATCCTCTACCAGTCTCAGTTTGACGCTACTGTCGCCATTTGAAGCCGTTGATCAGTCCCCTTCATGTCCTTAAGTCCGGCAACATCGCCG -258
ACGCGCATCCTTCGTGCCGGCTGATCTTAATAAAACTAAAACCGGATCATATTGGAGATGAAACGTCCGGGAAAAAAGTGCGTGAATCAG -168
ATCGGACTGTCGGGCCGGAATGTTTGCAGTCCCATATCTGGCACTCTGAAGATTCCACAAGCCTTGATCCGCTGTCTGTACGTGATGCAT  -78
AAATAACAGCTACTTCCCGGTGGAGAGTCGAGAGCACACATACTCTTTATACACTCTAGTAGCAAGAGGACCTCGATATGATCTGGACAC   13
                                                                              M  I  W  T  L    5
TCGCTCCCTTTGTGGCACTCCTGCCACTGGTAACTGCCCAGCAGGTGGGAACTACAGCGGACGCCCATCCCAGACTCACCACGTATAAAT  103
 A  P  F  V  A  L  L  P  L  V  T  A  Q  Q  V  G  T  T  A  D  A  H  P  R  L  T  T  Y  K  C   35
GTACTTCACAGAACGGTTGCACGAGGCAGAACACCTCACTCGTCCTTGATGCAGCAACCCATTTTATCCACAAGAAAGGAACACAAACAT  193
 T  S  Q  N  G  C  T  R  Q  N  T  S  L  V  L  D  A  A  T  H  F  I  H  K  K  G  T  Q  T  S   65
CCTGCACCAACAGCAACGGCTTAGACACTGCCATTTGTCCGGACAAACAGACCTGCGCGGACAACTGTGTCGTTGATGGGATCACGGACT  283
 C  T  N  S  N  G  L  D  T  A  I  C  P  D  K  Q  T  C  A  D  N  C  V  V  D  G  I  T  D  Y   95
ACGCTAGCTACGGCGTCCAGACGAAGAATGACACGTTGACCCTTCAACAATACCTGCAAACTGGGAATGCCACAAAGTCCCTGTCACCGC  373
 A  S  Y  G  V  Q  T  K  N  D  T  L  T  L  Q  Q  Y  L  Q  T  G  N  A  T  K  S  L  S  P  R  125
GCGTCTACCTCCTCGCTGAAGACGGAGAGAACTATTCCATGCTGAAACTCCTGAATCAGGAATTCACCTTCGATGTCGACGCCTCCACCC  463
 V  Y  L  L  A  E  D  G  E  N  Y  S  M  L  K  L  L  N  Q  E  F  T  F  D  V  D  A  S  T  L  155
TCGTCTGCGGCATGAATGGTGCTCTATATCTCTCTGAAATGGAGGCTTCTGGCGGAAAGAGTTCCCTAAATCAAGCCGGAGCCAAATACC  553
 V  C  G  M  N  G  A  L  Y  L  S  E  M  E  A  S  G  G  K  S  S  L  N  Q  A  G  A  K  Y  G  185
GAACCGGTTACTGTGATGCCCAATGCTACACCACGCCTTGGATCAACGGCGAAGGCAACACCGAGAGTGTCGGTTCCTGCTGTCAGGAAA  643
 T  G  Y  C  D  A  Q  C  Y  T  T  P  W  I  N  G  E  G  N  T  E  S  V  G  S  C  C  Q  E  M  215
TGGATATTTGGGAAGCCAACGCCCGAGCAACAGGGCTTACACCACACCCTTGCAACACAACCGGTCTGTACGAGTGCAGCGGCTCAGGAT  733
 D  I  W  E  A  N  A  R  A  T  G  L  T  P  H  P  C  N  T  T  G  L  Y  E  C  S  G  S  G  C  245
GCGGAGACTCCGGGGTCTGTGACAAGGCCGGCTGTGGATTCAATCCATATGGCCTAGGCGCAAAGGACTACTACGGTTACGGTCTCAAGG  823
 G  D  S  G  V  C  D  K  A  G  C  G  F  N  P  Y  G  L  G  A  K  D  Y  Y  G  Y  G  L  K  V  275
TCAACACCAACGAGACATTCACTGTCGTAACTCAGTTCCTCACAAACGATAACACAACTTCGGGCCAGCTCAGCGAAATCCGCCGTCTCT  913
 N  T  N  E  T  F  T  V  V  T  Q  F  L  T  N  D  N  T  T  S  G  Q  L  S  E  I  R  R  L  Y  305
ATATCCAGAACGGCCAGGTCATTCAAAATGCTGCCGTTACCTCTGGAGGAAAAACTGTCGACTCAATCACAAAGGACTTCTGCAGCGGCG 1003
 I  Q  N  G  Q  V  I  Q  N  A  A  V  T  S  G  G  K  T  V  D  S  I  T  K  D  F  C  S  G  E  335
AAGGAAGTGCCTTCAACCGACTTGGCGGCCTCGAGGAAATGGGCCACGCCTTGGGCCGCGGCATGGTTCTTGCGCTCAGTATCTGGAACG 1093
 G  S  A  F  N  R  L  G  G  L  E  E  M  G  H  A  L  G  R  G  M  V  L  A  L  S  I  W  N  D  365
ATGCAGGCTCATTTATGCAATGGCTTGATGGTGGCAGTGCCGGACCGTGCAACGCAACGGAGGGAAACCCGGCGTTGATCGAGAAGTTGT 1183
 A  G  S  F  M  Q  W  L  D  G  G  S  A  G  P  C  N  A  T  E  G  N  P  A  L  I  E  K  L  Y  395
ATCCGGATACTCATGTGAAGTTTTCCAAGATTCGGTGGGGAGATATTGGATCTACCTACAGGCATTAGAATGTGGGATGAATCATCTACG 1273
 P  D  T  H  V  K  F  S  K  I  R  W  G  D  I  G  S  T  Y  R  H  ***                          416
GTTGTGTGTGTATTATATTCTGCAGCTGAATGTTATGTTTTGCGGATTGTAGTGAGGTTGTTCCATAAATATCTACATCCCGACTCTTTC 1363
ATACATACTTTCAATAGGTTCCATCCTATACGCCAAAGAAGTAAAATACTAGAGCCACAGCAATACCCTCACTTACTCGGCCACTCAAGA 1453
TCCCTCCATGGCCTCCCCTGAGTTTCCCTCGCCAACTGCTCCAAAGACTTCCACTTCCAAACCCGCTCCCGGG                  1526
```

그림 3-2. *Asp. oryzae* 의 cellulase B 유전자의 염기서열과 아미노산 서열

1,248 염기로 구성되어 intron이 존재하지 않았다(그림 3-2).

Cellulase B 유전자에는 416개의 아미노산이 코드되어 cellulase B 단백질의 추정 분자량은 42, 623 Da이다. Cellulase B는 cellulase 고생산균 *Tichoderma reesei* 의 주요한 endo-glucnanse인 EGI 그리고 *Fusarium oxysporum* Cfam I과 비교하면 아미노산 수준에서 가각 50% 그리고 47%의 상동성이 인정되었다.

2. Taka amylase A 유전자 promoter를 사용한 endo-glucanase 유전자의 고발현

간장 국균은 cellulase를 생산하나, 그 생산능력은 그렇게 높지 않다. 그래서 국균의 강력한 promoter를 이용하여 cloning한 2종류의 endo-glucnase 유전자를 고발현

시키기로 하였다. 즉 국균의 강력한 promoter의 하나로 Taka amylase A 유전자 promoter의 하류에 cellulase A 유전자 혹은 cellulase B 유전자를 연결한 융합 유전자를 만들었다(그림 3-3).

이 2종류의 융합 유전자를 선택 마커에 질산환원 효소 유전자를 작용하여 간장 국균 *Asp. oryzae* KBN 616-39(간장 국균 *Asp. oryzae* KBN 616균주에서 분리한 질산염 자화능을 잃은 변이균주)에 도입하였다. 얻어진 형질전환 균주 전분을 탄소원으로 배양하여 그 배양액 중의 endo-glucanase 활성을 측정하였다. 표 3-1에 나타낸 cellulse A 유전자 고발현 균주에서는 112～281 mU/㎖의 endo-glucanase 활성, cellulase B 유전자 고발현 균주에서는 74～2,052 mU/㎖의 endo-glucanase 활

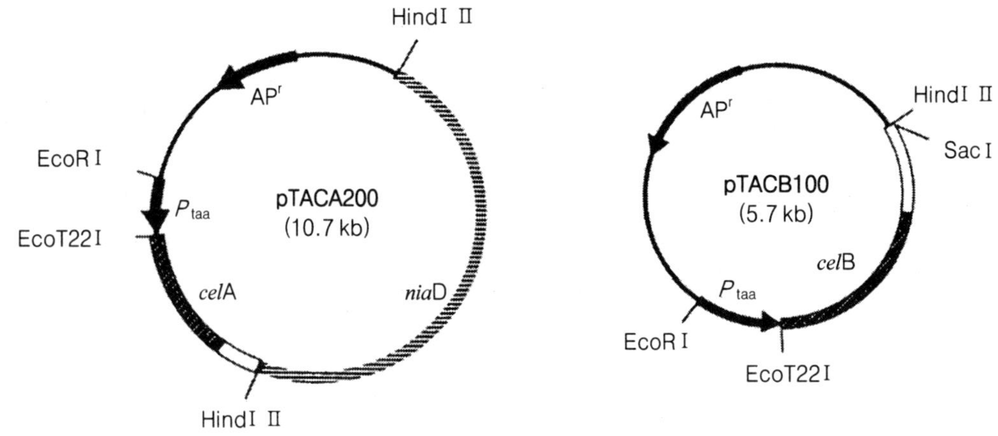

그림 3-3. Cellulase A 유전자 그리고 cellulase B 유전자 고발현용 vector

표 3-1. 유전자 재조합 국균의 cellulase 생산성

Asp. oryzae strain	Acttivity(mU/㎖)
TA-31	281
TA-33	116
TA-40	113
TA-41	276
TA-34	112
TB-1	2052
TB-5	157
TB-20	74
TB-21	192

표 3-2. 국균 endo형 cellulase의 여러 성질

	CELA	CELB
분자량(kDa)	31	53.66
최적 pH	5.0	4.0
pH 안정성	30～70	3.0～70
최적온도(℃)	55	45
열안정성(℃)	< 55	< 50

성이 각각 확인되었다.

TB-1 균주의 endo-glucanase 활성은 아주 높은 숙주 균주의 약 500배의 endo-glucanase 활성이 인정되었다. TB-1균주에서 이와 같이 아주 높은 endo-glucanase 활성이 인정된 이유는 cotransformation에 의하여 cellulase B 유전자 고발현 vector pTACB 100을 도입되어 있어 고 multicopy의 pTACB 100이 염색체 DNA 상에 조입된 결과라고 생각된다.

간장 국균의 endo-glucanase의 성질을 조사하기 위하여 cellulase A 유전자 고발현 균주 TA 31 균주 그리고 cellulase B 유전자 고발현 균주 TB-1 균주의 배양액에서 cellulase A 그리고 cellulase B를 각각 정제하였다.

전분을 탄소원으로 하여 이들의 형질전환 균주를 배양하면 다른 endo-glucanase가 생산되지 않으므로 이온교환 칼럼 크로마토그래피에 의하여 아주 간단히 정제효소를 얻을 수가 있었다. 표 3-2에 나타낸 것과 같이 어느 효소도 산성 측에 최저 pH를 가지며, 폭넓은 pH 영역에서 안정하였다. 아미노산 서열에서 추정되는 분자량과 SDS-PAGE의 결과에서 산출되는 분자량의 차에서 이들의 cellulase에는 당 사슬의 부가가 생각된다. 특히 cellulase B는 SDS-PAGE에서 sharp 한 밴드는 없고 smear한 단백질 밴드라는 것에서 불균일한 당 사슬이 부가되어 있는 것 같다.

3. Cellulase 고생산 유전자 재조합 국균의 간장용 양조에 이용

간장 국균이 생산하는 endo-glucnase의 간장 박량(粕量)에 미치는 영양에 대하여 검토하기 위하여 아주 강한 endo-glucanase 활성이 가진 TB-1 균주를 사용하여 간장 국을 조제하였다. TB-1 균주의 endo-glucanase 활성은 액체배양 시와 같이 크게 상승하였다(표 3-3).

TB-1 균주에는 Taka amylase A 유전자 promoter의 하류에 cellulase B 유전자를 연결한 융합유전자가 multycopy 도입되어 있으므로 국균의 amylase 유전자 군의 유도발현을 바르게 조절하는 인자 AmyR의 titration에 의하여 α-amylase 활성 그리고 glucoamylase 활성은 각각 숙주 균주의 70% 그리고 50%로 저하되었다. 그러나 간장 양조에 사용되고 있는 *Aspergillus sojae*의 α-amylase 활성 그리고 glucoamylase 활성은 이들의 값보다 낮고 실제의 간장제조에는 영향이 없다고 생각한다. 또 간장양조에 중요한 역할을 하는 protease나 peptidase 등의 효소활성은 숙주균주와 거의 같은 정도이고 큰 변화는 인정되지 않았다.

TB-1 균주를 사용하여 조제한 간장 국의 식염조건 하에서의 소화시험의 결과, 숙주 균주에 비하여 소화 후의 여액 용량이 4% 많고, 소화 잔사의 중량은 6% 적었다(표 3-4). 또 formol 질소, 총 질소, glutamic acid 양 그리고 총 당량에 있어서도 숙주 균주에 비하여 높아져 있고, TB-1 균주의 사용에 의하여 간장 박의 감소만이 아니고 여과성이나 질소 이용비율 등도 향상되는 가능성이 시사된다.

TB-1 균주의 유용성을 확인하기 위하여 간장의 소량 담금시험을 하여 성분 변화와 여과성에 대하여 다시 검토를 하였다. 간장 덧의 성분 분석을 한 결과 TB-1 균주를 사용하므로 숙주 균주에 비하여 여액 양이 12% 많고, 여과 잔사의 중량은 20% 적었다(표 3-5).

표 3-3. TB-1 균주 간장 국에 있어서 효소활성

	TA	AA	GA	LAP	EG	FIL	PG
TB-1	544	2094	148	3889	68.7	7.7	35
616-39	589	2941	271	3313	1.4	7.2	3.8

표 3-4. 소화 후의 액량, 잔사 그리고 소화액의 성분

	TB-1	616-39	TB-1/61-39(%)
액량(mℓ)	89.3	85.8	104
잔사(g)	30.8	32.7	94
F.N(%)	0.825	0.806	102
T.N(%)	1.861	1.783	104
Glutamic acid(mg/mℓ)	92.0	90.0	102
총당(mg/mℓ)	98.5	92.0	107
환원당 (mg/mℓ)	11.0	11.0	100

표 3-5. 소량 담금시험에 있어서 간장 덧 성분

	TB-1	616-39	TB-1/616-39(%)
액량(mℓ)	36.6	32.6	112
여과잔사(g)	7.5	9.3	81
T.N(%)	1.533	1.555	99
F.N(%)	0.924	0.896	103
Glutamic acid(mg/mℓ)	12.0	11.6	103
총당(mg/mℓ)	24.3	24.3	100
환원당 (mg/mℓ)	18.8	19.2	98
OD 550	0.963	1.045	92
△A	0.48	0.54	89

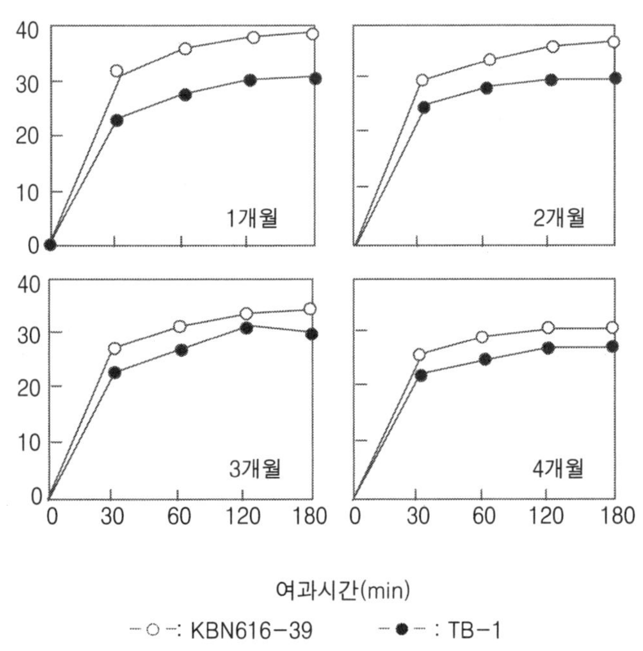

그림 3-4. 소량 담금시험에 있어서 여과속도

총 질소량은 숙주 균주에 비하여 약간 낮고 formol 질소, glutamic acid 양은 약간 높은 결과이었다. 총 질소량이 낮은 값을 나타내는 것은 액량이 증가하므로 겉보기의 질소농도가 저하하기 때문이고, 여액 중의 총 질소량은 TB-1 균주 쪽이 실제로는 11% 높았다. 색의 농담을 나타내는 표준으로 사용한 550 nm 흡광도와 색조의 지표로 되는 △A의 값은 TB-1 균주의 쪽이 낮은 값을 나타내고, TB-1 균주를 사용한 간장 덧의 액즙의 색이 엷고 붉기가 강한 경향이었다.

간장 덧의 경시적인 여과속도의 변화를 조사한 결과 간장 덧의 여액 양은 여과 개시에서부터 30분간에서 1개월 간장 덧에서 37%, 6개월 간장 덧에서 16% 많아지고, 3시간 여과 후도 그 차는 유지되어 있었다(그림 3-4).

Nakadai 박사는 간장 덧의 압착에 있어서 자연유출에 대한 국균 효소의 계통적 해석을 하여 CMC 액화효소가 자연유출에 대하여 가장 기여율이 높다는 것을 보고 하였다. Endo-glucanase는 CMC 액화효소이고 TB-1 균주가 아주 강한 endo-glucanase 활성이 간장 박의 감소만이 아니고 여과 효율의 개선에도 효과가 있다는 것이 판명되었다. 금후 간장 국균이 생산하는 다른 endo-glucanase나 다당류 가수분해효소의 간장 박 양이나 간장 덧의 여과성 영향에 대한 유전자 재조합 국균을 사용하여 해석하여야 할 것이다.

제 4 장

간장 국균의 xylan 가수분해효소와 pectin 가수분해효소의 분자생물학적 해석

〈서 론〉

간장의 색은 맛, 향기와 더불어 그 품질을 결정하는 중요한 인자이기는 하나 Usukuchi(淡口) 간장 그리고 Shiro(白) 간장의 양조에서는 특히 색이 중요시 되고 있다. 간장의 색・갈색화에 대하여는 지금까지 많은 연구가 이루어져 그 주요인 간장 덧 중의 당류와 아미노산류 간의 amino-carbonyl 반응에 의하여 생성되는 melanoidin 색소라고 밝혀지게 되었다. 당류 중에도 특히 pentose가 간장의 착색에 크게 관여하고 있고, 간장 덧 중의 xylose 농도를 저하하는 것이 간장의 착색억제에 효과가 있다고 생각한다. 간장 덧 중의 xylose는 간장 국균이 생산하는 xylan 가수분해효소(xylanase, xylosidase 등)가 간장 원료에 작용하므로 간장 덧 중에 유리되어 나온다. 따라서 간장 국균의 xylan 가수분해효소 활성을 저하시켜 주면 간장 덧 중으로 xylose 유리가 억제되어 간장 덧의 착색억제가 기대된다. 이와 같은 관점에서 현재 간장 국균의 xylan 분해효소에 대한 연구가 정력적으로 진행되고 있다.

한편, 대두 다당류의 간장 국균 효소에 의한 분해 특성과 간장 덧의 난압착성(難壓搾性)에 대한 일련의 연구에서 대두 다당류의 약 30%를 차지하는 대두단백질은 그 중의 2/3가 산성 다당으로 간장 중의 농순한 맛, 양념장 등의 점조성 관련 물질로 되고, 나머지의 1/3이 박 중의 산성 다당류로 되는 것으로 알려져 있다. 대두 pectin에서 유래되는 산성 다당류는 17.5%의 식염용액 중에서 겔을 형성하는 것이 특징적으로 이것이 간장 덧의 난압착성의 주원인의 하나가 되고 있다고 생각된다. 여기에서 간장 덧의 압착성의 개선을 위하여 대두 pectin의 분해율 향상 그리고 압착 박 저감화의 두 가지 관점에서 간장 국균의 pectin 가수분해효소(polygalacturonase, pectin lyase 그리고 pectin methyl esterase)에 대한 연구에 정열을 쏟고 있다.

1. 간장 국균의 xylanase 유전자 해석

당질 관련 가수분해효소는 소수성 cluster 분석에 따라 60을 넘는 family로 크게 분류되고 있으나 xylanase는 family 10 그리고 family 11로 주로 분류하고 있다. 간장 국균에 존재하는 family 10 xylanase 유전자 단편을 PCR법을 사용하여 증폭을 행한 바 4종류의 다른 유전자 단편이 증폭되어 간장 국균에는 family 10 xylanase 유전자가 적어도 4종류가 존재하는 것이 확인되었다(그림 4-1).

이들 4종류의 family 10 xylanase 유전자 중에서 *xynF1* 유전자가 간장 국균이 생산하는 주요한 xylanase를 코드하고 있다. *xynF1* 유전자는 1,484 염기로 구성되어 10개의 intron을 함유하였다. *xynF1* 유전자에는 327개의 아미노산이 코드 되어 *xynF1* 단백질의 추정 분자량은 35,402 Da이었다. x*ynF1*는 *Aspergillus nidulans*

```
1. PENSMKWDALEPSQGSFSFAGADFLADYAKTNNKLVRGHTLVWHSQLPSW   50
2. PENCMKWDATEPSQGQFSFAGSDSLVDFAVTNGKLIRGHTLLWHKQLPPW   50
3. PENFMKWDATEPTQGGYNFDGADYVVNYAVEKGKLLRGHTLLWHSQLPPW   50
4. PENWMKWDATEPSQGKFSFSGADYLVNYAATNNKLIRGHTLVWHSQLPSW   50
5. PENSMKWDATEPSRGQFSFSGSDYLVNFAQSNNKLIRGHTLVWHSQLPSW  120
   *** ***** *** *   * * *     *    ** ***** ** *** *

1. VQGITDKDTLTEVIKNHITTIMQRYKGQIYAWDVVNEIFDEDGTLRDSVF  100
2. VSGITDKATLTDVMKNHITMVMKQYKGKVYAWDVVNEIFEEDGTLRDSVF  100
3. VSQISDPATLTGVIQDHVTTLVSRWKGQIYAWDVVNEIFAEDGSLRESVF  100
4. VQGITDKNTLTSVLKNHITTVMNRYKGKVYAWDVVNEIFNEDGTLRSSVF  100
5. VQAITDKNTLIEVMKNHITTVMQHYKGKIYAWDVVNEIFNEDGSLRDSVF  170
   *  * *  **  *   * *      **  ********** *** ** ***

1. SQVLGEDFVRIAFETAREADPNAKLYINDY  130  A. oryzae xynF1
2. SKVLGEDFVRIAFETARAADPEAKLYINDY  130  A. oryzae xynF2
3. SNVLGEDFVRIAFEAARAADPDCKLYINDY  130  A. oryzae xynF3
4. YNVLGEDFVRIAFETARAADPQAKLYINDY  130  A. oryzae xynF4
5. YKVIGDDYVRIAFETARAADPNAKLYINDY  200  A. kawachii xynA
     * * * ****** ** ***  *******
```

그림 4-1. 간장 국균의 family 10 xylanase 유전자 단편에 코드되는 아미노산 서열의 비교

* 일치하는 아미노산 잔기를 나타냄.

XlnC, *Aspergillus kawachii* XynA 그리고 *Penicillium chrysogenum* XylP와 비교하면 아미노산 수준에서 각각 71%, 68% 그리고 63%의 상동성이 인정되었다.

한편, 간장 국균에 존재하는 family 11 xylanase 유전자에 대하여서도 마찬가지로 PCR법을 사용하여 증폭을 행한 바 적어도 2종류가 존재하는 것이 확인되었다. 유전자 구조가 상세히 해석된 *xynG1* 유전자는 725 염기로 구성되어 1개의 intron을 함유한다.

XynG1 유전자에는 189개의 아미노산이 코드되어 XynG1 단백질의 추정 분자량은 20,602 Da이었다. 아미노산 수준에서 XynG1을 곰팡이의 family 11 xylanase와 비교하면 *Aspergillus nidulans* XlnA나 *Asp. niger* XylNB 등은 약 65%의 높은 상동성이 인정되었으나 *Asp. kawachii* XynC나 *Asp. tubigensis* XlnA 등은 약 44%라는 낮은 상동성이었다.

간장 국균에서는 위에서 설명한 xylanase 유전자는 적어도 6종류가 존재하고 있고, 다른 곰팡이에서는 이만큼 xylanase 유전자의 존재는 알려져 있지 않다. 간장 국균에 있어서 왜 이것에만 많은 xylanase 유전자의 유도발현 메커니즘이 어떻게 되어 있는가를 밝히기 위하여 reporter 유전자를 사용하여 해석이 진행되고 있다.

2. 간장 국균의 xylosidase 유전자 해석

Xylosidase는 xylobiose나 xylotriose 등의 xylo올리고당에서 xylose를 유리시키는 exo형의 효소로 간장 덧 중의 xylanase 농도에 크게 관계하는 것으로 알려져 있다. 간장 국균은 xylan을 유일의 탄소원으로서 액체배양을 하면 3종류의 xylanase를 분비하나 그 중의 주요한 xylosidase를 코드하는 *xylA* 유전자에 대하여 상세한 해석이 이루어지고 있다(그림 4-2).

xylA 유전자는 2,397 염기로 구성되어 있으나 intron은 존재하지 않았다. *xylA* 유전자에는 798개의 아미노산이 코드되어 XylA 단백질의 추정 분자량은 86,475 Da이었다. 성숙형 XylA의 분자량(84,657 Da)과 정제효소의 분자량(약 120 kDa)과의 차에서 14개 존재하는 *N*-glycosylation 부위의 일부에 당 사슬의 부가가 생각된다. XylA는 *Asp. nidulans* XlnD, *Asp. niger* XlnD 그리고 *Trichoderma reesei* BxlI와 비교하면 아미노산 수준에서 각각 70%, 64% 그리고 63%의 상동성이 인정된다.

간장 국균은 간장 국 중에서 3종류의 xylosidase를 분비하나 그 분자량이나 효소학적 성질은 위에서 설명한 *XylA* 와는 크게 달라 있다. 이 간장 국 중에서 발견되는 3종류의 xylosidase가 *XylA* 와 동일의 유전자 산물이라는 것과 또는 다른 유전

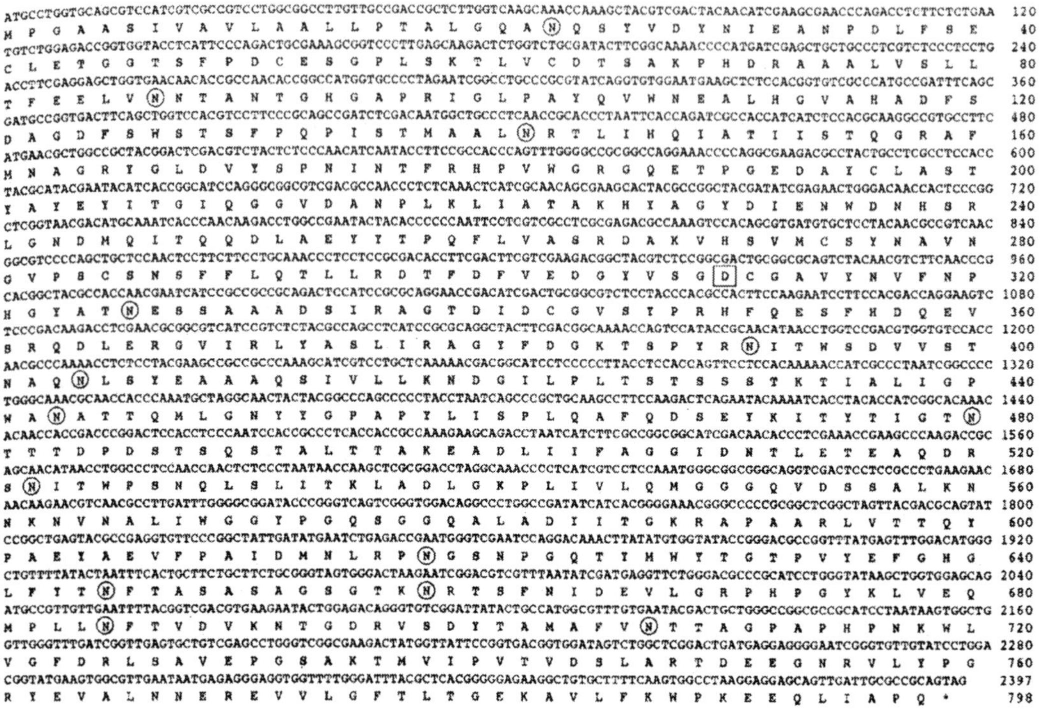

```
ATGCCTGGTGCAGCGTCCATCGTCGCCGTCCTGGCGGCCTTGTTGCCGACCGCTCTTGGTCAAGCAAACCAAAGCTACGTCGACTACAACATCGAAGCGAACCCAGACCTCTTCTCTGAA 120
M P G A A S I V A V L A A L L P T A L G Q A (N) Q S Y V D Y N I E A N P D L F S E 40
TGTCTGGAGACCGGTGGTACCTCATTCCCAGACTGCGAAAGCGGTCCCTTGAGCAAGACTCTGGTCTGCGATACTTCGGCAAAACCCCATGATCGAGCTGCTGCCCTCGTCTCCCTCCTG 240
C L E T G G T S F P D C E S G P L S K T L V C D T S A K P H D R A A A L V S L L 80
ACCTTCGAGGAGCTGGTGAACAACACCGCCAACACCGGCCATGGTGCCCCTAGAATCGGCCTGCCCGCGTATCAGGTGTGGAATGAAGCTCTCCACGGTGTCGCCCATGCCGATTTCAGC 360
T F E E L V (N) N T A N T G H G A P R I G L P A Y Q V W N E A L H G V A H A D F S 120
GATGCCGGTGACTTCAGCTGGTCCACGTCCTTCCCGCAGCCGATCTCGACAATGGCTGCCCTCAACCGCACCCTAATTCACCAGATCGCCACCATCATCTCCACGCAAGGCCGTGCCTTC 480
D A G D F S W S T S F P Q P I S T M A A L (N) R T L I H Q I A T I I S T Q G R A F 160
ATGAACGCTGGCCGCTACGGACTCGACGTCTACTCTCCCAACATCAATACCTTCCGCCACCCAGTTTGGGGCCGCGGCCAGGAAACCCCAGGCGAAGACGCCTACTGCCTCGCCTCCACC 600
M N A G R Y G L D V Y S P N I N T F R H P V W G R G Q E T P G E D A Y C L A S T 200
TACGCATACGAATACATCACCGGCATCCAGGGCGGCGTCGACGCCAACCCTCTCAAACTCATCGCAACAGCGAAGCACTACGCCGGCTACGATATCGAGAACTGGGACAACCACTCCCGG 720
Y A Y E Y I T G I Q G G V D A N P L K L I A T A K H Y A G Y D I E N W D N H S R 240
CTCGGTAACGACATGCAAATCACCCAACAAGACCTGGCCGAATACTACACCCCCCAATTCCTCGTCGCCTCGCGAGACGCCAAAGTCCACAGCGTGATGTGCTCCTACAACGCCGTCAAC 840
L G N D M Q I T Q Q D L A E Y Y T P Q F L V A S R D A K V H S V M C S Y N A V N 280
GGCGTCCCCAGCTGCTCCAACTCCTTCTTCCTGCAAACCCTCCTCCGCGACACCTTCGACTTCGTCGAAGACGGCTACGTCTCCGGCGACTGCGGCGCAGTCTACAACGTCTTCAACCCG 960
G V P S C S N S F F L Q T L L R D T F D F V E D G Y V S G [D] C G A V Y N V F N P 320
CACGGCTACGCCACCAACGAATCATCCGCCGCCGCAGACTCCATCCGCGCAGGAACCGACATCGACTGCGGCGTCTCCTACCCACGCCACTTCCAAGAATCCTTCCACGACCAGGAAGTC 1080
H G Y A T (N) E S S A A A D S I R A G T D I D C G V S Y P R H F Q E S F H D Q E V 360
TCCCGACAAGACCTCGAACGCGGCGTCATCCGTCTCTACGCCAGCCTCATCCGCGCAGGCTACTTCGACGGCAAAACCAGTCCATACCGCAACATAACCTGGTCCGACGTGGTGTCCACC 1200
S R Q D L E R G V I R L Y A S L I R A G Y F D G K T S P Y R (N) I T W S D V V S T 400
AACGCCCAAAACCTCTCCTACGAAGCCGCCGCCCAAAGCATCGTCCTGCTCAAAAACGACGGCATCCTCCCCCTTACCTCCACCAGTTCCTCCACAAAAACCATCGCCCTAATCGGCCCC 1320
N A Q (N) L S Y E A A A Q S I V L L K N D G I L P L T S T S S S T K T I A L I G P 440
TGGGCAAACGCAACCACCCAAATGCTAGGCAACTACTACGGCCCAGCCCCCTACCTAATCAGCCCGCTGCAAGCCTTCCAAGACTCAGAATACAAAATCACCTACACCATCGGCACAAAC 1440
W A (N) A T T Q M L G N Y Y G P A P Y L I S P L Q A F Q D S E Y K I T Y T I G T (N) 480
ACAACCACCGACCCGGACTCCACCTCCCAATCCACCGCCCTCACCACCGCCAAAGAAGCAGACCTAATCATCTTCGCCGGCGGCATCGACAACACCCTCGAAACCGAAGCCCAAGACCGC 1560
T T T D P D S T S Q S T A L T T A K E A D L I I F A G G I D N T L E T E A Q D R 520
AGCAACATAACCTGGCCCTCCAACCAACTCTCCCTAATAACCAAGCTCGCGGACCTAGGCAAACCCCTCATCGTCCTCCAAATGGGCGGCGGGCAGGTCGACTCCTCCGCCCTGAAGAAC 1680
S (N) I T W P S N Q L S L I T K L A D L G K P L I V L Q M G G G Q V D S S A L K N 560
AACAAGAACGTCAACGCCTTGATTTGGGGCGGATACCCGGGTCAGTCGGGTGGACAGGCCCTGGCCGATATCATCACGGGGAAACGGGCCCCCGCGGCTCGGCTAGTTACGACGCAGTAT 1800
N K N V N A L I W G G Y P G Q S G G Q A L A D I I T G K R A P A A R L V T T Q Y 600
CCGGCTGAGTACGCCGAGGTGTTCCCGGCTATTGATATGAATCTGAGACCGAATGGGTCGAATCCAGGACAAACTTATATGTGGTATACCGGGACGCCGGTTTATGAGTTTGGACATGGG 1920
P A E Y A E V F P A I D M N L R P (N) G S N P G Q T Y M W Y T G T P V Y E F G H G 640
CTGTTTTATACTAATTTCACTGCTTCTGCTTCTGCGGGTAGTGGGACTAAGAATCGGACGTCGTTTAATATCGATGAGGTTCTGGGACGCCCGCATCCTGGGTATAAGCTGGTGGAGCAG 2040
L F Y T (N) F T A S A S A G S G T K (N) R T S F N I D E V L G R P H P G Y K L V E Q 680
ATGCCGTTGTTGAATTTTACGGTCGACGTGAAGAATACTGGAGACAGGGTGTCGGATTATACTGCCATGGCGTTTGTGAATACGACTGCTGGGCCGGCGCCGCATCCTAATAAGTGGCTG 2160
M P L L (N) F T V D V K N T G D R V S D Y T A M A F V (N) T T A G P A P H P N K W L 720
GTTGGGTTTGATCGGTTGAGTGCTGTCGAGCCTGGGTCGGCGAAGACTATGGTTATTCCGGTGACGGTGGATAGTCTGGCTCGGACTGATGAGGAGGGGAATCGGGTGTTGTATCCTGGA 2280
V G F D R L S A V E P G S A K T M V I P V T V D S L A R T D E E G N R V L Y P G 760
CGGTATGAAGTGGCGTTGAATAATGAGAGGGAGGTGGTTTTGGGATTTACGCTCACGGGGGAGAAGGCTGTGCTTTTCAAGTGGCCTAAGGAGGAGCAGTTGATTGCGCCGCAGTAG 2397
R Y E V A L N N E R E V V L G F T L T G E K A V L F K W P K E E Q L I A P Q * 798
```

그림 4-2. 간장 국균의 xylonase 유전자의 염기서열과 아미노산 서열

N형 당 사슬 부가의 가능성이 있는 aspartic acid 잔기(N)는 ○로 표시하고, 또 활성 중심으로 생각되는 aspartic acid 잔기는 □로 나타낸다.

자 유래의 효소 단백질이라면 그 유전자의 유도발현 메커니즘이 어떻게 되어 있는가가 금후의 해명이 기대되는 바이다.

3. Xylan 가수분해효소 저생산 간장 국균의 분자 육종

Asp. niger 에는 xylan 가수분해효소 유전자군의 유도발현 제어 메커니즘에 대하여는 최근 급속히 밝혀져 유도 발현인자(XlnR)가 xylan 가수분해효소 유전자만이 아니고 cellulase 유전자나 xylose reductase 유전자의 발현제어에 까지 관여하는 것이 보고되고 있다. 한편, 간장 국균에 있어서 xylan 가수분해효소 유전자군의 유도발현 제어 메커니즘에 대하여는 현재로서는 충분히 해명되어 있지 않으나, *Asp. niger* 와 마찬가지 유도발현 인자(AoXlnR)가 존재하여 xylan 가수분해효소 유전자군의 유도발현을 제어하고 있다고 추정하고 있다. 그래서 고 multycopy의 AoXlnR

표 4-1. 유도발현 인자의 titration에 의한 xylan 가수분해효소 유전자 발현억제

균 주	Xylanase(U/㎖)	β-Xylanase (U/㎖)
KBN 616-39	247.1(100)	1.078(100)
XD 28	53.1(21.5)	0.296(27.5)
XD 83	0.496(0.2)	0.023(2.1)

KBN 616-39 균주는 형질 전환에 사용한 숙주 균에서 XD 28 균주, 그리고 XD 83 균주는 plasmid pXPR 64를 KBN 616-39 균주에 도입함으로써 얻어진 xylan 가수분해효소 유전자의 발현억제 균주이다.

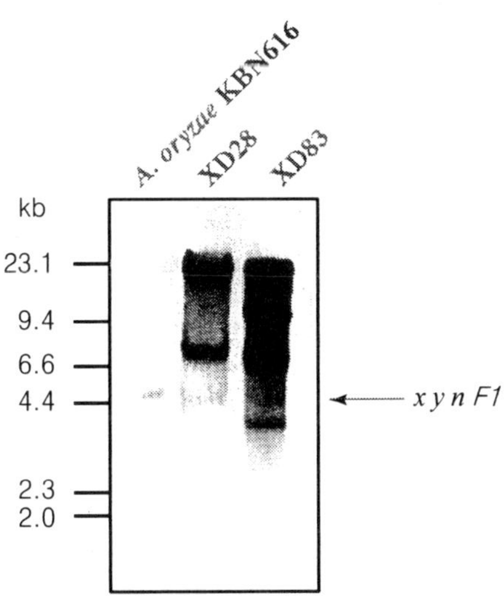

그림 4-3. Xylanase 분해효소 유전자 발현 유전자 억제

〈균주의 Southern blot 해석〉

KBN 616 균주는 간장 국균 실용 균주에서 XD 28 균주 그리고 XD 83 균주는 plasmid pXPR 64를 niaD - 균주(KBN 616 - 39 균주)에 도입함으로써 얻어진 xylan 가수분해효소 유전자의 발현억제 균주이다. XD 28 균주 그리고 XD 83 균주에서는 xalanase 유전자(*xynF1* 유전자)의 promoter 부분이 염색체 DNA 중에 다 코피 존재하는 것이 판명되었다.

의 결합서열을 간장 국균의 염색체 DNA에 도입함으로써 xylan 가수분해효소 유전자군의 유도발현의 억제가 시도되었다.

AoXlnR의 결합서열을 함유한 *xynF1* 유전자의 promoter 영역을 64 copy 연결한

plasmid(pXPR 64)를 cotransformation에 의하여 간장 국균에 도입함으로써 현저히 xylan 분해능이 저하된 형질전환체가 얻어진다(표 4-1). 여기에서 얻은 형질전환 균주에는 도입된 plasmid(pXPR 64)가 multycopy 염색체 DNA 중에 끼어 들어가 AoXlnR의 결합서열이 200 copy 이상이나 되어 있다(그림 4-3). 그 결과 AoXlnR의 titration 현상에 의하여 xylan 가수분해효소 유전자군의 유도발현이 억제되어 있다고 생각된다.

최근 간장 국균에 있어서 *pyrG* 유전자를 선택 마커로 하는 형질전환계가 새로이 개발되어 상동적 재조합에 의한 유전자 파괴가 실시 가능하게 되었다. 그 형질전환계를 사용하여 유도발현 유전자(AoXlnR)의 파괴 균주 그리고 xylosidase 유전자(*xylA*)의 파괴 균주가 얻어졌다.

이들의 유전자 파괴 균주를 사용하여 간장 국균에 있어서 xylan 가수분해효소 유전자 군의 유도발현 메커니즘의 해명이나 xylan 가수분해효소의 간장 덧 착색에의 영향에 대하여 해석이 진행되고 있다.

4. 간장 국균의 pectin 가수분해효소 유전자 해석

곰팡이의 주요한 pectin 가수분해효소는 ① pectin pectinic acid α-1, 4-결합 polygalacturonse(PG), ② β-이탈반응에 의하여 당 사슬을 분해하는 pectin lyase

표 4-2. 간장 국균의 pectin 가수분해효소 유전자의 구조

	pgaA	*pgaB*	*pel 1*	*pel 2*	*pmeA*
길이(BP)	1,227	1,226	1,196	1,306	1,307
Intron 수 (길이 : bP)	2 (57.810)	2 (65,67)	1 (53)	3 (56, 59,64)	6 (65, 62, 59, 60, 65, 63)
아미노산 수 (성숙 단백질)	363 (335)	367 (337)	381 (361)	375 (356)	331 (314)
분자량 (성숙 단백질)	37,5209 (34,714)	37,860 (34,799)	39,98 (38,101)	39,312 (37,423)	35,4 (33,792)
N형 당 사슬 부가반응	3	1	1	1	3

pgaA : Polygalacturonase A 유전자　*pgaB* : polygalacturonase B
pel 1 : Pectin lyase 1 유전자　*pel 2* : pectin lyase 2 유전자
pme A : Pectin methyl esterase *A* 유전자

(PL), ③ pectin의 methyl ester를 가수분해하는 pectin methyl esterase(PME)의 3 종류로 분류된다. 곰팡이의 pectin 가수분해효소 유전자는 간혹 family를 형성하여 복수의 pectin 가수분해효소 유전자가 발견되고 있다. PCR법을 사용하여 간장 국균의 pectin 가수분해효소 유전자 단편의 증폭이 시도되어 2종류의 PG 유전자(*pgaA*, *pgaB*), 2종류의 PL 유전자(*pel 1*, *pel 2*) 그리고 1종류의 PME 유전자(*pmeA*)의 존재가 확인되었다. 이들의 유전자 구조의 해석이 이루어졌다(표 4-2). Clone화된 유전자의 염기서열에서 추정되는 아미노산 서열을 다른 곰팡이의 pectin 가수분해효소의 아미노산 서열과 비교하며 높은 상동성이 인정되었다.

예로서 PgaA는 *Aspergillus flavus* PecA 그리고 *Aspergillus parasiticus* Pec I 와 97% 이상의 일치가 보이고 PgaB도 *Asp. flavus* PecB와 95%의 일치가 보인다. 이외에도 Pel 1은 *Asp. niger* PelB와 또 Pel 2는 *Asp. niger* PelD도 어느 것이나 78%의 상동성이 인정된다. 그리고 PmeA와 80%의 상동성이 인정된다.

이와 같이 장류 국균의 pectin 가수분해효소는 다른 *Aspergillus*속 곰팡이의 pectin 가수분해효소와 아미노 수준에서 극히 높은 상동성이 나타낸다. 그 위에 *Aspergillus*속 곰팡이의 *pectin* 가수분해효소에 있어서 그 유전자 내에 발견되는 intron의 존재 위치 혹은 intron의 수까지도 아주 잘 보존되어 있으므로 공통의 조상으로 되는 유전자에서 분화된 것으로 예상된다.

5. Pectin 가수분해효소 고생산 간장 국균의 분자 육종

간장 국균이 새안하는 pectin 가수분해효소가 간장 양조 중에 있어서 어떠한 역할을 담당하고 있을까, 또 이들 효소 화학적 여러 성질이 어떻게 되어 있는가는 아직까지 밝혀지지 않았다. 그래서 pectin 가수분해효소 유전자를 고발현하는 간장 국균을 작출하기 위하여 간장 국균에 있어서 강력하고 구성적으로 발현하는 promoter인 *TEF1* promoter의 하류에 pectin 가수분해효소 유전자를 연결한 융합 유전자를 끼어 넣은 발현 vector가 작제되었다.

한 예로서 *pgaA* 유전자 고발현 vector(pTFGA 300)의 제한효소 지도와 *TEF1* 유전자 promoter와 *pgaA* 유전자와의 연결부분의 염기서열을 그림 4-4에 나타내었다. 다른 pectin 가수분해효소 유전자에 대하여도 융합유전자 그리고 고발현 vector가 마찬가지로 작제되어 이들을 간장 국균에 도입한 바 pectin 가수분해효소 고생산성 간장 국균이 작출되었다.

Glucose를 탄소원으로 하여 배양하면 탄소원에 의한 catabolite 제어 때문에 간장 국균은 배지 중에 단백질을 거의 분비하지 않는다. 그러나 *TEF1* 유전자 promoter

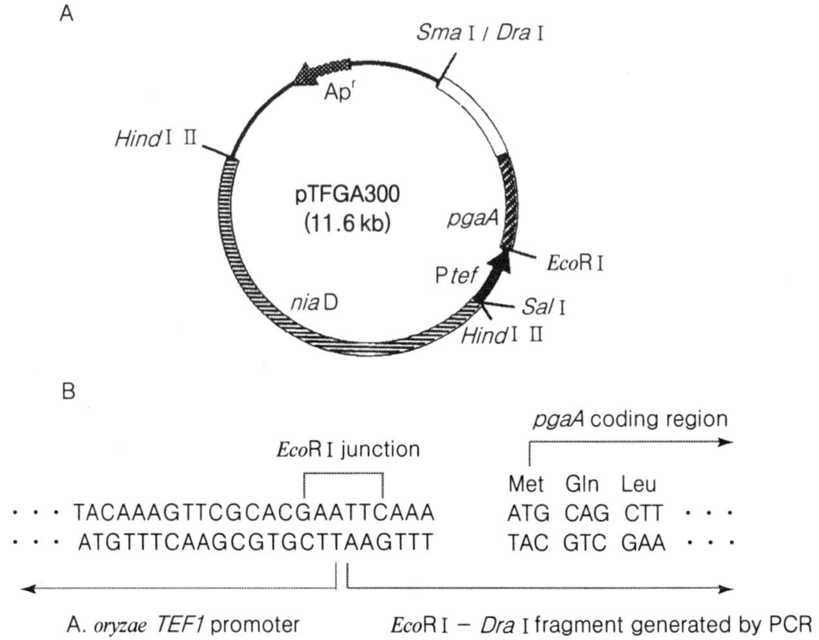

그림 4-4. *pgaA* 유전자 고발현 vector(A)와 융합유전자의 연결부분의 염기서열(B)

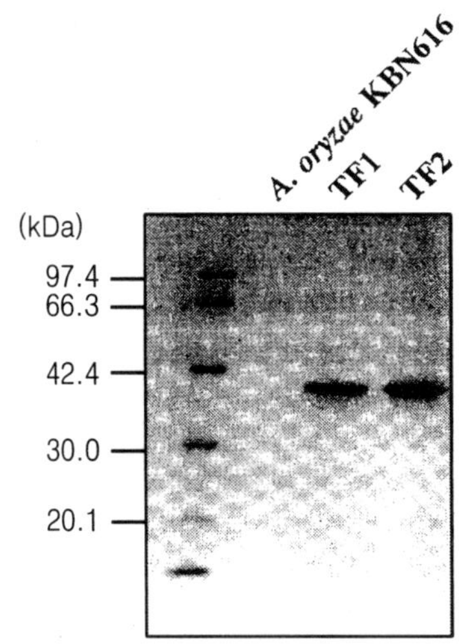

그림 4-5. PgaA 고생산 구균 배양액의 SDS-PAGE 해석

KBN 616 균주는 간장 국균 실용 균주에서 TF 1 균주 그리고 TF 2 균주는 *pgaA* 유전자 고발현 vector pTFGA 300을 KBN 616 균주의 *niaD*- 균주(KBN 616)에 도입함으로써 얻은 polygalacturonase A(PgaA) 고생산 균주이다. TF 1 균주 그리고 TF 2 균주는 glucose를 탄소원으로 하여 배양하면 많은 양의 PgaA를 배지 중에 분비한다.

는 구성적으로 발현하는 promoter이기 때문에 그 유전자 발현은 배지 중에 존재하는 glucose의 영향을 받지 않는다. 따라서 얻어진 pectin 가수분해효소 고생산이 낮은 국균을 glucose을 탄소원으로 이용하면 pectin 가수분해효소를 특이적으로 많은 양을 배지 중에 분비시킬 수 있다(그림 4-5).

분비된 pectin 가수분해효소는 협잡 단백질이 거의 함유되지 않으므로 이온교환 크로마토그래피로 아주 간간히 정제할 수가 있다. 이와 같이 하여 PgaA, PgaB 그리고 PmeA가 정제되어 여러 성질이 밝혀졌다. Pel 1 그리고 Pel 2의 정제도 이루어져 있고, 얼마 안 가서 그 성질도 밝혀질 것으로 생각된다. 간장 국균이 생산하는 이들의 5종류의 pectin 가수분해효소의 간장 덧의 압착성의 개선 그리고 연구의 진전이 기대되는 바이다.

찾아보기

ㄱ

간장메주 33
간편 조선요리제법
(簡便 朝鮮料理製法) 28
개국(蓋麴)의 제조 70
개량메주 51
개량메주 제조 32
개량식 된장메주 44
개량식 메주(대두국) 35
개량식 청국장 메주 50
개정증보 조선요리제법(改訂增補 朝鮮料理製法) 29
거미줄곰팡이[근매(根霉)] 142
거미줄곰팡이(*Rhizopus*) 152
거적국법(莚麴法) 40
계림유사(鷄林類事) 16
고사신서(攷事新書) 13, 18, 19, 20
과학적 평가 84
관능적 평가 84
구황보유방(救荒補遺方) 17, 19
구황촬요(救荒撮要) 17
국개(麴蓋 : 국 상자) 65
국개법(麴蓋法, 재래법) 60
국개제국(麴蓋製麴) 40
국균속 147
국매[麴(麯)霉, *Aspergillus*속] 147
국실(麴室) 67
군학회등(群鶴會謄) 22
규곤시의방(閨壼是議方) 17
규합총서(閨閤叢書) 21, 23, 24
근매(根霉, *Rhizopus*속) 142
금양잡록(衿陽雜錄) 13
기계제국 42,
기계제국(機械製麴) 62

ㄴ

내염성효모(耐鹽性酵母) 153
농가집성(農歌集成) 13
농정회요(農政會要) 13, 21, 23, 24
농향형 백주(濃香型 白酒) 172

ㄷ

다당류 가수분해효소 98
단종실록(端宗實錄) 17
당 수송계 유전자 241
대국[大麴(麯)]의 제조방법 170
대두국 44
도문대작(屠門大爵) 17
동의보감(東醫寶鑑) 17
된장메주 44
두국[豆麴(麯)] 183

ㅁ

매균(霉菌 : mold) 141
메주의 품질 기준 52
면국[麵麴(麯), 小麥麴(麯)] 187
모매(毛霉, *Mucor*속) 145
무성포자(無性胞子) 140
미매균(米霉, *Asperagillus*속 균) 151
미생물(微生物)의 분류 137
미생물상 45
미소국(味噌麴) 57
미암일기(眉巖日記) 17

ㅂ

발효관리 160

ㅅ

사시찬요초(四時簒要抄) 17

산림경제(山林經濟) 18, 20
산분해간장 53
산중일기(山中日記) 17
삼국사기(三國史記) 15
상국법(床麴法) 62
색경(穡經) 17, 19
소국[小麴(麯)] 174
소국[小麴(麯)]의 미생물 179
솜털곰팡이[모매(毛霉), *Mucor*속] 145
솜털곰팡이(*Mucor*) 152
쇄미록(瑣尾錄) 17
시의전서(是義全書) 22, 23, 25

ㅇ

약소국[葯(藥)小麴(麯)]의 제조법 176
양조간장 52
양조간장 메주 35
오주연문잔전산고(五洲衍文長箋散稿) 21, 23, 24
옥수수 홍국(紅麴)의 제조 208
우리음식 29
유산균(乳酸菌) 153, 156
유성생식(有性生殖) 139
이두매(梨頭霉), *Absidia*속 147
인공국[人工麴(麯)] 168
일본 간장국 65
일본 간장국(醬油麴) 97
일본 간장국(장유국, 醬油麴) 116
일본 된장 덩이 국(味噌玉麴) 111, 123
일본 된장 덩이 국의 제법 87
일본 된장국 57
일본 된장국(味噌麴) 93
일본 된장국(미소국, 味噌麴) 115
임원경제지(林園經濟志) 13
임원십육지(林園十六志) 21, 23, 24, 25

ㅈ

자낭균류 147
잠두국[蠶豆麴(麯)] 186
장유국(醬油麴) 65, 187
장유국(醬油麴)의 단축제국법 192
장향형 백주(醬香型 白酒) 172
재래식 전통 된장메주 44
재래식 전통간장 메주 33
재물보(才物譜) 19
전통 청국장 메주 50
전통메주(재래식 메주) 제조 31
전통식품표준규격 54
제국장치 193
조선간장 메주 33
조선무쌍신식요리제법(朝鮮無雙新式料理製法) 22, 24, 25, 26
조선요리법(朝鮮料理法) 28
종국(種麴)의 제조 205
종국(種麴)의 제조법 188, 189
종국(種麴)의 품질검사 191
주방문(酒方文) 17
중국 국(麴)의 분류 168
증보 산림경제 조시법(增補山林經濟造豉法) 25
증보신림경제(增補山林經濟) 19, 20
지방질 가수분해효소 96
진균(眞菌) 139

ㅊ

천연국[天然麴(麯)] 168
천연두국[天然豆麴(麯)]의 제조 183
청국장 메주 50
청향형 백주(淸香型 白酒) 172

ㅋ

콩 발효식품 13

ㅌ

통풍제국법 212

ㅍ

파정입(破精込) 83
표면통풍식(측풍 조정형) 제국 76

ㅎ

한식간장 53
한식간장 메주 33
한식메주 51
해동농서(海東農書) 18, 19, 20
해동역사(海東繹史) 15
핵산 가수분해효소 101
혼합간장 53
홍국(紅麴 : *Monascus* koji) 198
홍국(紅麴)의 제조 206
홍부유(紅腐乳)의 제조 213
화입(살균) 앙금 127
활털곰팡이 147
효소분해간장 53
훈몽자회(訓蒙字會) 17

Index

A

Aflatoxin 생합성 유전자 241
Amylase 유전자 234
Aspergillus속 균 151

C

Carmodulin 유전자 240
Cellulase 247
Cellulase 유전자 235
Cutinase 223

E

endo-glucanase 243
esterase화 효소 96

F

Ferulate esterate 유전자 237

G

globulin 14
Glutamate decarboxylase 유전자 234
Glutaminase 95, 105
Glutaminase 유전자 233
glycinin 14

H

Hemicellulase 96

L

legumelin 14
Leucine aminopeptidase 105
Lipase 유전자 236

P

pectin 가수분해효소 유전자 256
Pectinase 유전자 107, 235
peptidase 97
Peptidase 유전자 232
phaeolinin 14
Phytase 96
Phytase 유전자 237
Protease 97, 111
proteinase 97
Proteinase 유전자 231

T

Taka amylase A 유전자 245
Triglyceride 분해효소 227
Tyrosinase 96

α

α-Amylase 107

메주와 대두국의 과학

2012년 5월 1일 초판 인쇄
2012년 5월 5일 초판 발행

편 자 : 정동효
펴낸이 : 천승배
펴낸곳 : 도서출판 유한문화사

주소 : (157-801) 서울시 강서구 가양동 146-63
전화 : 2668-2055~6
팩스 : 2668-2565
http://www.yuhansa.com
E-mail : yuhansa@paran.com
등록 : 제 5-31호. 1979. 3. 6.

값 20,000 원

ISBN : 978-89-7722-569-5 93590